종합본

전기기능사
실기 × 무료동영상

수학문제

샘북스

나만의 합격비법
나합격은 다르다!

나합격 독자만을 위한 무료 동영상강의로 학습효과가 배가됩니다

나합격 수험생지원센터를 통해 시험에 대한 오리엔테이션 및 이론강의와 기출문제 풀이까지 모든 동영상 강의를 무료로 시청할 수 있습니다.

- 오리엔테이션
- 이론 특강
- 기출문제 특강

무료 동영상강의 수강방법

01 <나합격>카페에 회원가입
02 교재 인증샷(닉네임기재)과 함께 등업 신청
03 등업이후 다양한 동영상강의 수강

NAVER 카페 [빅스타에듀 ▼] [검색]

모든 시험정보가 한곳에!
나합격 수험생지원센터에서
앞서가십시오

지금 카페에 접속해 보세요. 시험정보 및 뉴스,
독자 Q&A, 각종 시험자료와 무료동영상 강의 등
시험에 필요한 모든 것을 나합격지원센터에서
지원 받을 수 있습니다.

- 무료 동영상강의
- 시험정보
- 질의응답

나합격지원센터에서는 본 종목뿐만 아니라
관련분야 자격종목까지 지원을 확대하고 있습니다.

cafe.naver.com/bigeud

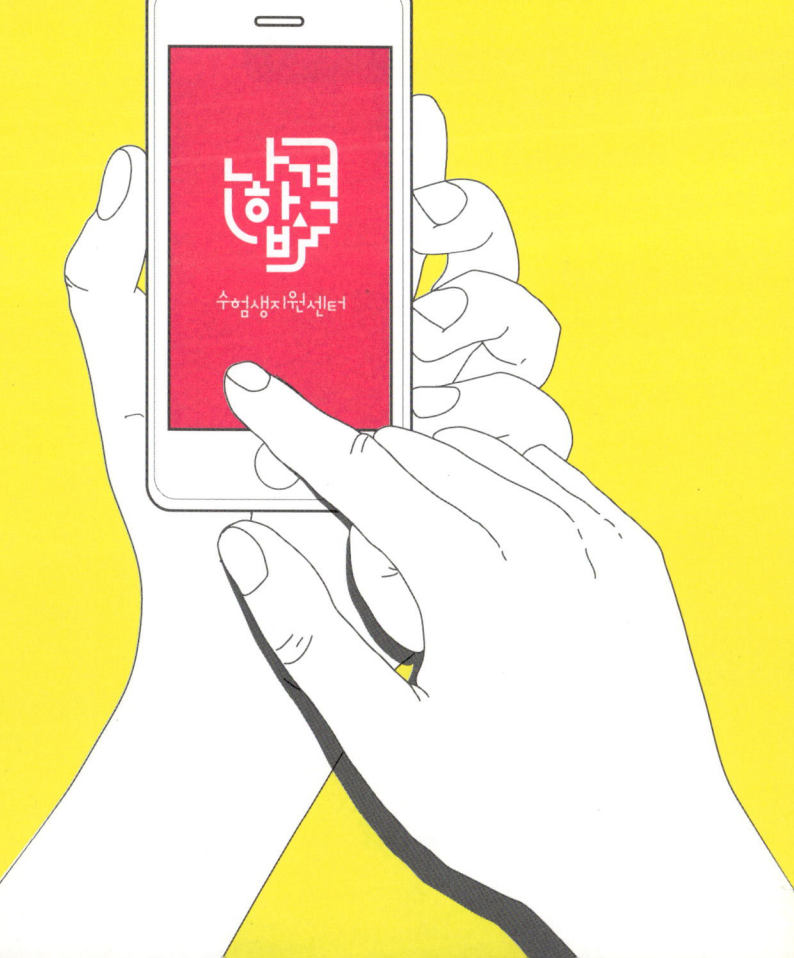

시험접수부터 자격증발급까지 응시절차

01
시험일정 & 응시자격조건 확인

- 큐넷 시험일정안내에서 응시종목의 접수기간과 시험일을 확인합니다.
- 큐넷 자격정보에서 응시종목의 자격조건을 확인합니다. (기능사 제외)

04
필기시험 합격자 발표

- 인터넷, ARS 또는 접수한 지사에서 공고됩니다.
- 기능사 CBT의 경우 큐넷 합격자발표조회에서 바로 확인이 가능합니다.

www.Q-net.or.kr 큐넷은 한국산업안전공단에서 운영하는 국가 자격증 포털 사이트입니다.

02
필기시험 원서접수

- 큐넷 www.Q-net.or.kr 에 로그인 합니다.
  (회원가입시 반명함판 사진 등록 필수)
- 큐넷 원서접수에서 신청순서에 따라 접수하면 됩니다.
- 시험일자 및 장소는 현재접수 가능인원을 반드시
  확인 후 선택해야 합니다.
- 결재하기에서 검정수수료 확인후 결재를 진행합니다.

03
필기시험 응시 및 유의사항

- 신분증은 반드시 지참해야 하며, 기타 준비물은
  큐넷 수험자준비물에서 확인하시면 됩니다.
- 시험시간 20분 전부터 입실이 가능합니다.
  (시험시간 미준수시 시험응시 불가)
- 기능사는 CBT(컴퓨터시험)방식으로 시행합니다.

05
실기시험 원서접수

- 인터넷 접수 www.Q-net.or.kr 만 가능하며,
- 필기시험 합격자에 한하여 실기접수기간에 접수합니다.
- 최종합격여부는 큐넷 홈페이지를 통해 확인 가능

06
자격증 신청 및 수령

- 큐넷 자격증신청에서 우편(등기) 또는 방문수령 선택
- 수수료 : 우편 5,380원, 방문 3,500원(신분증 지참)

자세한 응시절차는 큐넷 홈페이지 큐넷체험하기를 이용하세요!   기능사 CBT 체험하기

콕!집어~ 꼭!필요한 전기기능사 오리엔테이션

전기기능사 실기

직무내용
전기설비에 필요한 장비 및 공구를 사용하여 회전기, 정지기, 제어장치 또는 빌딩, 공장, 주택 및 전력시설물의 전선, 케이블, 전기기계 및 기구를 설치, 보수, 검사, 시험 및 관리하는 직무이다.

수행준거
1. 전기설비공사에 필요한 장비 및 공구를 사용할 수 있다.
2. 전기설비와 관련한 배관배선공사 및 자동제어 배선공사를 수행할 수 있다.
3. 전기공사 완료 후의 시험 검사 업무 및 유지관리에 필요한 측정 및 점검업무를 수행할 수 있다.

시험정보
전기기능사 실기는 시퀀스 및 전기공사 작업을 4시간 30분 안에 완성하여야 합니다. 채점은 회로동작, 시퀀스 내부결선, 공사 배관치수 및 배관상태 등을 확인하며 동작이 도면과 상이하게 나오면 외형을 아무리 잘하여도 채점에서 제외가 되기 때문에 합격을 할 수가 없습니다.

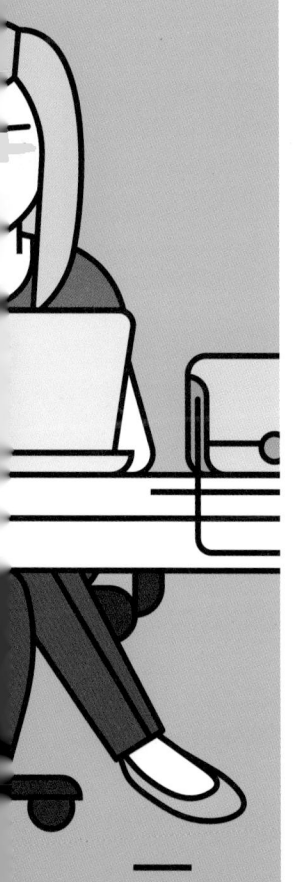

실기시험

01 전기기능사 실기시험을 치르기 위해서는 제어함 작업(시퀀스 작업), 전기공사 작업을 정확히 하여야 합니다. 시퀀스 작업을 하기 위해 계전기의 이해 및 접점번호 선정방법 그리고 시퀀스 결선법을 익혀야 하며, 전기공사작업을 하기 위해서는 배관작도 및 배관의 굴곡반지름 선정 그리고 각 배관에 넣을 전선 수 선정법 등을 익혀야 합니다.

02 도면 해석능력을 키워 도면에서 지시하는 사항을 명확히 작업하여야 합니다. 특히 계전기 접점번호 오기입 및 범례사항과 다른 상이한 작업을 하여서는 안됩니다.

03 본 교재는 전기공사 작업 및 시퀀스 작업을 처음 하는 초심자들도 쉽게 접근할 수 있도록 공구부터 각종 계전기 그리고 실제 작업까지 사진과 상세한 설명을 넣어 이해를 할 수 있도록 하였으며, 시퀀스 기초부터 실제 전기기능사예제 까지 작업순서 및 결선방법을 그림을 통하여 누구라도 쉽게 이해할 수 있도록 만들었습니다.

04 시간 안에 정확한 작업을 하기 위해서는 시퀀스 결선 및 계전기 접점번호, 작업순서를 정확히 숙지한 다음 실전과 같은 작업을 여러번 반복하여 시험에 충분히 대비하도록 합니다.

실기시험 전 숙지사항

01 수험자 유의사항을 반드시 숙지 합니다. 수험자 유의사항에는 채점대상 제외 조건이 있습니다. 즉 불합격 유형을 적어 놓았으니 시험전 반드시 숙지하여 불이익을 받지 않도록 합니다.

02 기계전기 접점번호를 정확히 기입할수 있어야 합니다. 계전기 접점번호를 잘못기입하면 원래 동작상태와 다른 상이한 동작이 나옵니다. 도면과 다른 상이한 동작이 나왔을시 불합격 처리 되기 때문에 정확한 접점번호를 기입하여야 합니다.

03 시퀀스 기초예제 및 응용예제를 충분히 작업합니다. 전기기능사 실기에서 시퀀스는 대단히 중요한 요소입니다. 충분한 연습을 통하여 정확한 시퀀스 결선을 할수 있어야 합니다.

04 전기기능사 작업순서를 정확히 숙지합니다. 작업순서를 정확히 정해 놓으면 시퀀스 작업 및 전기공사 작업시 동선의 꼬임을 방지함과 동시에 불필요한 행동을 억제할 수 있어 작업시간 단축에 많은 도움이 됩니다.

개념잡는 핵심이론
나합격만의 본문구성

NEW DESIGN

나합격만의 아이덴티티를 강조한
새로운 디자인과 함께 최신 출제경향을
완벽히 반영한 최신 개정판입니다.

공구 & 자재

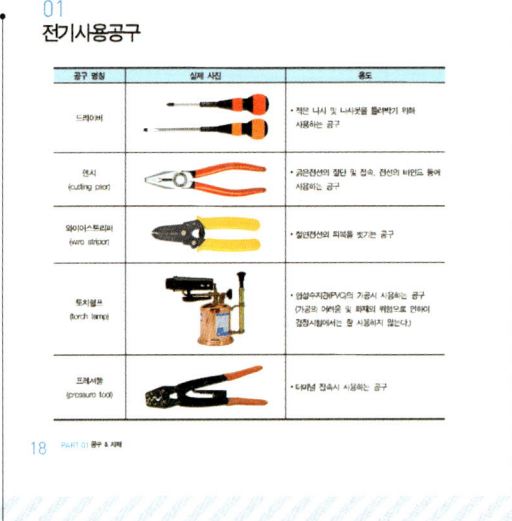

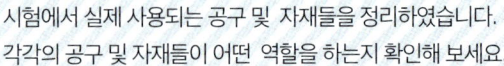

시험에서 실제 사용되는 공구 및 자재들을 정리하였습니다.
각각의 공구 및 자재들이 어떤 역할을 하는지 확인해 보세요.

시퀀스 제어

시퀀스 제어에 필요한 부품들의 역할 부터 제어방식, 동작설명 등 시퀀스 회로 구성에 필요한 모든 것을 쉽게 다루었습니다.

전기기능사 실기 작업순서 및 주의사항

시퀀스 제어를 이해했다면, 회로도를 실제 작업 시에는 어떻게 진행되는지 실사를 통해 살펴볼 수 있습니다.

전기기능사 실기
실제 결선방법 &
실기 시험 예제

전기기능사 실기예제 결선방법

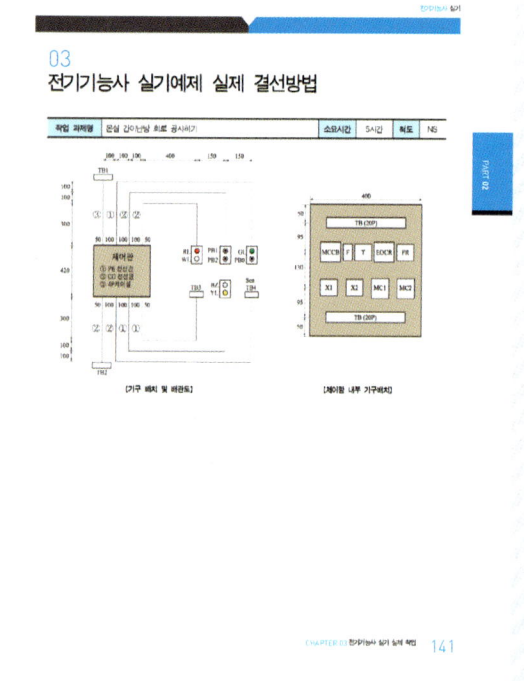

회로 작업 후 동작이 되지 않는다면 탈락처리가 됩니다. 때문에 결선과정은 매우 중요한 과정인데, 이를 하나씩 따라하면서 학습해 보세요.

전기기능사 실기 시험예제

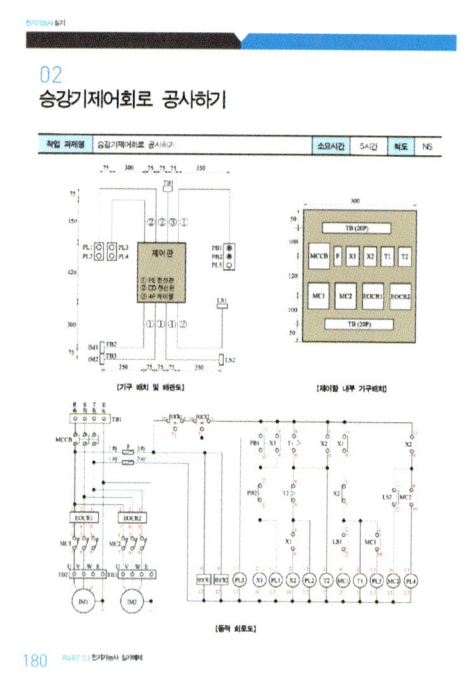

지금까지 학습한 내용들은 전기기능사 실기 시험예제를 통해 실전에 대비할 수 있습니다. 교재를 따라 순서대로 작업하면서 완성해 보세요.

시험의 흐름을 잡는 나합격만의 합격도우미

시험 당일까지 공부일정 및 계획을 짜는 것은 매우 중요합니다. 셀프스터디 합격플래너를 통해 스스로의 합격을 만들어 보세요.

〈부록〉 주요계전기 결선도 모음

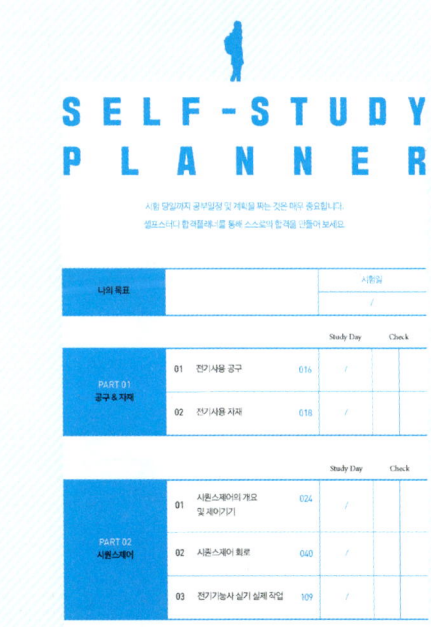

나합격 전기기능사 실기 교재에는 주요 계전기 결선도를 한눈에 볼 수 있는 부록이 구성되어 있습니다.

나만의 합격플래너
스스로 공부한 날이나 시험일을 적어 공부 진척도를 한 눈에 확인할 수 있고, 체크 박스를 통해 공부의 완성도를 파악할 수 있도록 하였습니다.

SELF-STUDY PLANNER

시험 당일까지 공부일정 및 계획을 짜는 것은 매우 중요합니다.
셀프스터디 합격플래너를 통해 스스로의 합격을 만들어 보세요.

나의 목표		시험일	
		/	

				Study Day	Check
PART 01 공구 & 자재	01	전기사용 공구	016	/	
	02	전기사용 자재	018	/	

				Study Day	Check
PART 02 시퀀스제어	01	시퀀스제어의 개요 및 제어기기	024	/	
	02	시퀀스제어 회로	040	/	
	03	전기기능사 실기 실제 작업	109	/	

PART 03 전기기능사 실기예제	01	전기기능사 실기 수험자 유의사항	170	Study Day /	Check
	02	전기기능사 실기예제	174	/	

PART 04 부록	01	주요계전기 결선도 모음	215	Study Day /	Check

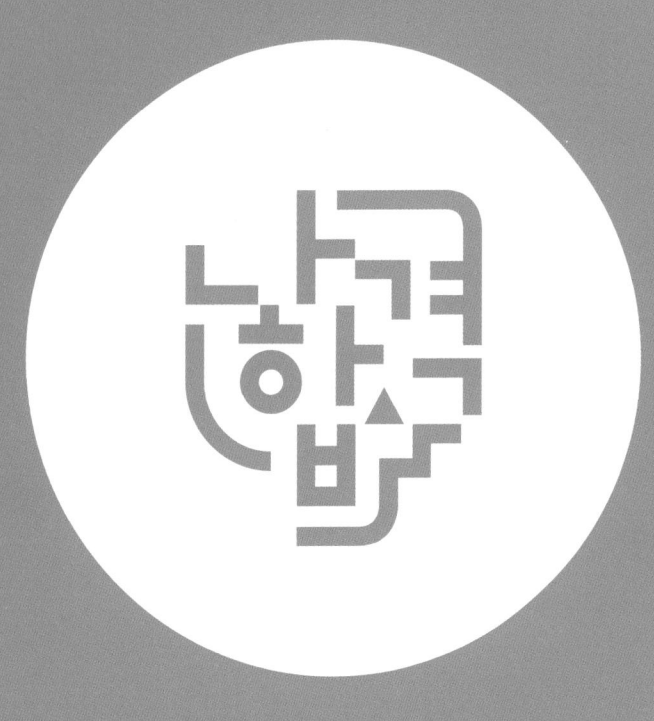

PART 01

공구 & 자재

01 전기사용 공구

02 전기사용 자재

CHAPTER 01
전기사용 공구

01 전기사용공구

공구 명칭	실제 사진	용도
드라이버		• 작은 나사 및 나사못을 돌려박기 위해 사용하는 공구
펜치 (cutting plier)		• 굵은전선의 절단 및 접속, 전선의 바인드 등에 사용하는 공구
와이어스트리퍼 (wire striper)		• 절연전선의 피복을 벗기는 공구
토치램프 (torch lamp)		• 합성수지관(PVC)의 가공시 사용하는 공구 (가공의 어려움 및 화재의 위험으로 인하여 검정시험에서는 잘 사용하지 않는다.)
프레셔툴 (pressure tool)		• 터미널 접속시 사용하는 공구

공구 명칭	실제 사진	용도
전동드라이버		• 나사못을 돌려 박을때 사용하는 전동공구
PVC커터		• PVC전선관 절단에 사용하는 공구
벨 테스터기		• 회로시험을 목적으로 사용하는 공구
줄자		• 제어판 및 벽판 제도작업에서 길이를 측정하는데 사용하는 공구
스프링벤더		• PE전선관 작업시 배관의 구부림이 필요한 곳에 사용하는 공구

CHAPTER 02
전기사용 자재

공구 명칭	실제 사진	용도
PE전선관		• 합성수지제 전선관 또는 평활관으로 불리우며 건물, 옥외 전선 매립 용도로 많이 사용된다. • 검정시험에 지급되는 배관은 16[mm] 일반 합성 수지제 전선관을 지급하며, 손으로 구부림작업을 하면 꺾일 위험이 있으니 스프링벤더을 사용하여 구부림 작업을 실시한다.
PE관용 컨넥터		• PE전선관을 컨트롤박스나 제어함 또는 정션 박스(조인트 박스)와 연결할 때 사용하는 자제이다.
CD전선관		• 난연성 CD전선관 또는 주름관이라고 불리우며, PE관과 마찬가지로 재질은 합성수지제이다. 가공이 쉽고, 가용성이 풍부하여 옥내 내선공사에 많이 사용되고 있다. • 검정시험에 지급되는 배관은 16[mm] 난연성 CD 전선관을 지급하며, 별도의 공구가 없어도 쉽게 구부림 작업을 할 수 있다.
CD관용 컨넥터		• CD전선관을 컨트롤박스나 제어함 또는 정션 박스(조인트 박스)와 연결할 때 사용하는 자제이다.

공구 명칭	실제 사진	용도
0.6/1KV TRF - CV (가교폴리에틸렌 절연 난연성 비닐시스케이블) 2.5SQ 4C 케이블		• 0.6/1KV의 전력회로에 사용하며 전기적, 물리적, 화학적 특성이 우수하며, PVC피복 전력케이블에 비하여 난연특성이 우수함 • 검정시험에 전원으로 활용하며, 심선의 색상이 차이가 날수 있으니 감독관의 지시에 따라 색상을 선정하여야 한다.
TRF - CV 2.5SQ 4C 케이블용 커넥터		• 케이블을 컨트롤박스나 제어함 또는 정션 박스(조인트 박스)와 연결할 때 사용하는 자제이다.
1.5SQ 2.5SQ		• 2.5SQ 전선은 흑, 적, 청, 녹으로 이루어져 있으며 주회로의 결선에 사용한다. • 1.5SQ 전선은 황색으로 되어 있으며 보조회로의 결선에 사용한다.
8각박스 및 4각박스		• 전선관이 분기되는 곳에 사용한다. 면당 분기되는 전선관이 1개 일때는 8각박스를 사용하며, 분기되는 전선관이 2개 이상 일때는 4각박스를 사용한다. • 박스의 표시는 $\boxed{J}$ 이다.
새들		• 케이블 및 전선관을 벽판에 고정시킬때 사용한다.
컨트롤박스	1구 2구 3구	• 컨트롤 박스는 여러 형태가 있으나 검정시험에서는 1~3구를 가장 많이 사용한다. • 푸시버튼, 파이롯램프, 부저등의 기구를 부착할 수 있다.

공구 명칭	실제 사진		용도
단자대			• 제어함에서 전선의 인입과 인출이 되는 곳에 사용한다.
퓨즈홀더			• 유리퓨즈를 끼울수 있는 소켓이며 검정시험에는 유리퓨즈도 함께 지급이 되니 작업을 완료하면 반드시 퓨즈를 삽입해 놓아야 한다.
배선용차단기			• 배선용 차단기는 회로에 과전류가 흐를 때 전로를 차단하여 전선을 보호한다.
8핀 소켓	일반용	타이머 계전기 및 플리커 릴레이 전용	• 릴레이 계전기, 타이머 계전기, 플리커 릴레이, 플리트리스 스위치 등 다리가 8개인 계전기를 삽입할 수 있는 소켓이다.
11핀 소켓			• 11P 릴레이 계전기를 삽입할 수 있는 소켓이다.
14핀 소켓			• 14P 릴레이 계전기를 삽입할 수 있는 소켓이다.

공구 명칭	실제 사진		용도
12핀 소켓			• MC, PR, EOCR 등 다리가 12개인 계전기를 삽입할 수 있는 소켓이다.
와이어 커넥터	외형	사용모습	• 쥐꼬리 접속 후 전선의 보호를 위해 사용한다.
케이블 타이			• 작업완료 후 전선을 정리하여 묶어주는 재료이다.
분필, 유성펜, 종이테이프			• 배관작도 및 각 기기들의 주기를 표시하기 위한 도구들이다.

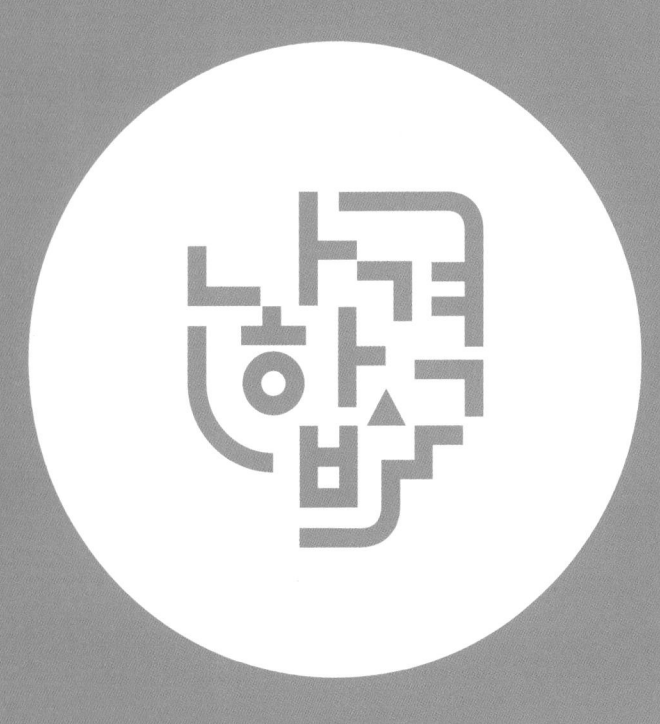

PART 02

시퀀스제어

01 시퀀스제어의 개요 및 제어기기
02 시퀀스제어 회로
03 전기기능사 실기 실제 작업

CHAPTER 01
시퀀스제어의 개요 및 제어기기

01 시퀀스 제어란

제어는 대상물의 스위치 조작에 의해 필요한 동작을 목적에 부합되도록 작동시키는 것을 말한다. 이러한 제어에는 수동제어(manual control)와 자동제어(automatic control)가 있다. 수동제어는 사람의 동작에 의해 동작하고, 자동제어는 미리 정해놓은 순서에 따라 제어의 각 단계가 순차적으로 진행되는 시퀀스 제어(sequential control)와 기계 스스로 제어의 필요성을 판단하여 계속 수정 반복 동작하여 원하는 값을 얻는 피드백 제어(feedback control)가 있다.

시퀀스제어는 어떤 동작이 일어나는 순서를 말하며 미리 정해진 순서 또는 일정한 논리에 의하여 정해진 순서에 따라 제어의 각 동작을 순차적으로 진행시켜 나가는 제어를 의미한다.

02 시퀀스제어(sequential control)의 종류

1. 유접점 제어방식

유접점 제어는 전자릴레이(magnetic relay)를 사용하여 시퀀스 제어회로를 동작시키는 방식을 말한다.

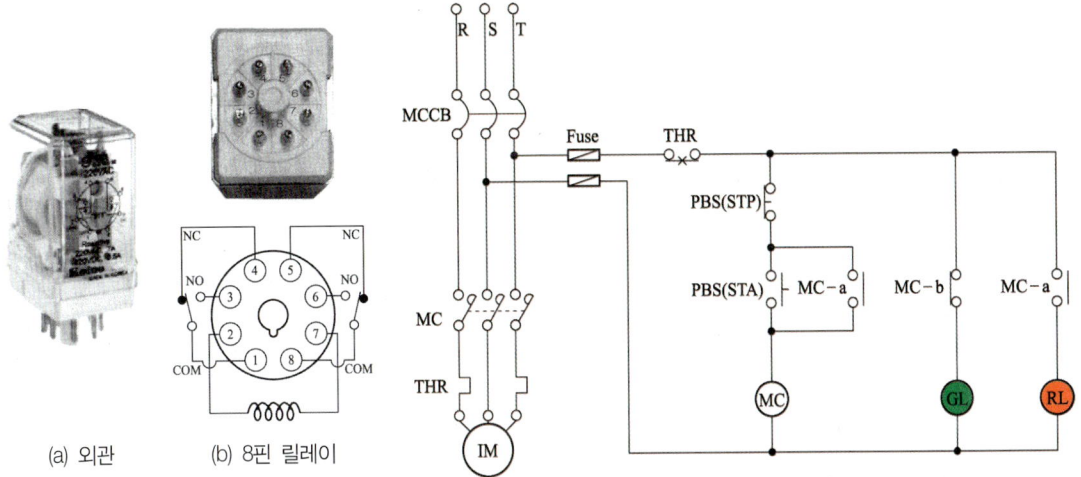

(a) 외관   (b) 8핀 릴레이

릴레이(relay)계전기 및 유접점 회로

2. 무접점 제어방식

무접점 제어는 로직 시퀀스(Logic Sequence)라고도 하며, 트랜지스터나 IC등의 반도체를 사용한 논리소자를 스위치로 이용하여 제어하는 방식을 말한다.

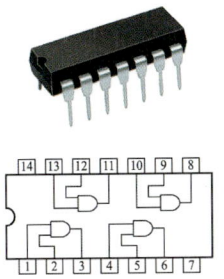 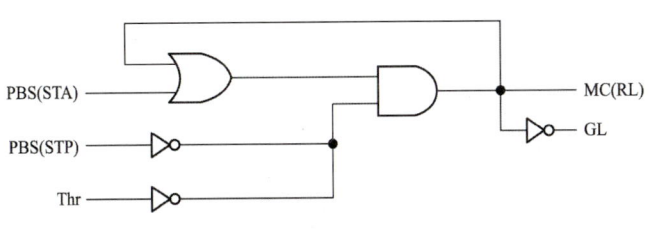

반도체IC 및 무접점 회로

3. 프로그램 제어방식

시퀀스제어 전용의 마이크로 컴퓨터를 이용한 제어장치를 PLC(Programmable Logic Controller)라고 하고 프로그램 제어장치라고도 부르며 프로그램 방법으로는 래더다이어그램 또는 니모닉 등이 사용된다.

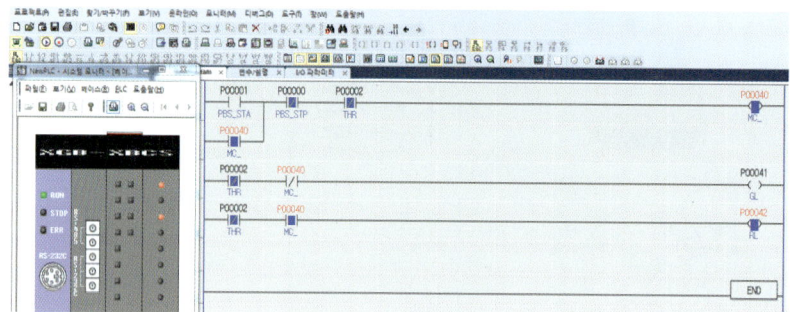

PLC장치 및 래더다이어그램

03
제어용스위치의 종류

1. 접점의 종류

1-1 a접점 : 열려 있는 접점 NO(normally open contact)

조작 전에는 항상 open되어 있으며, 스위치를 조작하면 닫히는 접점

동작 전	동작 후	기호

1-2 b접점 : 닫혀 있는 접점 NC(normally closed contact)

조작 전에는 항상 닫혀 있으며, 스위치를 조작하면 열리는 접점

동작 전	동작 후	기호

1-3 c접점 : 절환접점(change - over contact)

브레이크메이커접점(break make contact) 또는 트랜스퍼접점(transfer contact)이라 하며, a접점과 b접점을 모두 가지고 있는 접점을 c접점이라 한다.

동작 전	동작 후	기호

2. 제어용 스위치의 종류

2-1 수동스위치

수동스위치는 크게 수동동작 자동복귀형 스위치와 유지형 수동스위치가 있다. 수동동작 자동복귀형 스위치는 사람이 수동으로 동작할 때만 ON상태를 유지하며, 조작을 중지하면 OFF상태가 되는 스위치를 말하며, 대표적인 스위치로는 누름버튼 스위치(PBS)가 있다. 유지형 수동스위치는 수동동작을 하면 반대로 조작할 때 까지 접점의 개폐상태가 그대로 유지되는 스위치를 말하며, 대표적으로 셀렉타 스위치(SS)가 있다.

누름버튼 스위치(PBS)

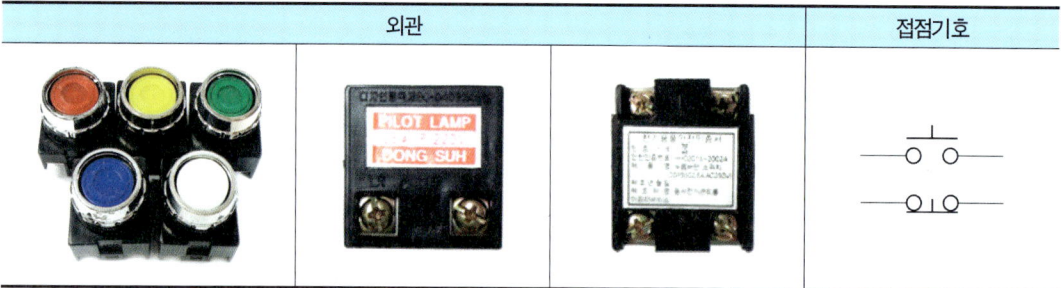

- 버튼을 누르고 있으면 접점이 열리거나 닫히는 동작을 한다. 내부에 스프링이 있어 손을 떼면 자동으로 복귀하는 수동동작 자동복귀형 스위치이다.
- 일반적으로 녹색스위치는 기동을, 적색스위치는 정지를 의미한다.
- 검정시험에서는 스위치의 색상을 범례로 표기하므로 반드시 범례사항에서 지시하는 색상을 사용하여야 한다.

셀렉터 스위치(selector swich)

- 수동동작을 하면 반대로 조작할 때 까지 접점의 개폐상태가 그대로 유지되는 유지형 스위치 이다.
- 셀렉터 스위치의 접점 상태는 큰 의미가 없으며 일반적으로 운전/정지 및 자동/수동회로의 구분을 위한 절환스위치로 많이 사용된다.
- 검정시험에서는 자동/수동 변환 스위치를 셀렉터 스위치로 사용한다. 셀렉터 스위치의 사용조건이 2가지 정도 나오는데 아래 팁을 참고하여 작업에 임한다.

TIP 셀렉터 스위치 자동·수동 판별법

• 조건 1

표기	셀렉터 스위치	접속방법	
		① 수동(M)	② 자동(H)
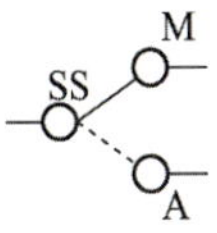 SS M A	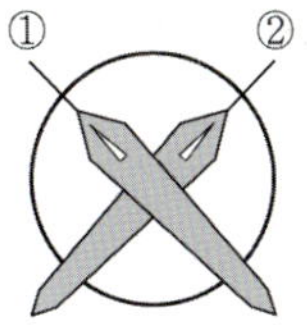 ① ②	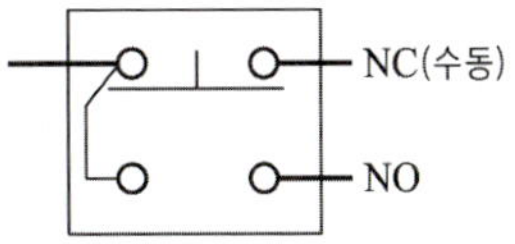 [NC(수동) / NO]	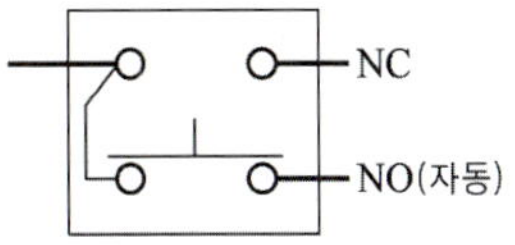 [NC / NO(자동)]

셀렉터 스위치 뒷면을 보면 NO, NC가 영문으로 표기되어 있다. b접점이 수동(M), a접점이 자동(A)로 표기 되어 있다면, 그 접점대로 결선을 해주면 된다. 단 시험도면에 셀렉터 스위치의 방향(1시, 11시)을 자동, 수동 조건으로 주었을 시 스위치 방향이 우선시 된다.

• 조건 2

표기	셀렉터 스위치	셀렉터 스위치 위치별 조건	접속 방법
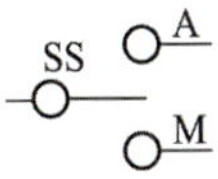 SS A M	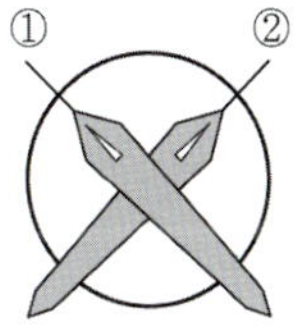 ① ② (2단)	①번(11시) : 자동	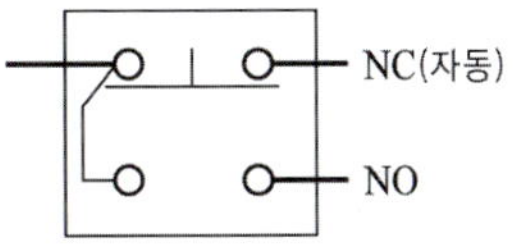 [NC(자동) / NO]
		②번(1시) : 수동	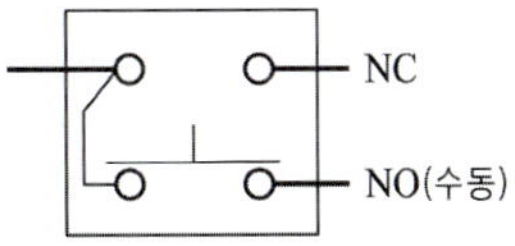 [NC / NO(수동)]
	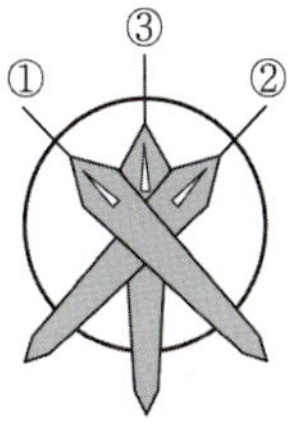 ① ③ ② (3단)	①번(11시) : 수동	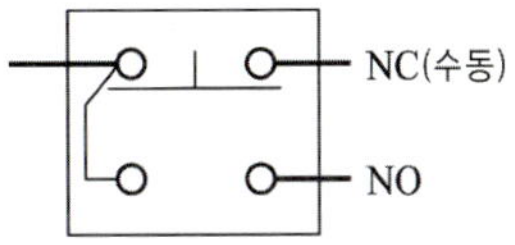 [NC(수동) / NO]
		②번(1시) : 자동	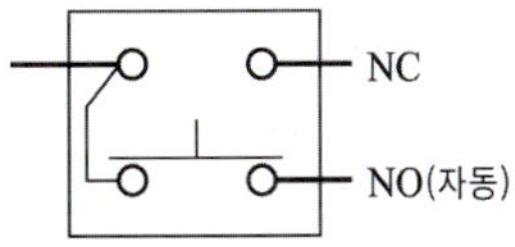 [NC / NO(자동)]

셀렉터 스위치는 크게 2단과 3단 형태로 되어 있다. 위 그림처럼 SS가 중립에 있다하여 3단 스위치를 쓸 필요는 없으며, 1시 방향이나 11시 방향이나 스위치의 래버 방향에 자동, 수동을 부여하기 때문에 2단과 마찬가지로 작업에 임하면 된다.

2-2 검출용 스위치

검출용 스위치는 제어대상의 상태나 변화를 검출하기 위한 것으로 어떤 물체의 위치나 액체의 높이, 압력, 빛, 온도, 전압, 자계 등을 검출하여 조작기기를 작동시키는 스위치이다.

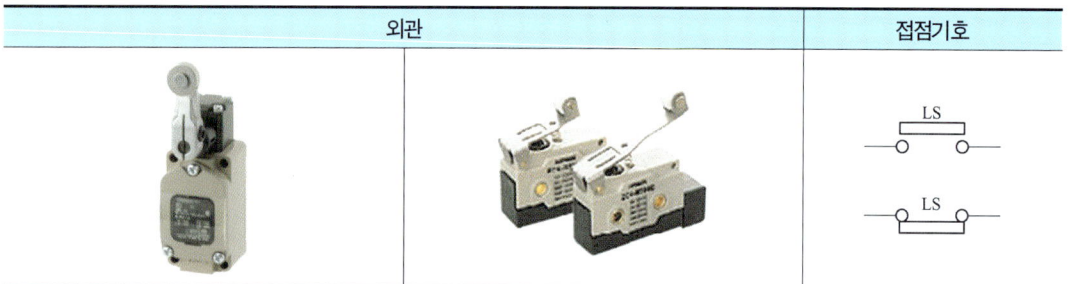

- 리미트 스위치는 접촉부에 움직이는 물체가 닿았을때 접점이 ON 또는 OFF 되는 동작을 한다.
- 검정시험에서는 리미트 스위치 대신 단자대(TB)를 사용한다.

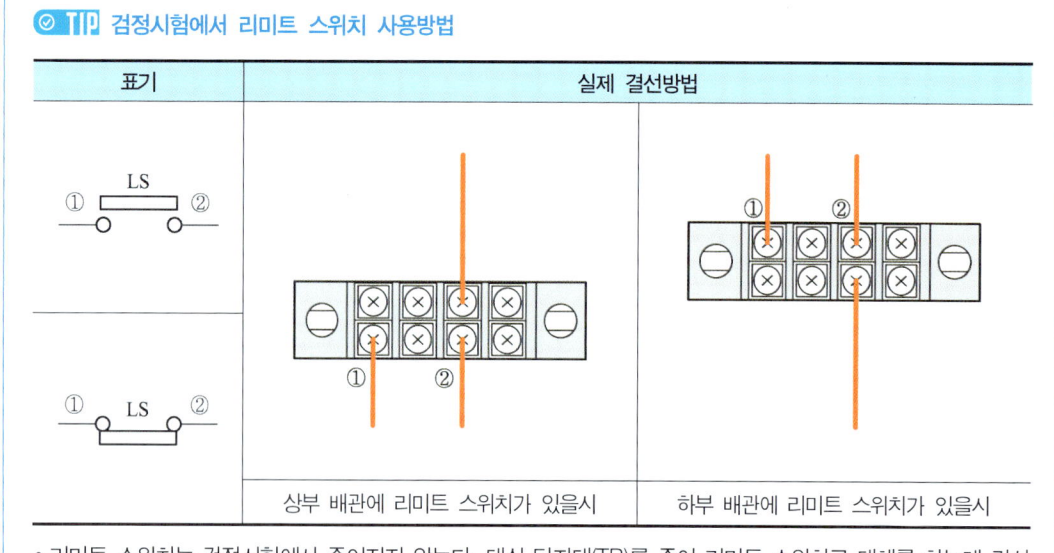

- 리미트 스위치는 검정시험에서 주어지지 않는다. 대신 단자대(TB)를 주어 리미트 스위치로 대체를 하는데 결선 방법은 위 형태로 하면 된다. [표기]에는 접점이 표시되어 있으나 단자대를 이용한 방법은 접점 관계 없이 선만 한가닥 뽑아두면 된다.

3. 상태 표시등 및 경보표시기

3-1 파이롯 램프(PL) : 표시등

외관	접점기호
	RL GL WL

- 기기의 동작상태를 나타낼때 사용한다.
- 색상으로는 적색(RL), 녹색(GL), 황색(YL), 주황색(OL), 백색(WL)램프가 있으며, 색상은 범례사항을 따른다.
- 검정시험용 램프는 각 시험장으로 운반시 흔들림에 의해 램프의 전구가 헐거워질 확률이 높으므로, 시험 전 재료 검수시간에 램프의 뚜껑을 열어 전구를 조여 줄 필요가 있다.

3-2 부져(BZ) : 경보표시기

외관	표시기호
	BZ

- 과부하시 사고를 알리는 경보기로 활용된다.
- 검정시험에서는 플리커 릴레이를 이용하여 경보램프와 세트로 활용된다.

4. 차단기 및 퓨즈

외관		접점기호	
배선용차단기(MCCB)	퓨즈(EF/F)	배선용 차단기 (MCCB)	퓨즈(EF/F)

- 회로에 과전류가 흐를시 전로를 차단하여 회로를 보호한다.
- 배선용 차단기는 주회로 전원부에 설치하며 왼쪽에서부터 흑(R), 적(S), 청(T), 녹(E) 순서대로 결선하면 된다.
- 퓨즈는 보조회로를 보호하기 위해 설치하며 1차측 및 2차측 모두 황색(1.5[mm^2])선을 사용한다.
- 시퀀스 도면에 EF×2 혹은 F×2 라고 되어 있는 것은 퓨즈 삽입 가능소켓이 2개라는 의미이며, 참고로 위에 퓨즈 소켓이 EF×2(F×2) 이다.

04 계전기 종류 및 역할

1. 릴레이(Relay) 계전기

1-1 역할

전자계전기는 전자코일에 전류가 흐르면 전자석이 되어 그 전자석에 의해 접점을 개폐하는 기능을 가진 장치를 말하며, 일반 시퀀스 회로, 회로의 분기나 접속, 저압 전원의 투입이나 차단 등에 사용 된다.
전자계전기에서 코일에 전류가 흘러 전자력을 갖는 상태를 여자라 하고, 전류가 흐르지 않아 전자력을 잃어 원래의 위치로 되는 상태를 소자라 한다.

1-2 릴레이 계전기 접점번호

8핀 릴레이

정면	아랫면	내부접점 회로도	내부접점
			• Ry R X (전원) : 2 - 7 • ─o o─ (a접점) : 1 - 3, 8 - 6 • ─o/o─ (b접점) : 1 - 4, 8 - 5 ※ 공통접점(COM) : ①, ⑧

11핀 릴레이

정면	아랫면	내부접점 회로도	내부접점
			• Ry R X (전원) : 2 - 10 • ─o o─ (a접점) : 1 - 4, 3 - 6, 11 - 9 • ─o/o─ (b접점) : 1 - 5, 3 - 7, 11 - 8 ※ 공통접점(COM) : ①, ③, ⑪

14핀 릴레이

정면	아랫면	내부접점 회로도	내부접점
			• Ry R X (전원) : 13 - 14 • o—o (a접점) : 9-5, 10-6, 11-7, 12-8 • o—o (b접점) : 9-1, 10-2, 11-3, 12-4 ※ 공통접점(COM) : ⑨, ⑩, ⑪, ⑫

1-3 계전기 접점상태

계전기 a접점(NO접점 : 항시 열려있는 접점)

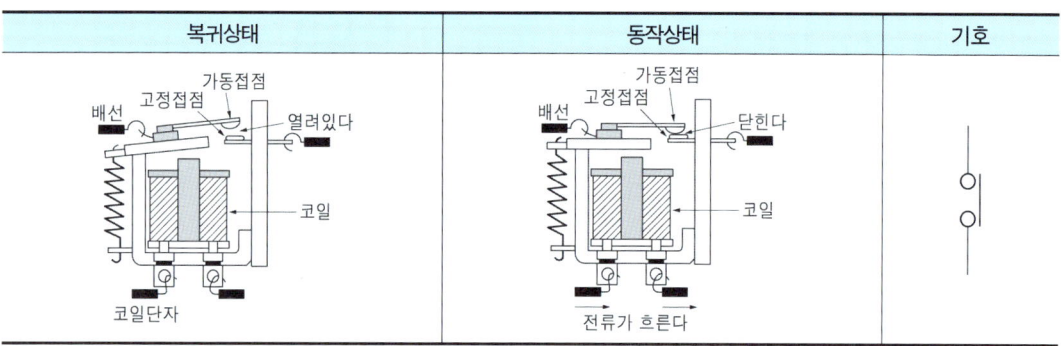

계전기 b접점(NC접점 : 항시 닫혀 있는 접점)

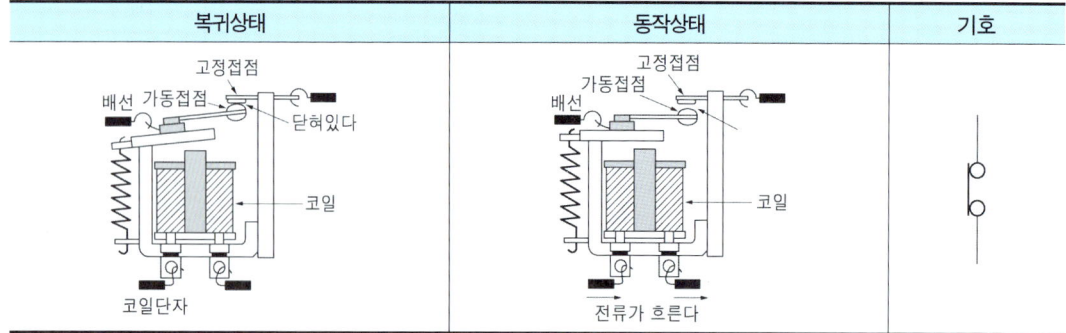

계전기 c접점(절환 접점)

복귀상태	동작상태	기호

2. 타이머(TimeR) 계전기

2-1 역할

타이머는 전기적 또는 기계적 입력을 부여하면, 정해진 시한이 경과한 후에 그 접점이 폐로 또는 개로하는 것을 말한다. 타이머의 종류는 모터식 타이머, 전자식 타이머, 제동식 타이머 등이 있고 타이머의 출력 접점에는 동작시에 시간지연이 있는 것과 복귀시에 시간지연이 있는 것이 있다.

2-2 타이머 계전기 접점번호

정면	아랫면	내부접점 회로도	내부접점 번호
			• 전원 : ②-⑦ • 순시 접점 : ①-③ • 한시 접점 - a접점 : ⑧-⑥ - b접점 : ⑧-⑤ ※ 공통접점 : ⑧

2-3 후리커 계전기 접점번호

정면	아랫면	내부접점 회로도	내부접점 번호
			• 전원 : ②-⑦ • 순시 접점 : ①-③ • 한시 접점 - a접점 : ⑧-⑥ - b접점 : ⑧-⑤ ※ 공통접점 : ⑧

2-4 타이머 계전기 접점 및 동작상태

한시동작 순시복귀형

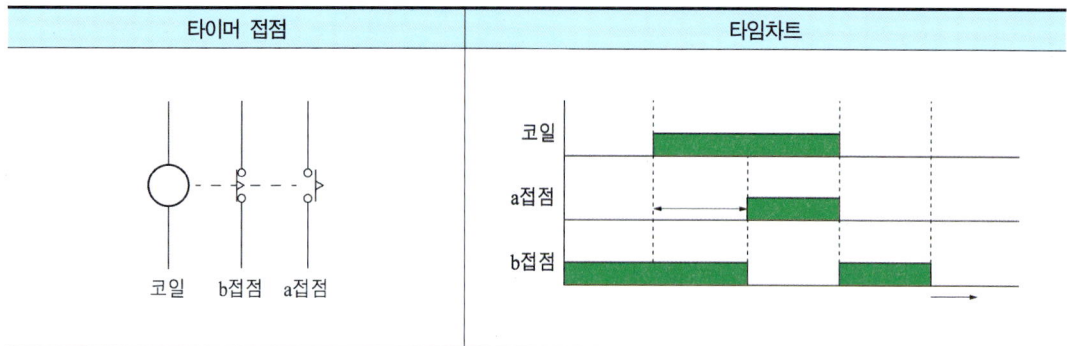

- 동작 : 입력신호가 들어오고 설정시간이 지난 후 접점이 동작하며 신호 차단시 접점이 순시 복귀되는 형태

순시동작 한시복귀형

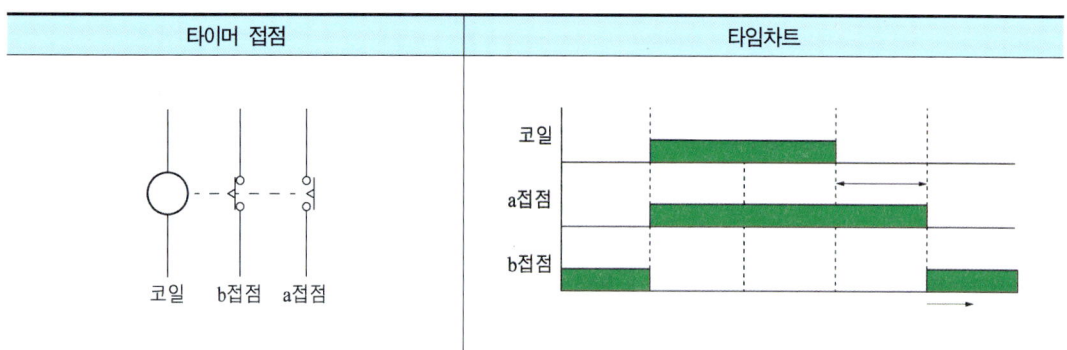

- 동작 : 입력신호가 들어오면 순간적으로 접점이 동작하며 입력신호가 소자하면 접점이 설정시간 후 동작되는 형태

한시동작 한시복귀형

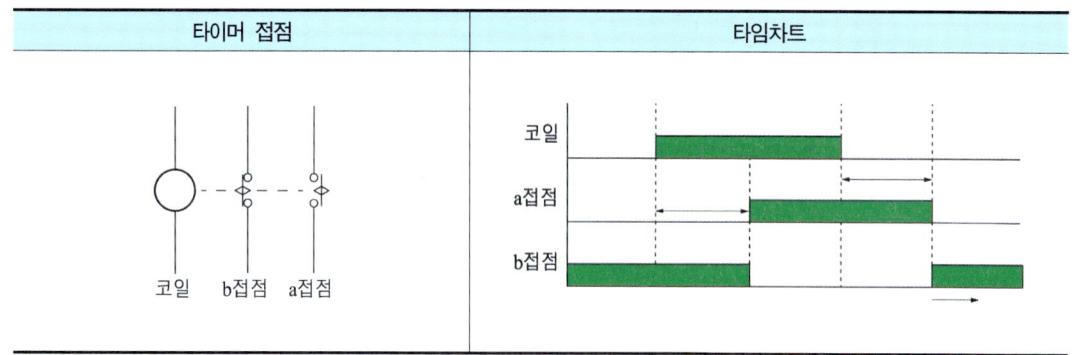

- 동작 : 한시동작 순시복귀형과 순시동작 한시복귀형을 합성한 형태로 동작하는 타이머를 말한다.

3. 구동용 기기(중계 역할을 하는 제어기기)

3-1 전자접촉기(MC, PR)

정면	아랫면	내부접점 회로도	내부접점 번호
			• PR MC (전원) : 6-12 • 주접점 : 1-7, 2-8, 3-9 • 보조접점 - a접점 : 4-10 - b접점 : 5-11

• 역할 : 전자석의 동작에 의하여 부하 회로를 빈번하게 개폐하는 접촉기를 말한다. 주접점과 보조접점으로 되어있다.

3-2 전자개폐기

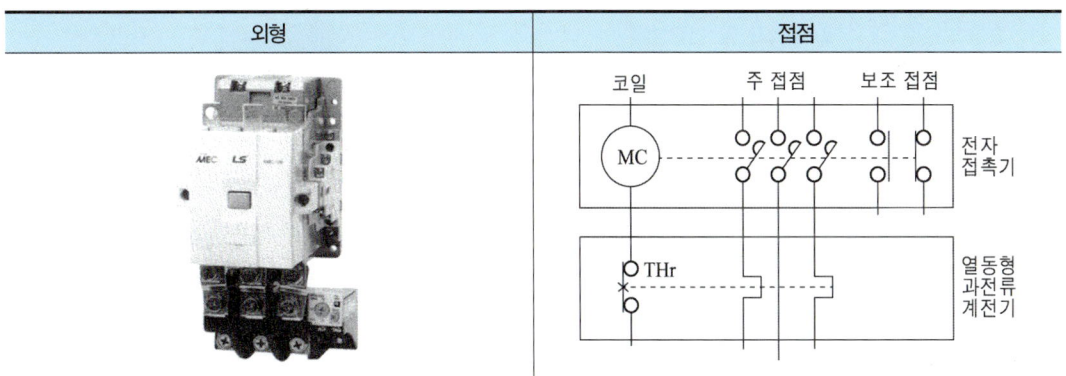

외형	접점

• 역할 : 전자접촉기에 전동기의 보호 장치인 열동형 과전류계전기를 조합한 주 회로용 개폐기이다.

4. 과전류 계전기(Over Current Relay)

정면	아랫면	내부접점 회로도	내부접점 번호
			• EOL (전원) : 6-12 • ○─○ (a접점) : 5-10 • ○╱○ (b접점) : 4-10 ※ 공통접점 : 10

• 역할 : 설정값 이상의 전류가 흐르면 접점을 동작 차단시키는 계전기. 이때 전동기의 과부하 보호에 사용한다.

5. 특수 계전기

5-1 온도 계전기

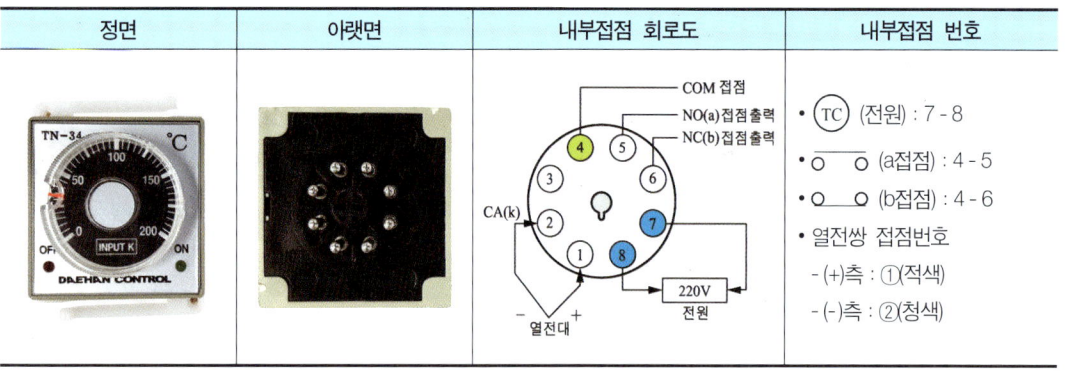

- 역할 : 설정된 온도에 도달하면 ON, OFF 동작을 하는 계전기를 말한다.

> **TIP 열전쌍 실제 이미지 및 연결방법**
>
> ①-②번 단자에 열전쌍을 연결한다.
>
>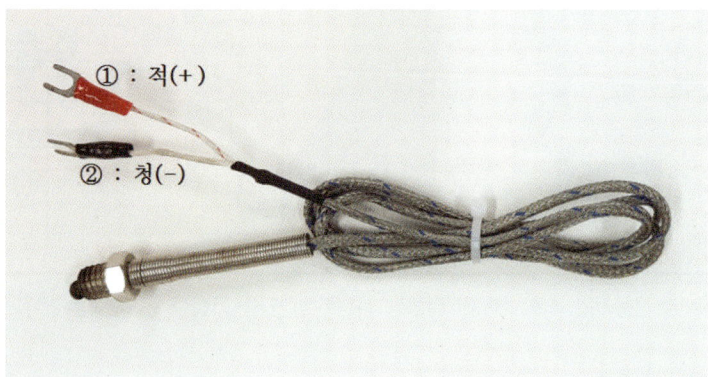
>
> 다이얼을 돌려 원하는 온도에 맞춘다. 전원을 연결하고 열전쌍에 열을 가하여 온도를 높일 때,
> - 현재 온도가 설정온도 이하이면 a접점이 동작되며 ON 램프가 점등된다.
> - 현재 온도가 설정온도 이상이면 b접점이 동작되면 OFF 램프가 점등된다.

5-2 플로트리스 스위치(Floatless Switch)

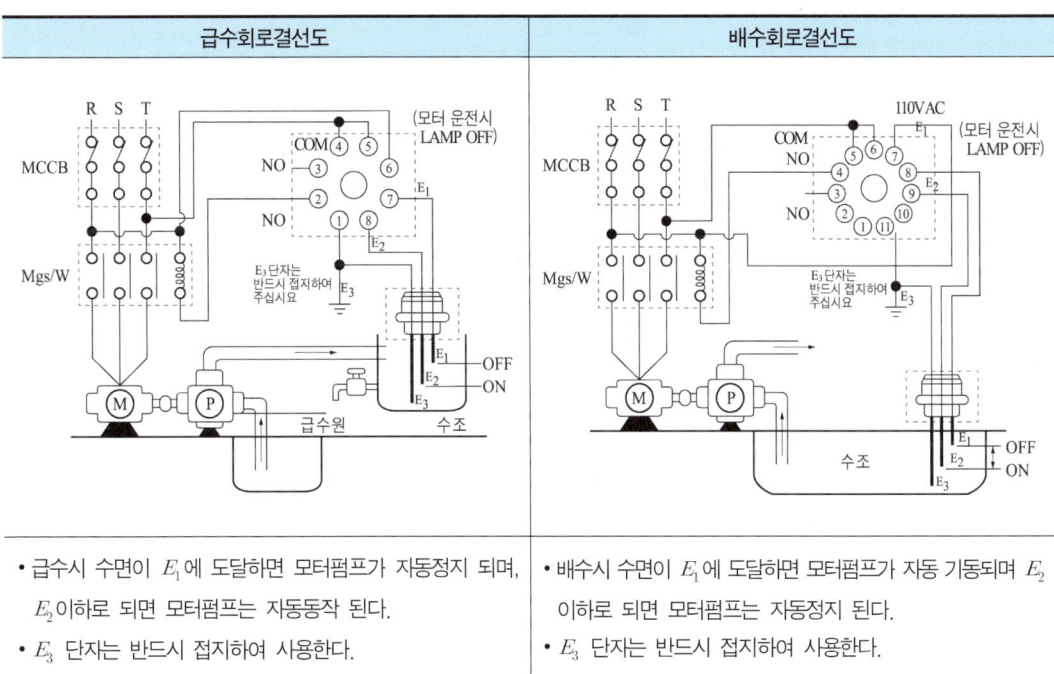

- 역할 : Float란 '물에 뜨다, 띄우다'라는 뜻으로, Floatless Switch는 E1, E2, E3 플로트리스 스위치 전극을 이용하여 저수조의 물을 자동으로 급수 또는 배수 제어를 목적으로 하는 계전기를 말한다.

- 급수시 수면이 E_1에 도달하면 모터펌프가 자동정지 되며, E_2 이하로 되면 모터펌프는 자동동작 된다.
- E_3 단자는 반드시 접지하여 사용한다.

- 배수시 수면이 E_1에 도달하면 모터펌프가 자동 기동되며 E_2 이하로 되면 모터펌프는 자동정지 된다.
- E_3 단자는 반드시 접지하여 사용한다.

CHAPTER 02

시퀀스제어 회로

01 계전기 접점번호 기입 방법

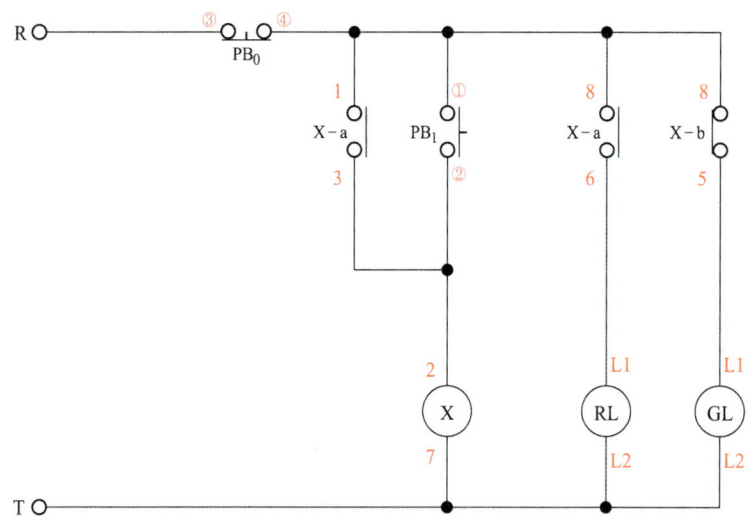

1. 시퀀스 회로의 사용계전기가 무엇인지 파악한다.

  • 사용계전기 : X(릴레이계전기)

2. 계전기의 접점 내부회로도를 확인한다.

정면	아랫면	내부접점 회로도	내부접점 번호
			• Ry R X (전원) : 2 - 7 • O—O (a접점) : 1 - 3, 8 - 6 • O—O (b접점) : 1 - 4, 8 - 5

- Ry R X 다음 기호는 릴레이계전기의 전원을 의미한다. 접점 번호는 2번, 7번이다.(반대로 7번 2번으로 기입하여도 상관이 없으나 접점 번호 기입시 순서대로 하는것이 헷갈리지 않으니 순서대로 하는것이 바람직 하다)
- a접점(O—O)은 항상 열려 있는 접점(NO)을 의미한다. 접점 번호는 1번 3번, 8번 6번을 사용한다.
- b접점(O—O)은 항상 닫혀 있는 접점(NC)을 의미한다. 접점 번호는 1번 4번, 8번 5번을 사용한다.
- 위 시퀀스는 8P릴레이를 사용하나 사용 접점수는 3개이므로 공통 접점이 가능한지 확인 후 공통접점으로 묶어 접점 번호를 부여한다.

3. 시퀀스회로에서 공통접점 사용유무를 파악한다.

3-1 공통접점 조건

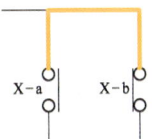

- 이름이 같은 2접점이 그림과 같이 접속되어 있어야 한다.(접점 이름이 다르면 공통 접점이 아니다.)
- a접점과 b접점이 함께 있어야 한다.(a접점만 2개, b접점만 2개 있어서는 아니된다.)

3-2 공통접점 가능

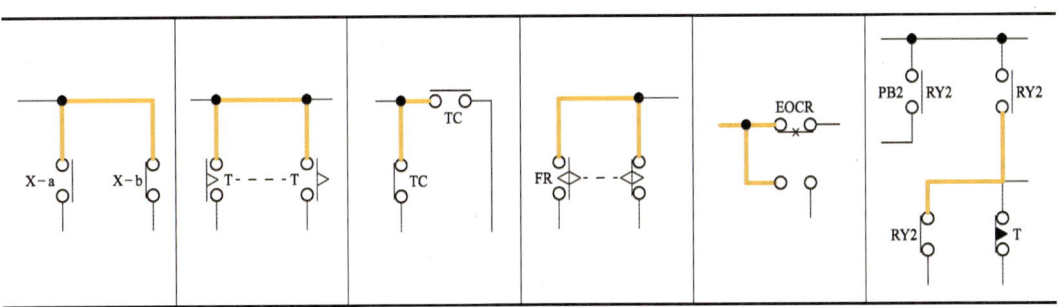

3-3 공통접점 불가능

조건 ①	이름이 같은 2개의 접점이 있으나 a접점만 2개이므로 공통접점이 성립되지 않는다. (RY2, RY2)
조건 ②	이름이 같은 2개의 접점이 공통으로 묶여 있으나 b접점만 2개이므로 공통접점이 성립되지 않는다. (X3, X3)
조건 ③	두개의 접점이 묶여 공통으로 묶여 있으며 a접점과 b접점이 함께 있으나 계전기의 접점명이 다르기 때문에 공통접점이 성립되지 않는다. (X1, X2)
조건 ④	이름이 같은 2개의 접점이 그림과 같이 공통으로 묶여 있고 a접점과 b접점이 함께 존재하여 공통접점의 조건은 만족시켰으나 PR, MC 라는 계전기는 공통접점이 존재하지 않는 계전기이므로 공통접점이 성립되지 않는다. (PR1, PR1)

3-4 공통접점 번호 기입방법

공통접점 ① 정상기입	공통접점 ② 정상기입	공통접점 ① 오기입	공통접점 ② 오기입
X-a: 1,3 / X-b: 1,4	X-a: 8,6 / X-b: 8,5	X-a: 3,1 / X-b: 4,1	X-a: 6,8 / X-b: 5,8

- 위 시퀀스 도면의 X(릴레이 계전기)의 내부 접점수가 3개이다. 8P릴레이 계전기의 접점수는 2개이므로 사용이 불가능하나 3접점 중 2접점이 공통접점을 만족하므로 8P릴레이 계전기의 사용이 가능하다.
- 접점 기입은 순서대로 하는것이 바람직하므로 첫 번째 접점은 1번 3번으로 잡아주고, 두 번째 세번째 접점은 공통접점을 만족하므로 "공통접점②" 형태로 접점 번호를 기입하여 주면 된다.
- 여기서 중요한 것은 1번과 8번은 공통번호이기 때문에 절대로 반대로 해서는 안된다.

4. 시퀀스 도면에 접점부여 연습

4-1 시퀀스 회로도

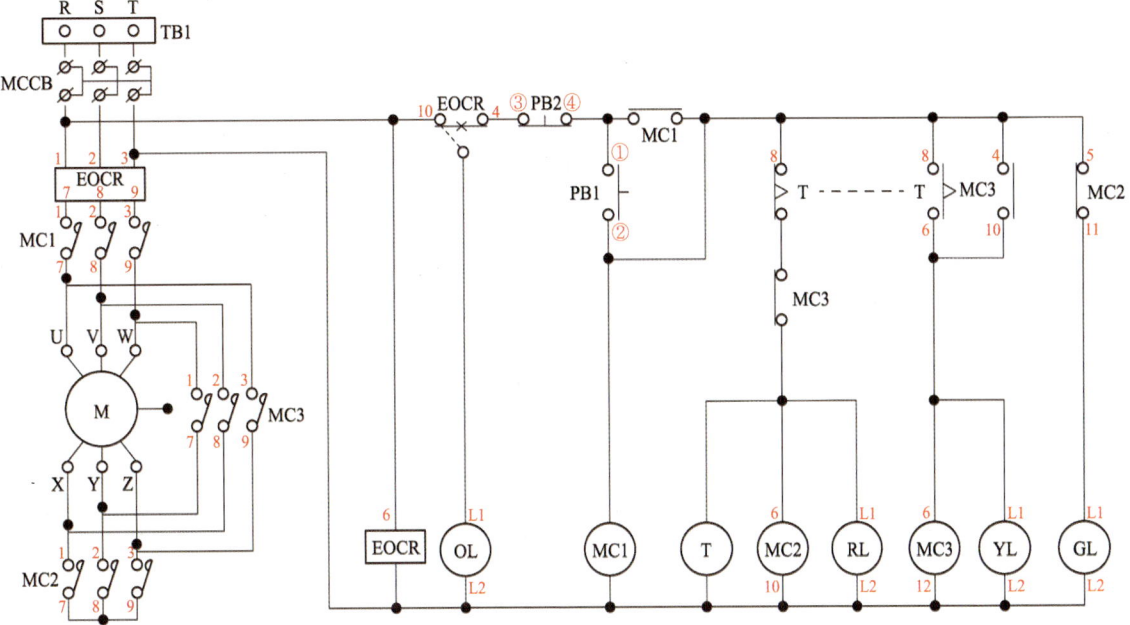

4-2 계전기 접점

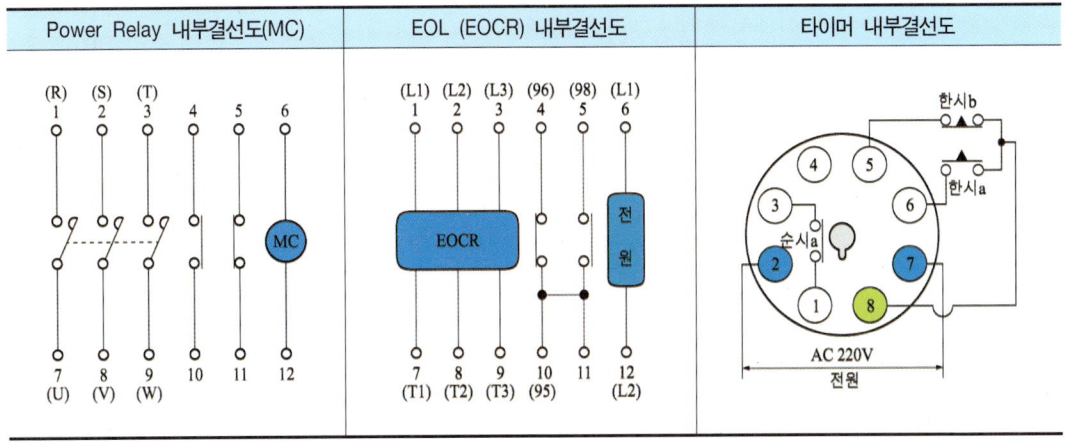

4-3 계전기 내부 접점표를 활용하여 빈 곳의 계전기 접점 번호를 기입하시오.

02 시퀀스 기본회로

1. 누름버튼 스위치

1-1 누름버튼 스위치와 램프의 기본연결 - 1

작업 과제명	누름버튼 스위치와 램프와의 기본연결 - 1	소요시간	1시간	척도	NS

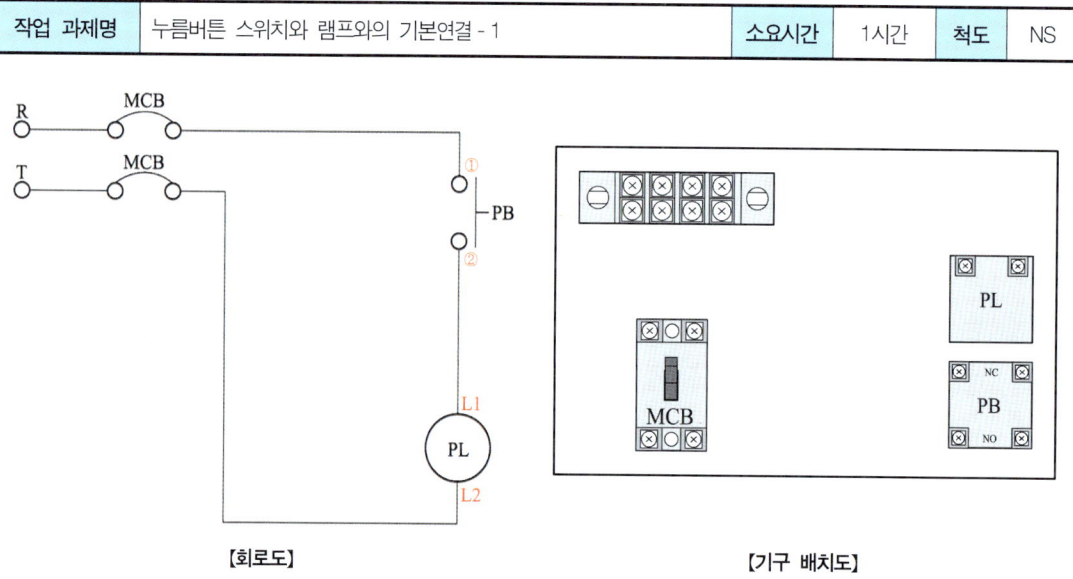

【회로도】　　　　　　　　　　　【기구 배치도】

동작사항

① 전원 : 단상 2선식(220[V])

② 동작
- 배선용차단기(MCB)의 전원을 투입한다.
- PB를 누르면 PL이 점등한다.
- 누르고 있던 PB를 놓으면 PL은 소등한다.

범례사항

기호	명칭	기호	명칭
MCB	배선용 차단기	PL	파이롯램프
PB	누름버튼 스위치		

- 배선용 차단기 1차측 R상은 2.5[mm²] 흑색선, T상은 2.5[mm²] 청색선을 사용한다.
- 배선용 차단기 2차측은 1.5[mm²] 황색선을 사용한다.

스위치 및 램프 번호 할당

- PB(푸쉬버튼 스위치) : a접점 - ①번, ②번
- PL(파이롯램프) : L1, L2

누름버튼 스위치(PB)	파이롯램프(PL)	배선용 차단기(MCB)

결선순서

결선순서		
1번 작업 : 전원R - MCB(R)	2번 작업 : MCB(R′) - PB(①)	3번 작업 : PB(②) - PL(L1)
4번 작업 : PL(L2) - MCB(T′)	5번 작업 : 전원T - MCB(T)	

실제결선

1번 작업 : 전원R - MCB(R)

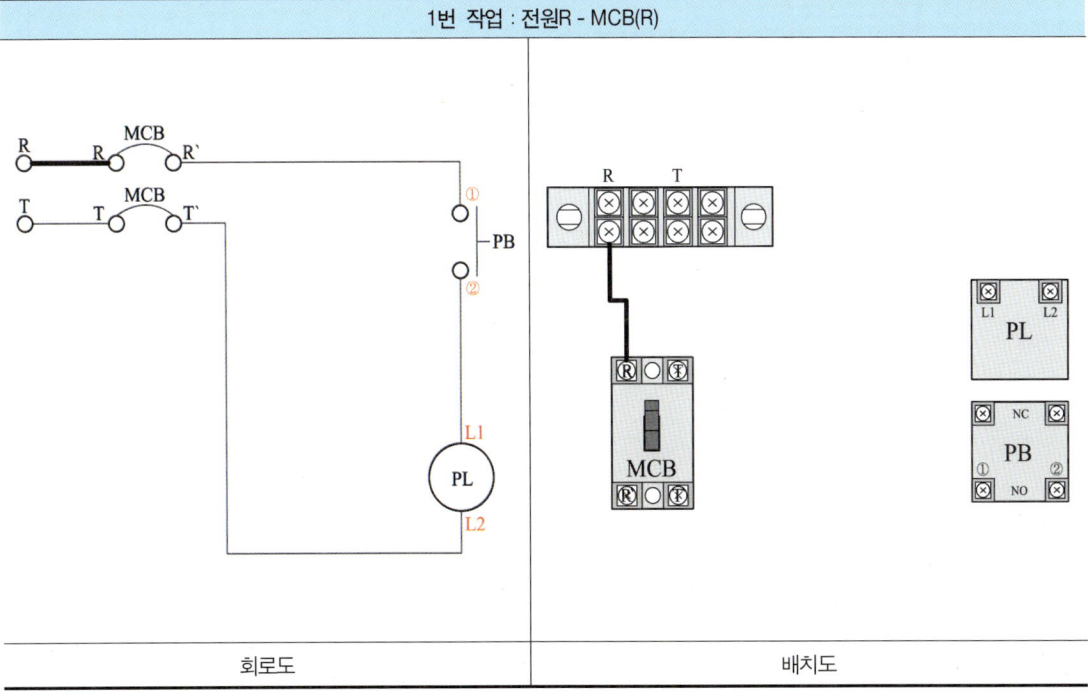

회로도 / 배치도

2번 작업 : MCB(R´) - PB(①)

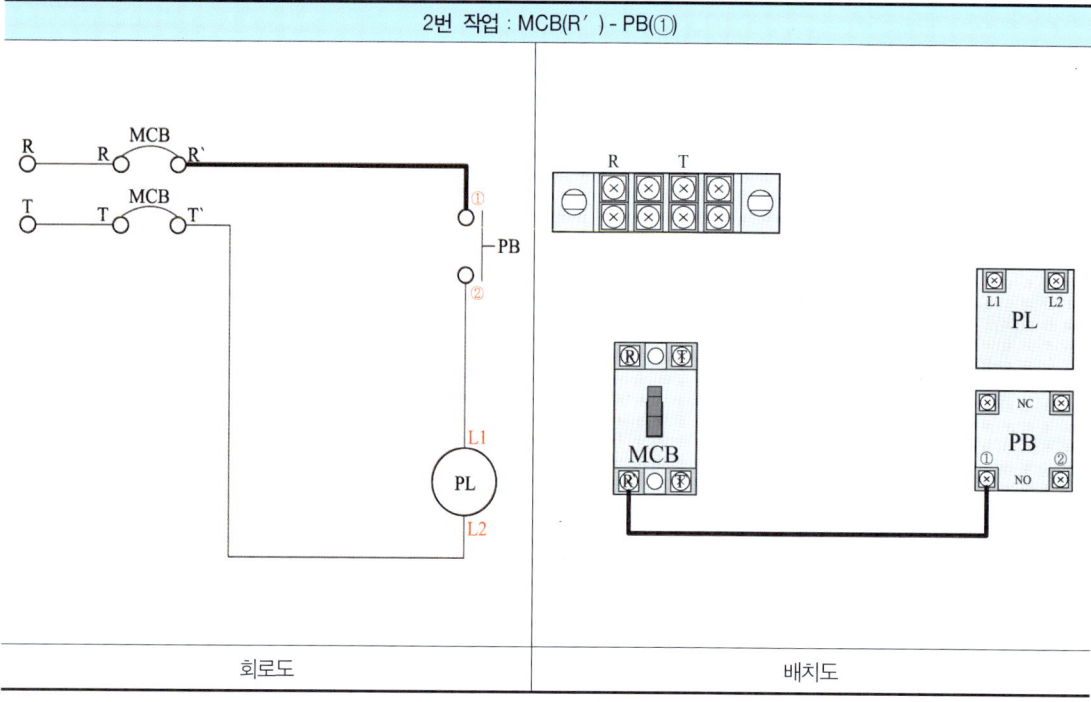

회로도 / 배치도

3번 작업 : PB(②) - PL(L1)

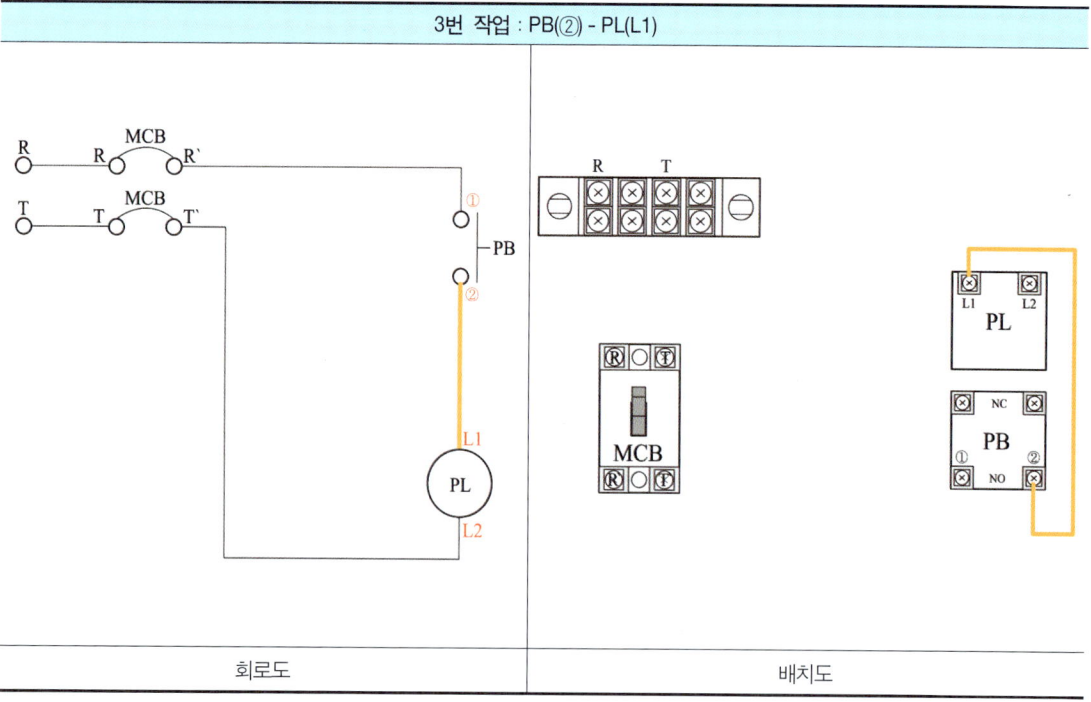

회로도 / 배치도

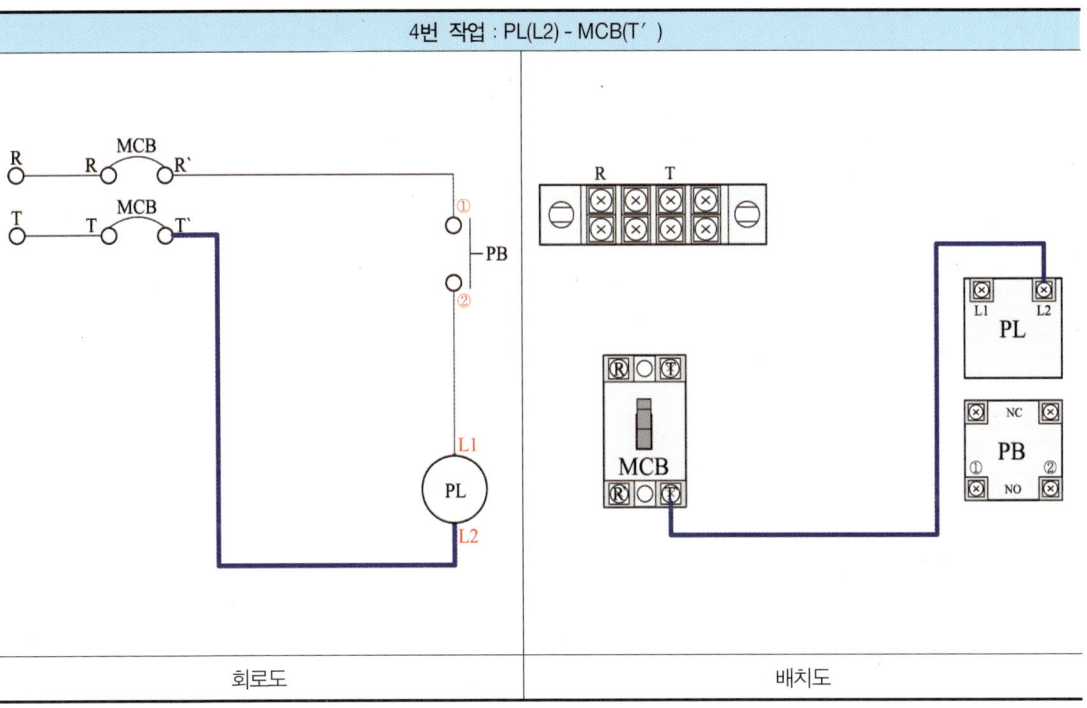

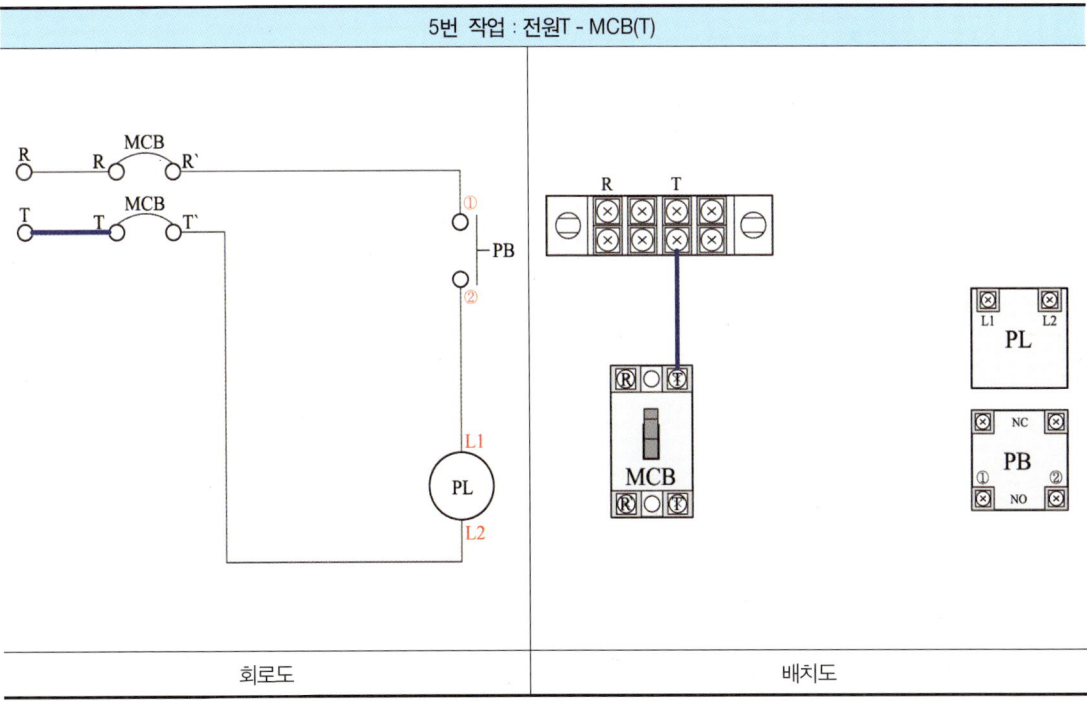

완성

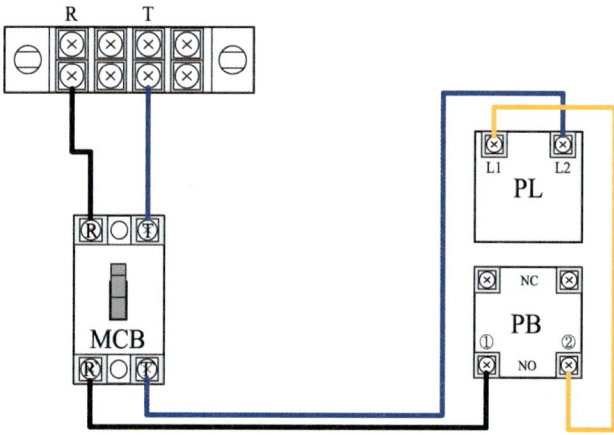

1-2 누름버튼 스위치와 램프의 기본연결 - 2

| 작업 과제명 | 누름버튼 스위치와 램프의 기본연결-2 | 소요시간 | 1시간 | 척도 | NS |

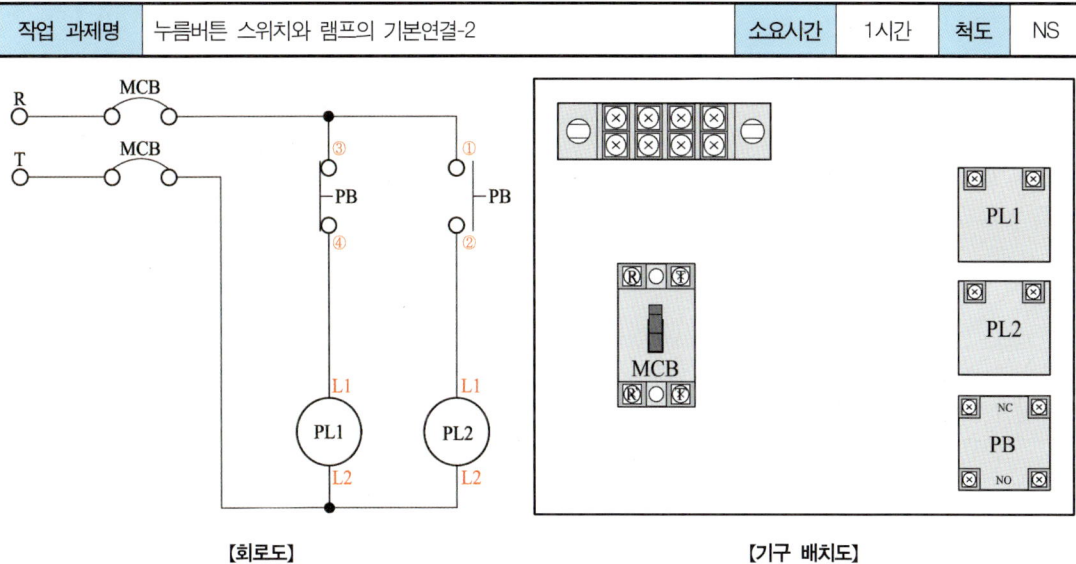

【회로도】　　　　　　　　　　　　　　【기구 배치도】

동작사항

① 전원 : 단상 2선식(220[V])

② 동작
- 배선용차단기(MCB)의 전원을 투입한다.
- 전원을 투입하면 PL1이 점등한다.
- PB를 누르면 PL1은 소등하고, PL2가 점등한다.
- 누르고 있던 PB를 놓으면 PL2는 소등하며, PL1은 다시 점등한다.

범례사항

기호	명칭	기호	명칭
MCB	배선용 차단기	PL1, PL2	파이롯램프
PB	누름버튼 스위치		

- 배선용 차단기 1차측 R상은 2.5[mm^2] 흑색선, T상은 2.5[mm^2] 청색선을 사용한다.
- 배선용 차단기 2차측은 1.5[mm^2] 황색선을 사용한다.

스위치 및 램프 번호 할당

- PB(푸쉬버튼 스위치) : a접점 - ①번, ②번
- PB(푸쉬버튼 스위치) : b접점 - ③번, ④번
- PL(램프) : L1, L2

누름버튼 스위치(PB)	파이롯램프(PL)	배선용 차단기(MCB)

결선순서

결선순서		
1번 작업 : 전원R - MCB(R)	2번 작업 : MCB(R´) - PB① - PB③	3번 작업 : PB④ - PL1(L1)
4번 작업 : PB② - PL2(L1)	5번 작업 : MCB(T´) - PL1(L2) - PL2(L2)	6번 작업 : 전원T - MCB(T)

실제결선

1번 작업 : 전원R - MCB(R)

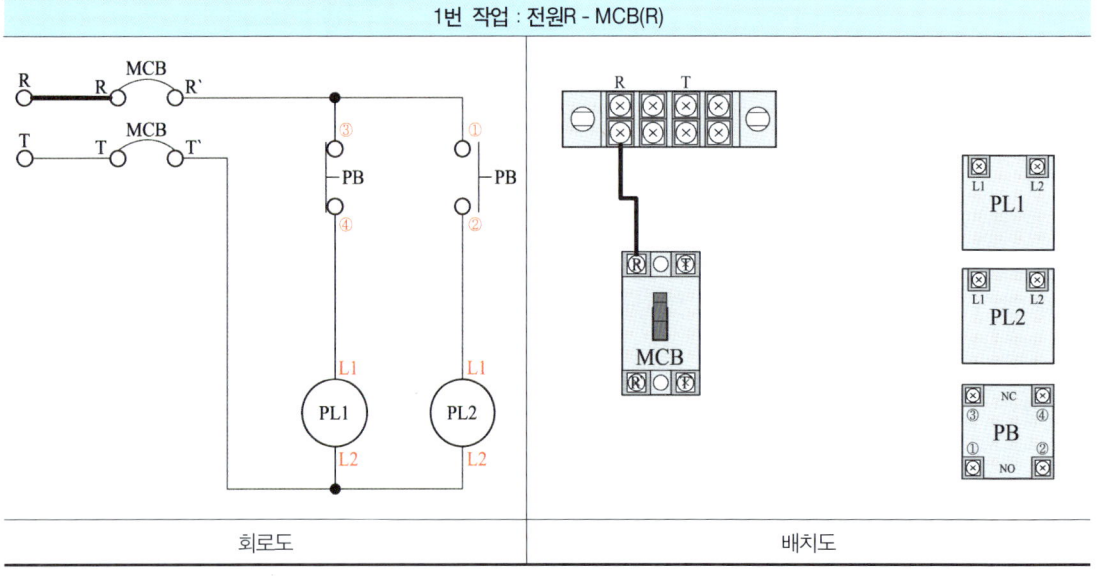

회로도	배치도

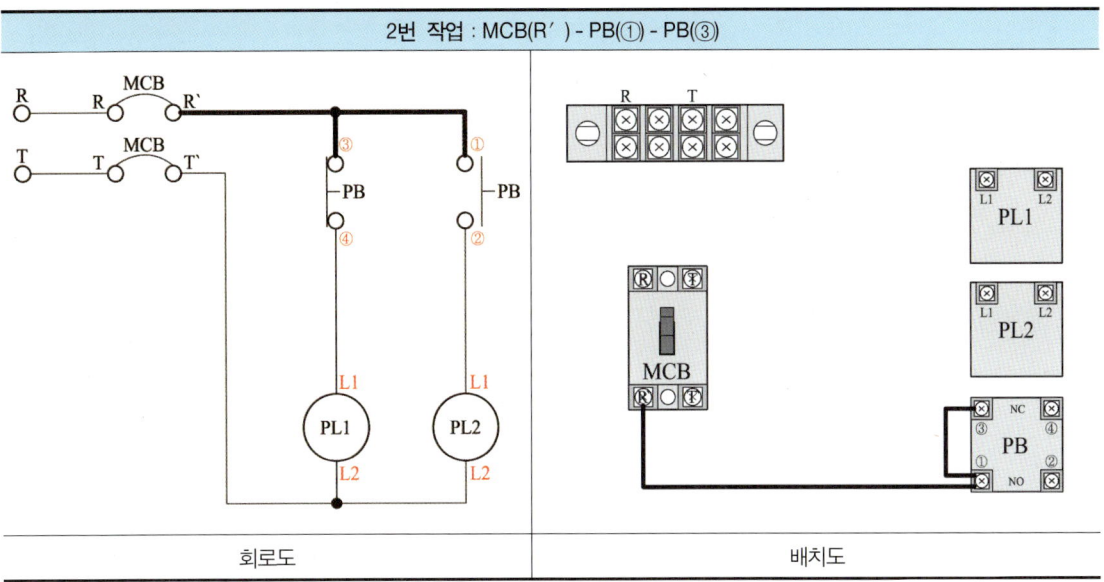
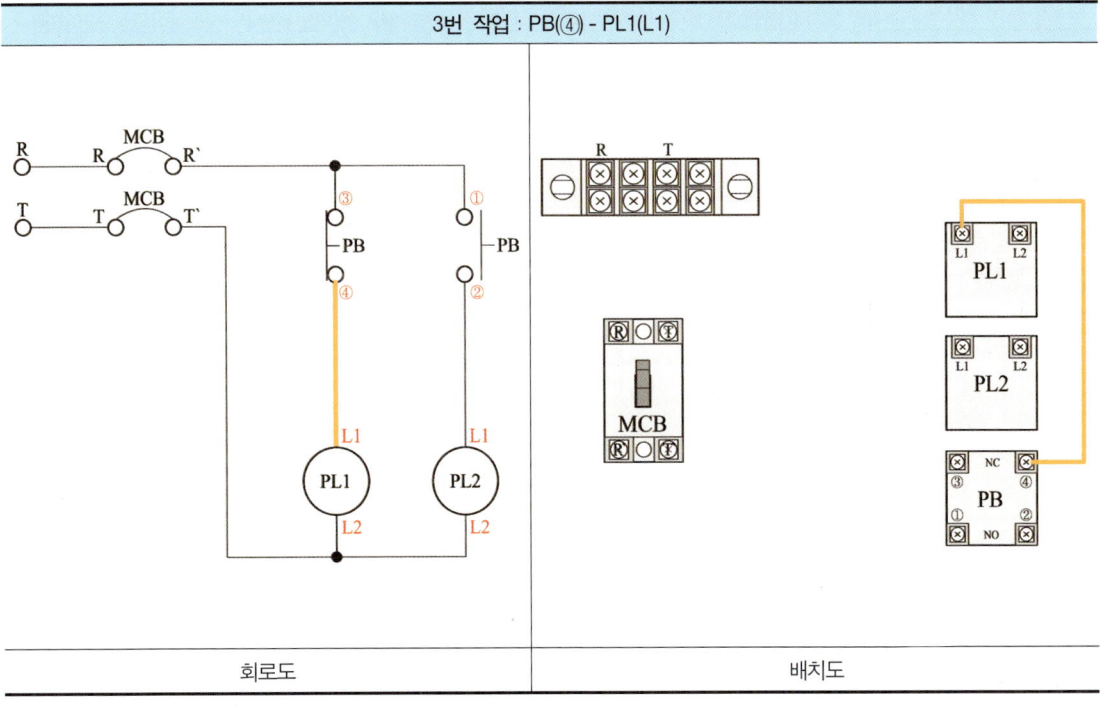

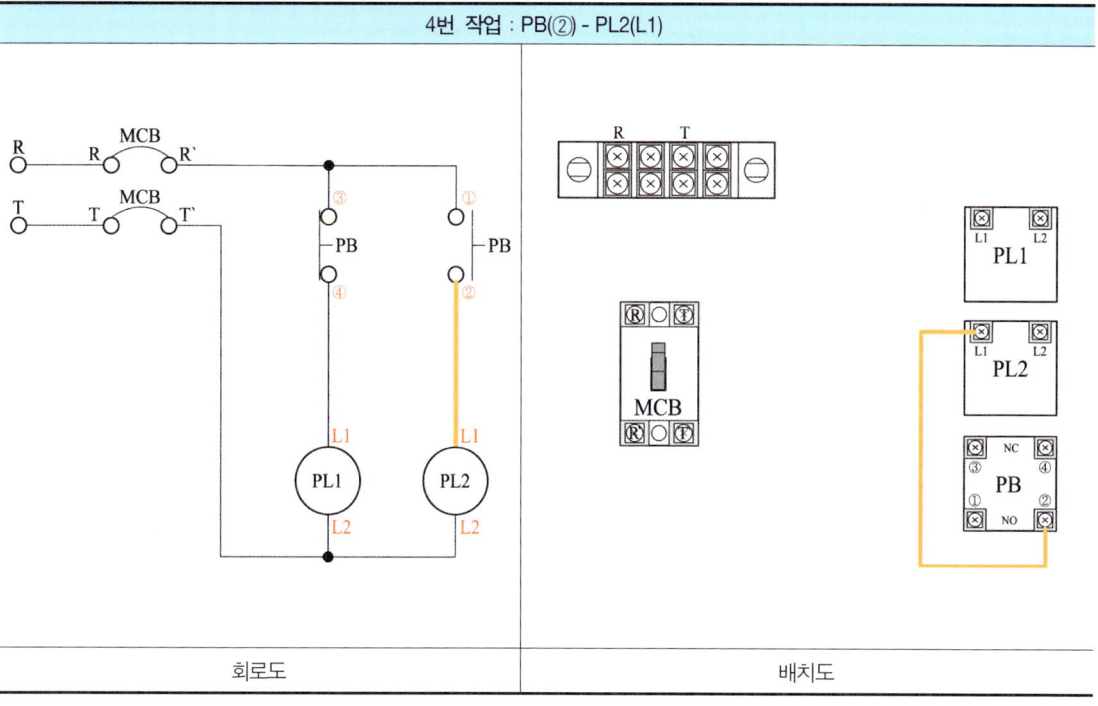

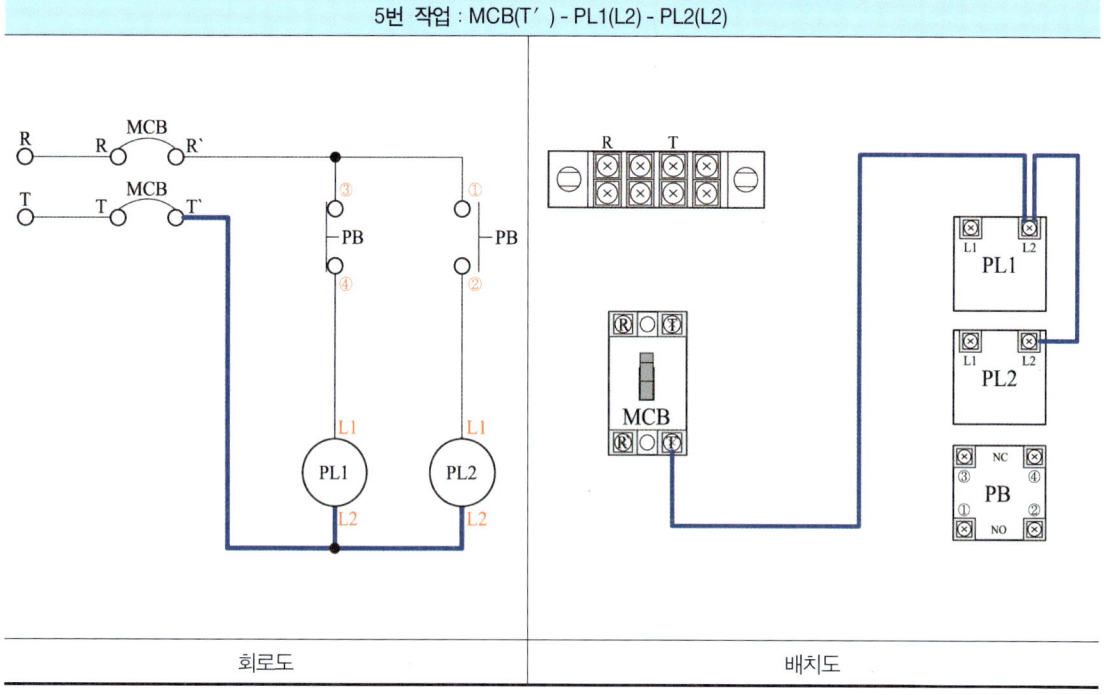

6번 작업 : 전원T - MCB(T)

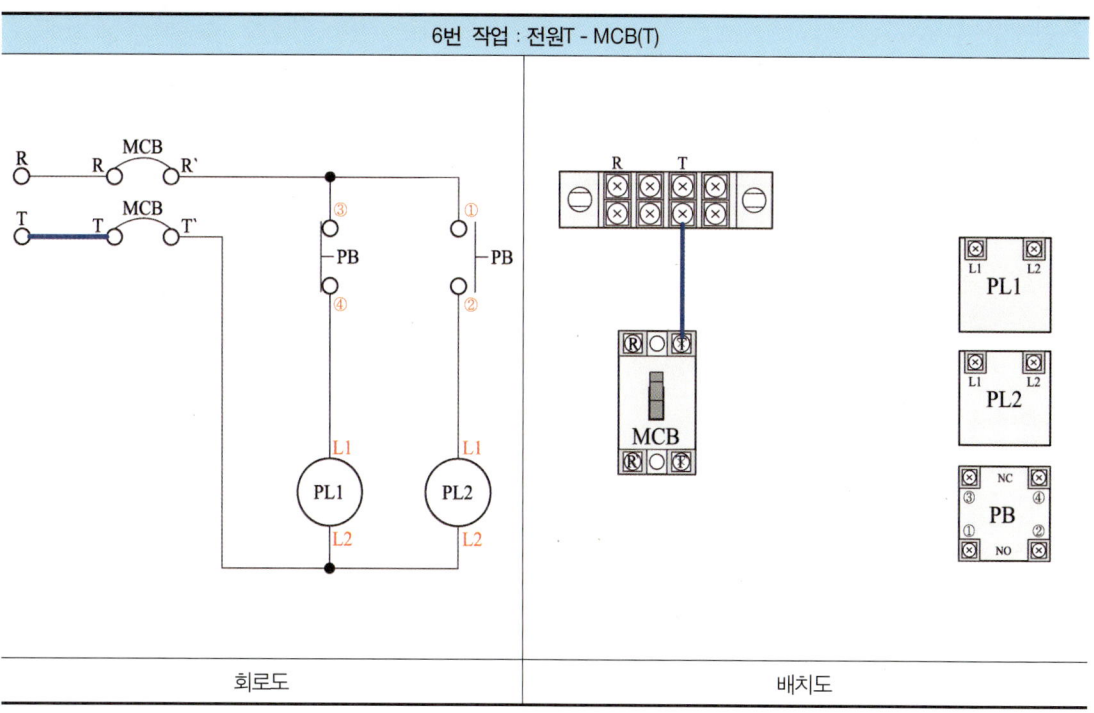

| 회로도 | 배치도 |

완성

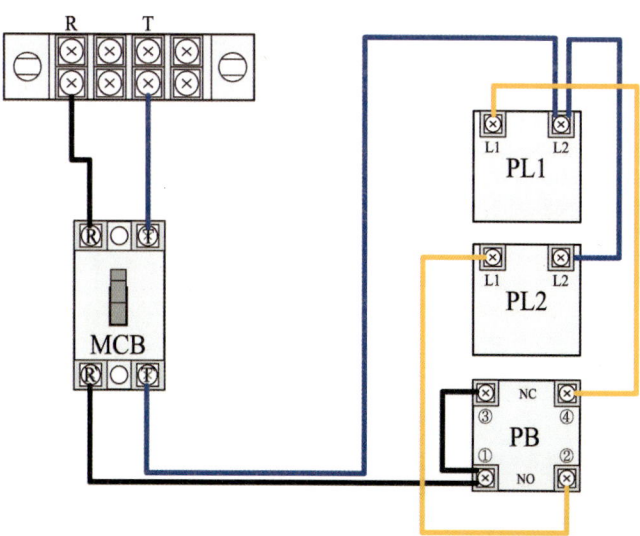

2. 릴레이 회로

2-1 자기유지회로

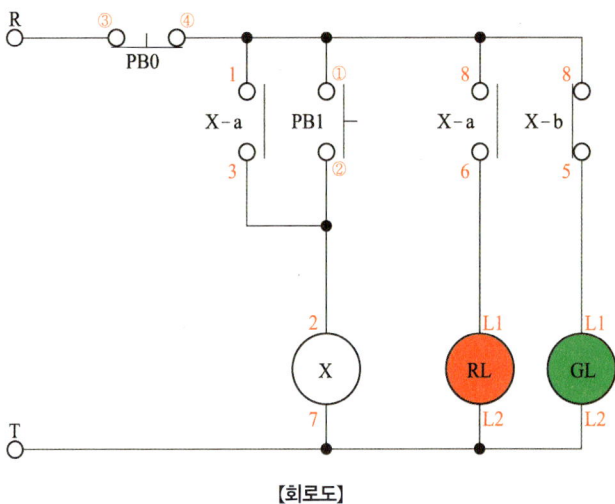

[회로도]

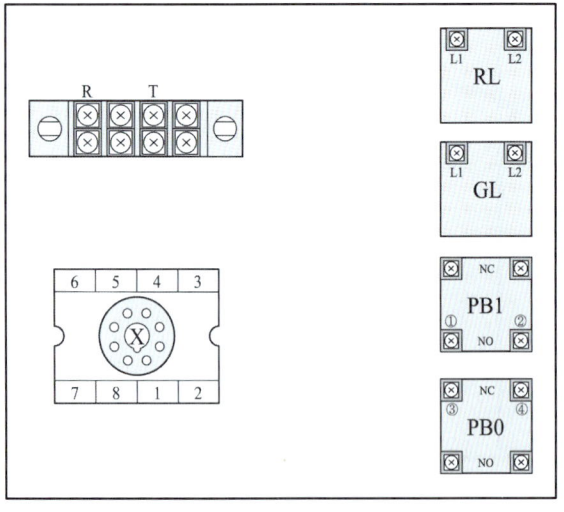

[기구 배치도]

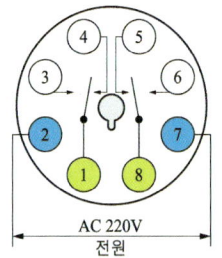

[8핀 Relay]

- a접점
  ①-③, ⑧-⑥
- b접점
  ①-④, ⑧-⑤
- 전원
  ②-⑦

[접점번호]

동작사항

① 전원 : 단상 2선식(220[V])

② 동작
- 전원을 투입하면 GL이 점등한다.
- PB1를 누르면 X가 여자되어 RL은 점등, GL은 소등한다.
- PB0를 누르면 RL는 소등하며, GL은 다시 점등한다.

범례사항

기호	명칭	기호	명칭
TB	단자대	RL	적색등
PB1	기동스위치	GL	녹색등
PB0	정지스위치	X	8P 소켓

- 배선용 차단기 1차측 R상은 2.5[mm^2] 흑색선, T상은 2.5[mm^2] 청색선을 사용한다.
- 배선용 차단기 2차측은 1.5[mm^2] 황색선을 사용한다.

계전기 접점 번호할당

- X전원 : 2 - 7
- X-a : 1 - 3
- X-a, X-b 공통접점 : 공통(⑧) - a접점(⑥) - b접점(⑤)

스위치 및 램프 번호 할당

- PB(푸쉬버튼 스위치) : a접점 - ①번, ②번
- PB(푸쉬버튼 스위치) : b접점 - ③번, ④번
- GL, RL(램프) : L1, L2

결선순서

결선순서	
1번 작업 : R - PB0(③)	4번 작업 : X-a(6) - RL(L1)
2번 작업 : PB0(④) - X-a(1) - PB1(①) - X-a(8)	5번 작업 : X-b(5) - GL(L1)
3번 작업 : X-a(3) - PB1(②) - X(2)	6번 작업 : T - X(7) - RL(L2) - GL(L2)

실제결선

1번 작업 : R - PB0(③)

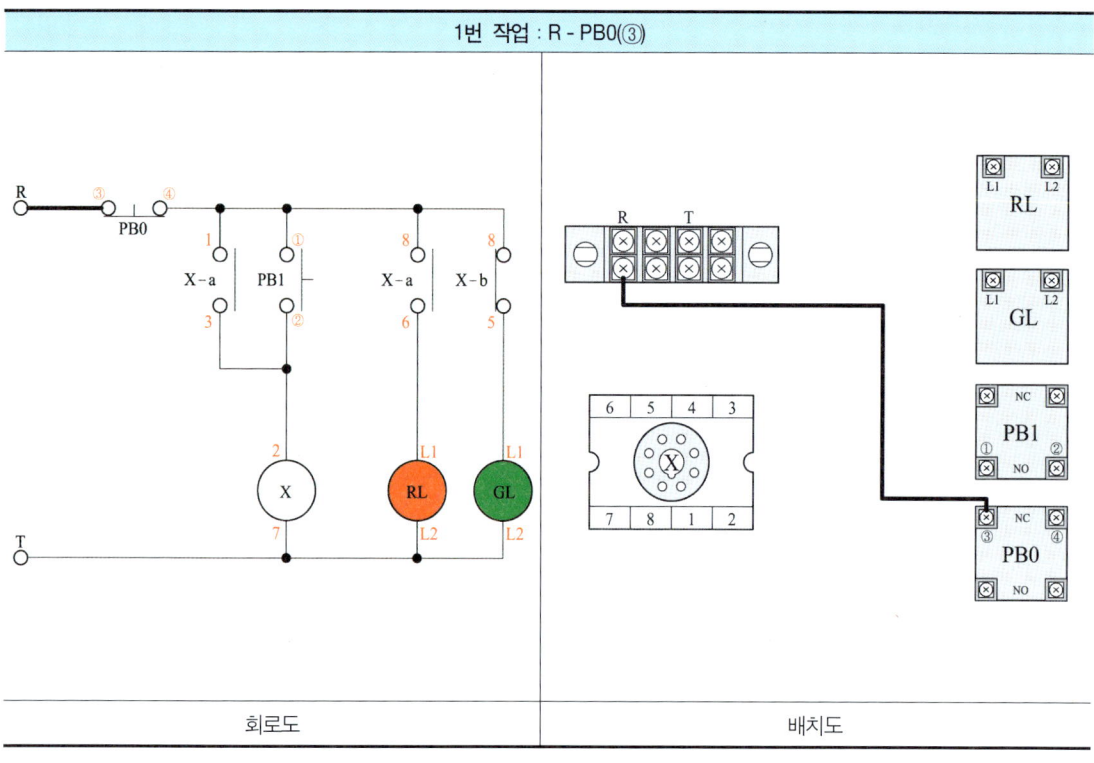

| 회로도 | 배치도 |

2번 작업 : PB0(④) - X - a(1) - PB1(①) - X - a(8)

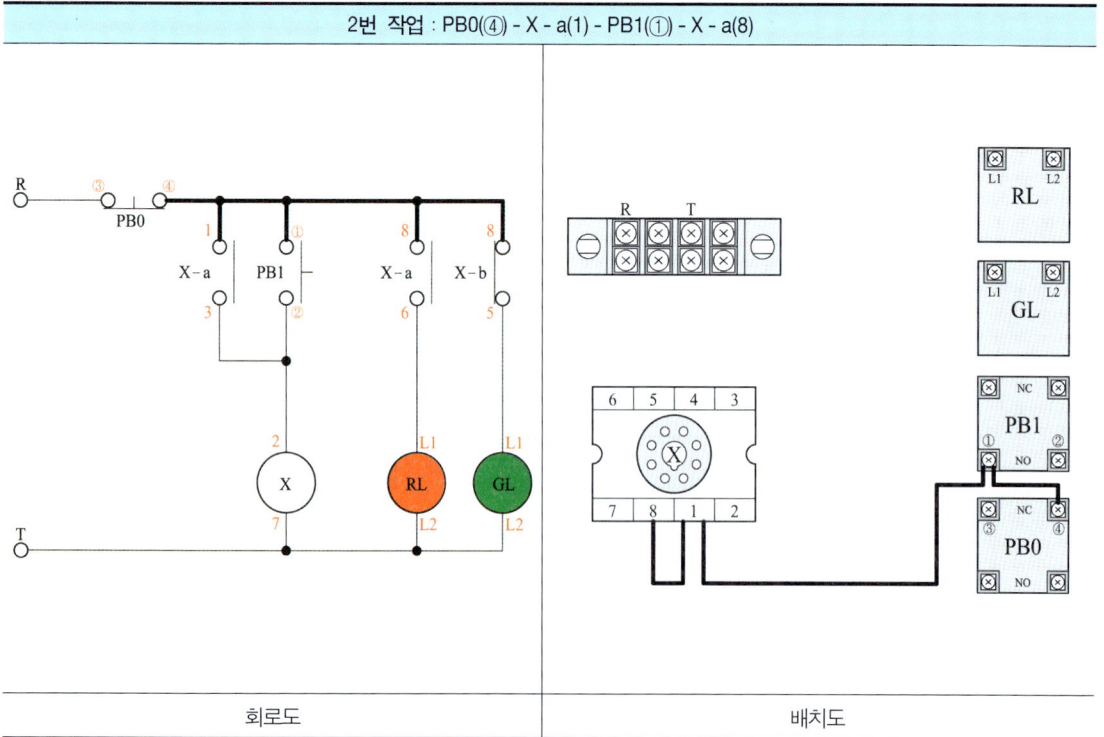

| 회로도 | 배치도 |

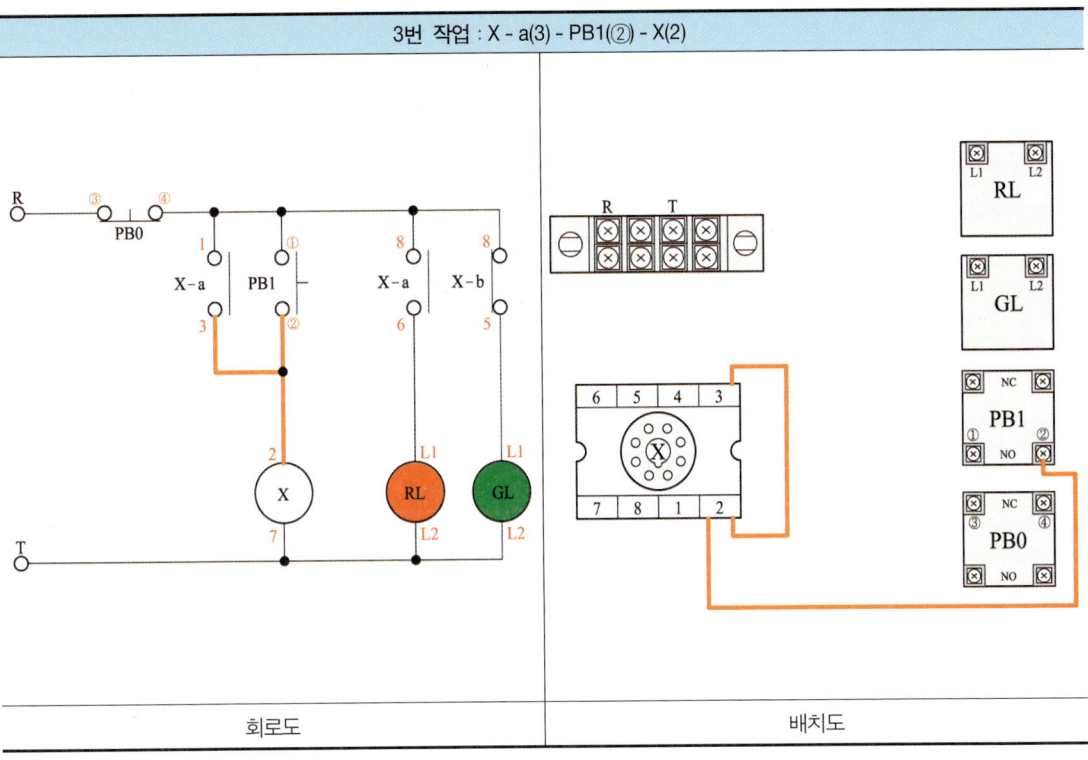

회로도 | 배치도

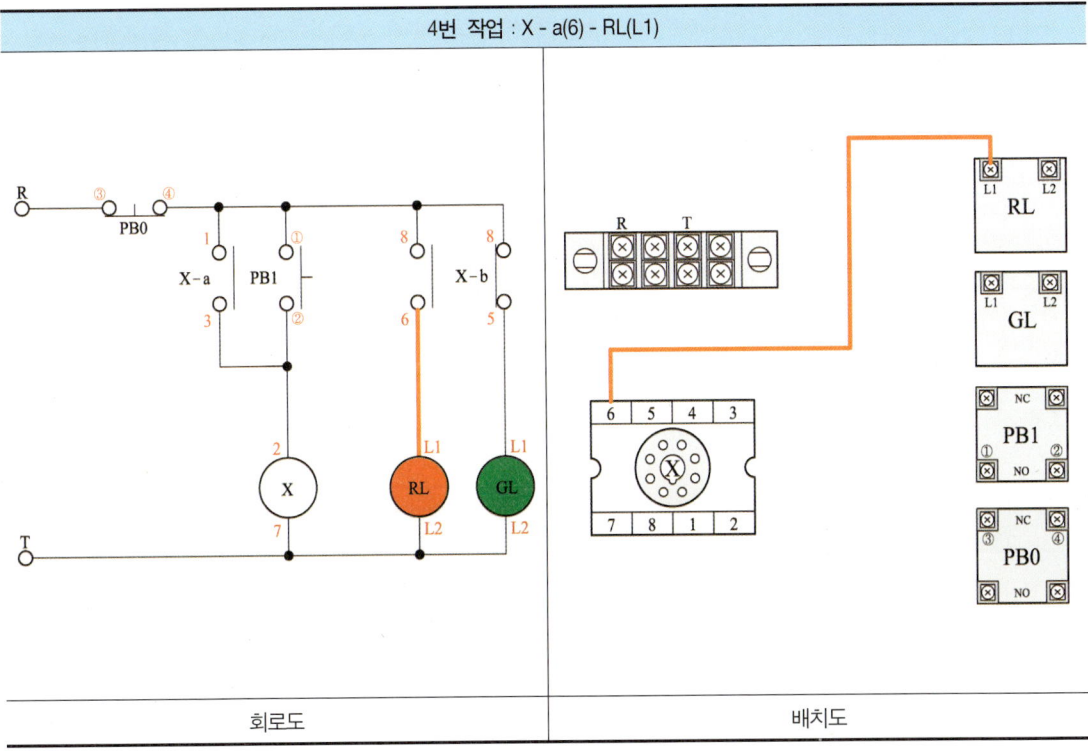

회로도 | 배치도

5번 작업 : X - b(5) - GL(L1)

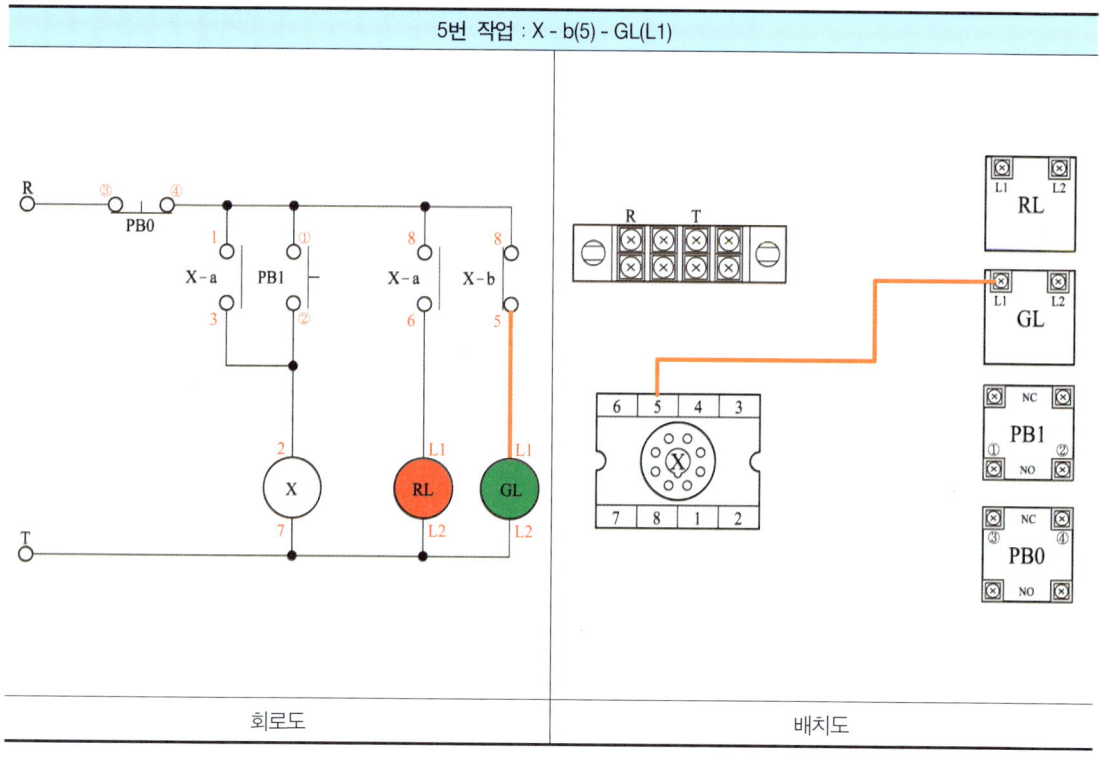

회로도 / 배치도

6번 작업 : T - X(7) - RL(L2) - GL(L2)

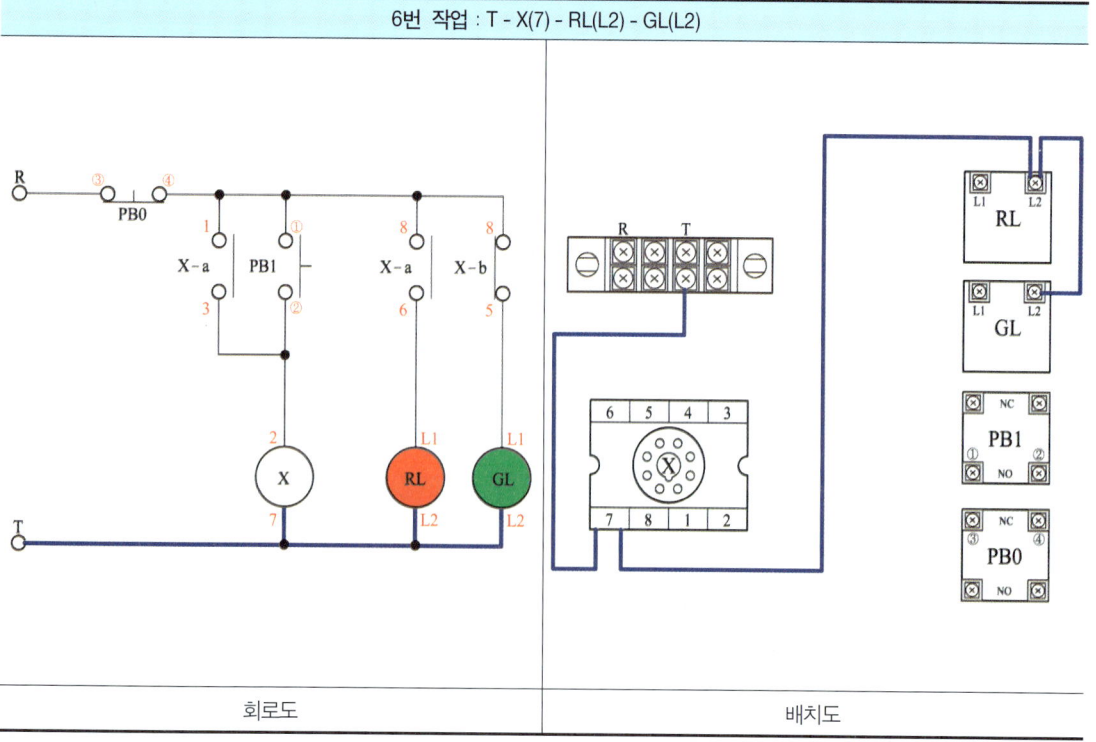

회로도 / 배치도

완성

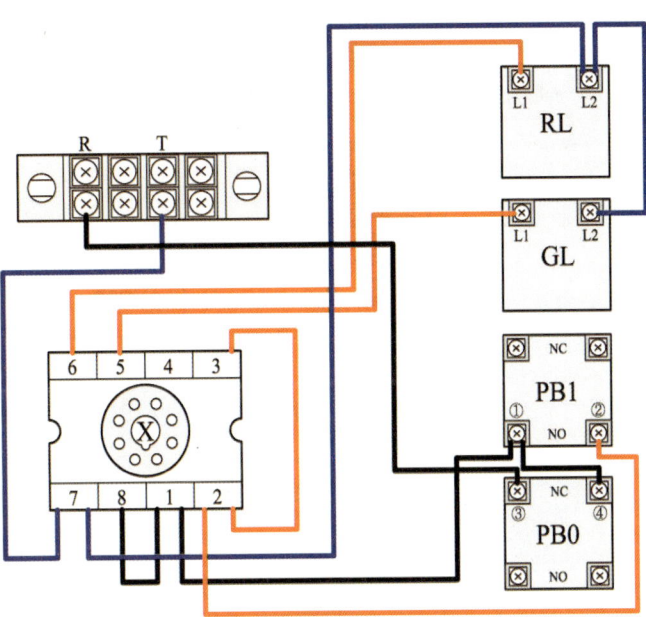

2-2 신입력 우선회로

| 작업 과제명 | 신입력 우선회로 | 소요시간 | 2시간 | 척도 | NS |

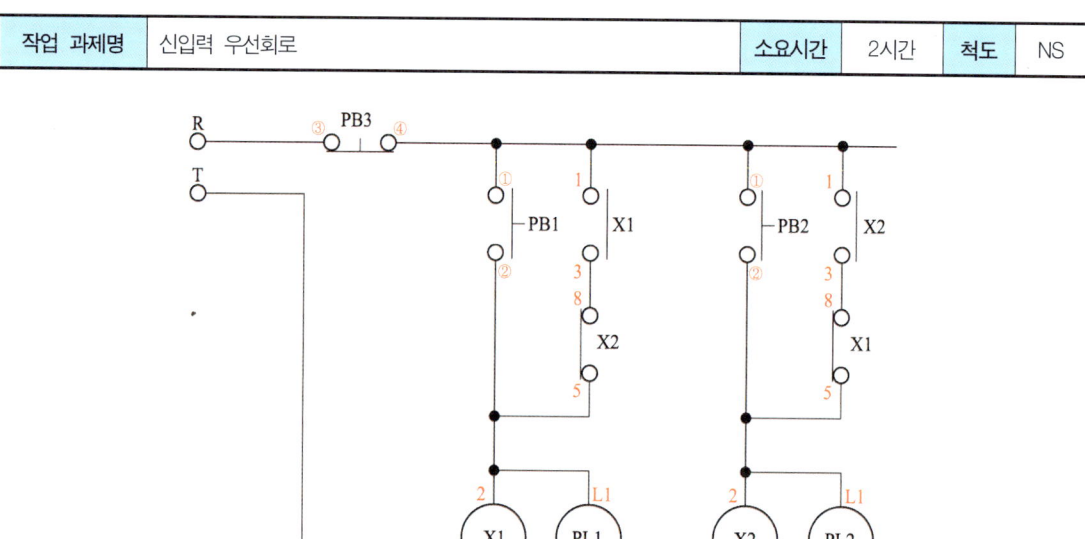

[회로도]

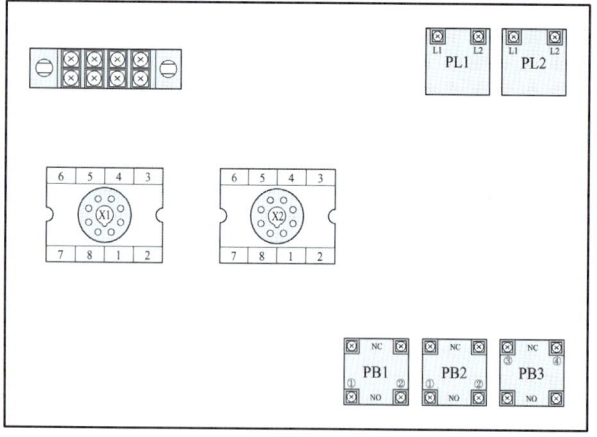

[기구 배치도]

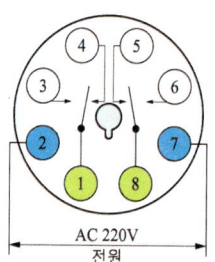

[8핀 Relay]

- a접점
  ①-③, ⑧-⑥
- b접점
  ①-④, ⑧-⑤
- 전원
  ②-⑦

[접점번호]

동작사항

① 전원 : 단상 2선식(220[V])

② 동작
- 배선용차단기(MCB)의 전원을 투입한다.
- PB1를 누르면 X1이 여자되어 PL1이 점등한다.
- X1이 여자되어 있는 상태에서 PB2를 누르면, X1은 소자되며 PL1은 소등되고 PL2가 점등된다.
- X2가 여자되어 있는 상태에서 PB1을 누르면, X2는 소자되며 PL2는 소등되고 PL1이 점등된다.
- 먼저 누른 스위치에 의해 PL1 및 PL2가 점등된다.
- PB3를 누르면 PL1 , PL2 모두 소등한다.

범례사항

기호	명칭	기호	명칭
TB	단자대	PL1, PL2	파이롯램프
PB1, PB2	기동스위치	X1, X2	8P 릴레이
PB3	정지스위치		

- 배선용 차단기 1차측 R상은 2.5[mm^2] 흑색선, T상은 2.5[mm^2] 청색선을 사용한다.
- 배선용 차단기 2차측은 1.5[mm^2] 황색선을 사용한다.

계전기 접점 번호할당

- X1 전원 : 2 - 7
- X1-a : 1 - 3 / X1 - b : 8-5
- X2 전원 : 2 - 7
- X2-a : 1 - 3 / X2 - b : 8-5

스위치 및 램프 번호 할당

- PB1, PB2(a접점) : ①번, ②번
- PB3(b접점) : ③번, ④번
- PL1, PL2(램프) : L1, L2

결선순서

결선순서

1번 작업 : R - PB3(③)	5번 작업 : PB2(②) - X1(5) - X2(2) - PL2(L1)
2번 작업 : PB3(④) - PB1(①) - X1(1) - PB2(①) - X2(1)	6번 작업 : X2(3) - X1(8)
3번 작업 : PB1(②) - X2(5) - X1(2) - PL1(L1)	7번 작업 : T - X1(7) - PL1(L2) - X2(7) - PL2(L2)
4번 작업 : X1(3) - X2(8)	

실제결선

1번 작업 : R - PB3(③)

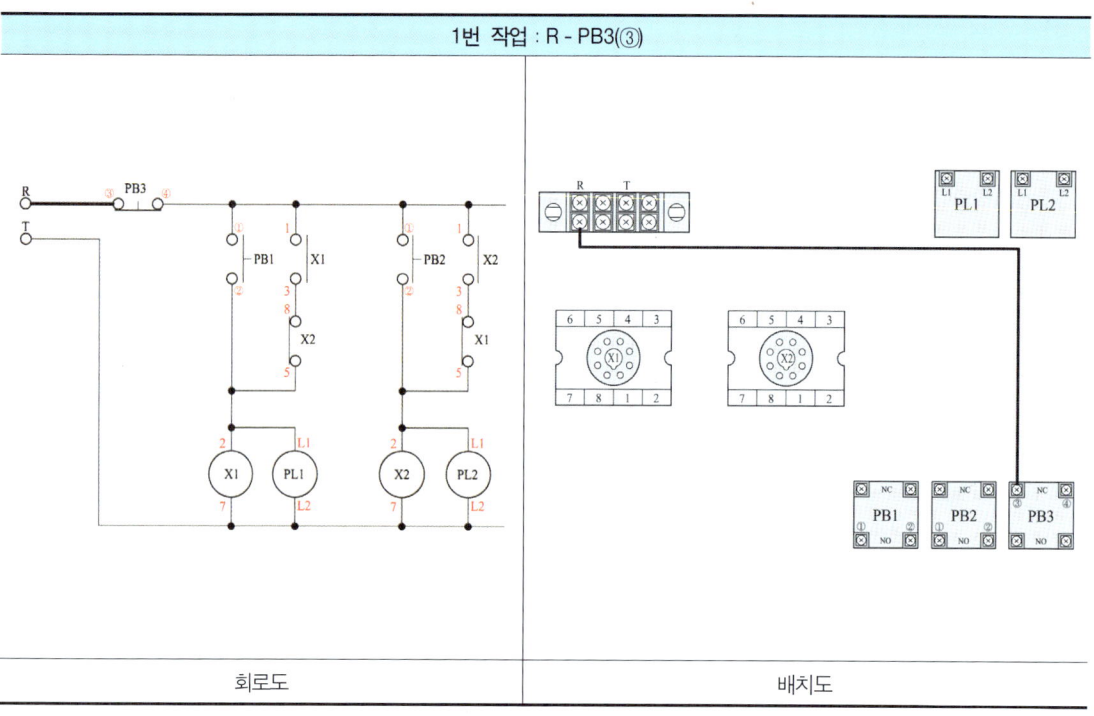

| 회로도 | 배치도 |

2번 작업 : PB3(④) - PB1(①) - X1(1) - PB2(①) - X2(1)

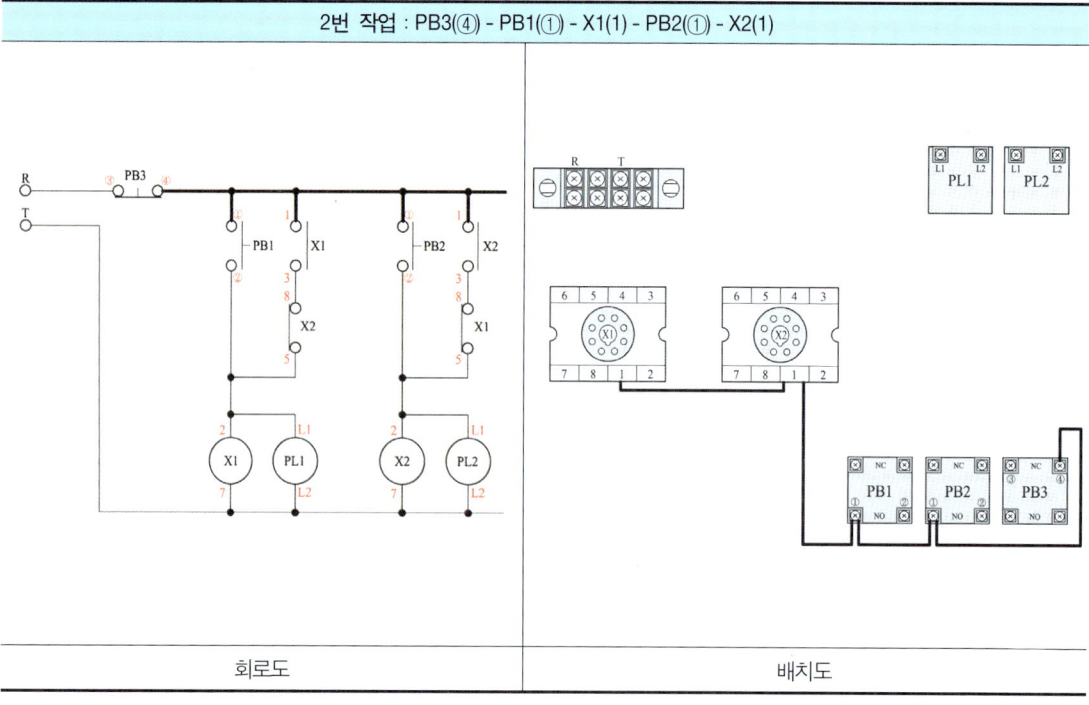

| 회로도 | 배치도 |

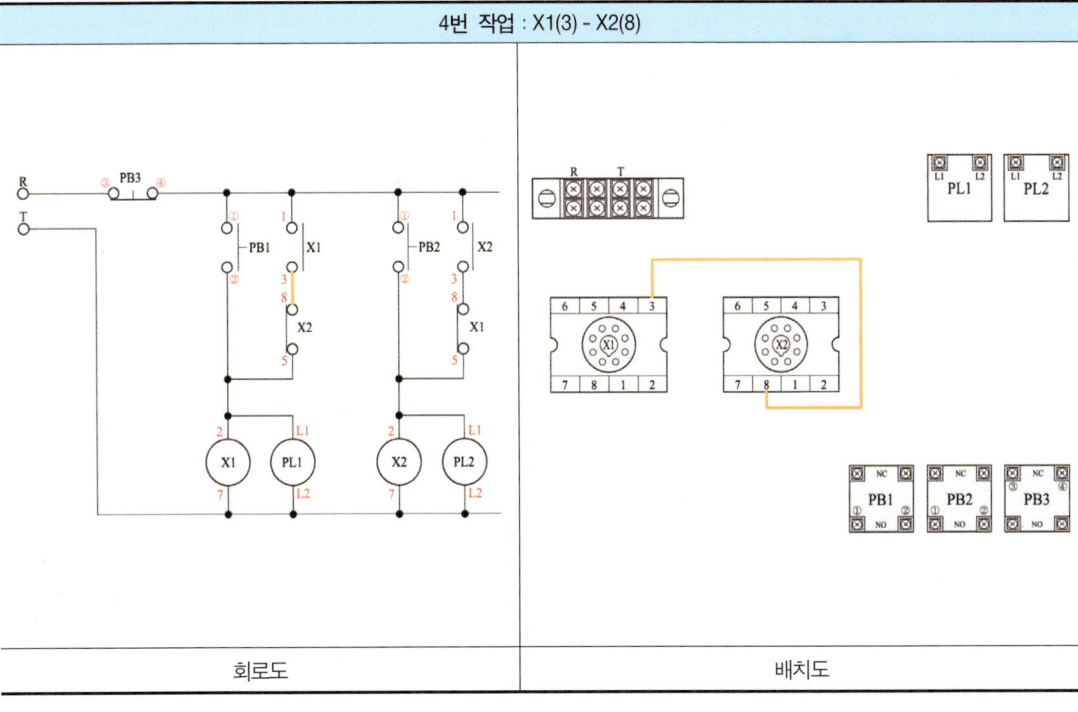

5번 작업 : PB2(②) - X1(5) - X2(2) - PL2(L1)

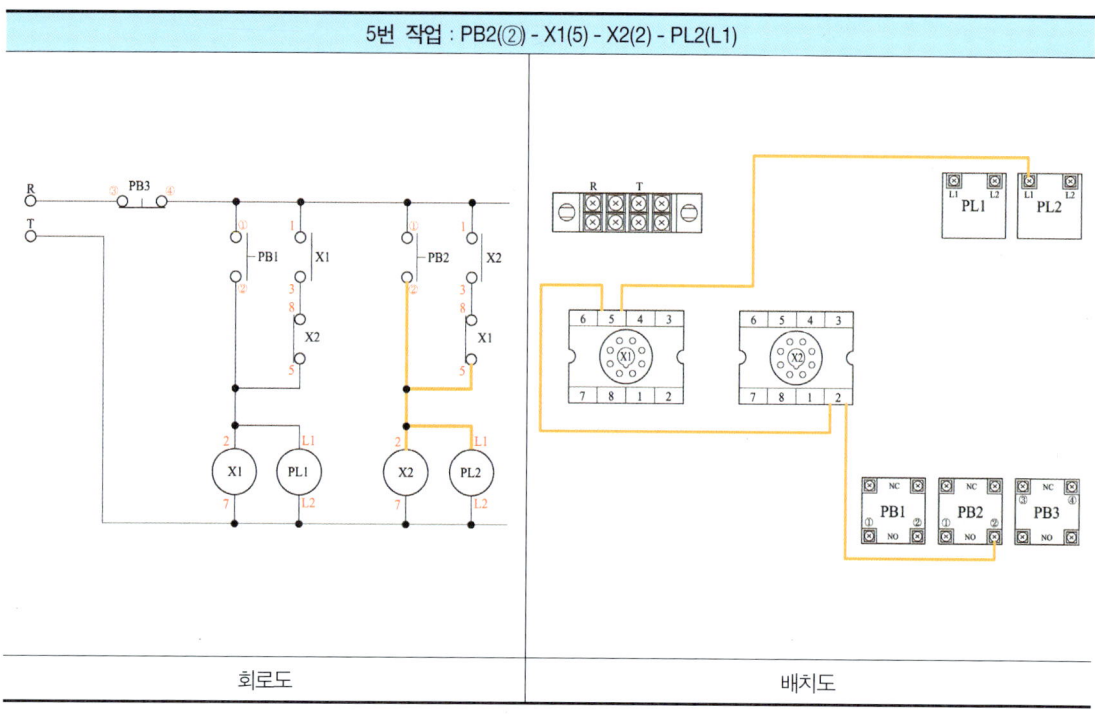

회로도 / 배치도

6번 작업 : X2(3) - X1(8)

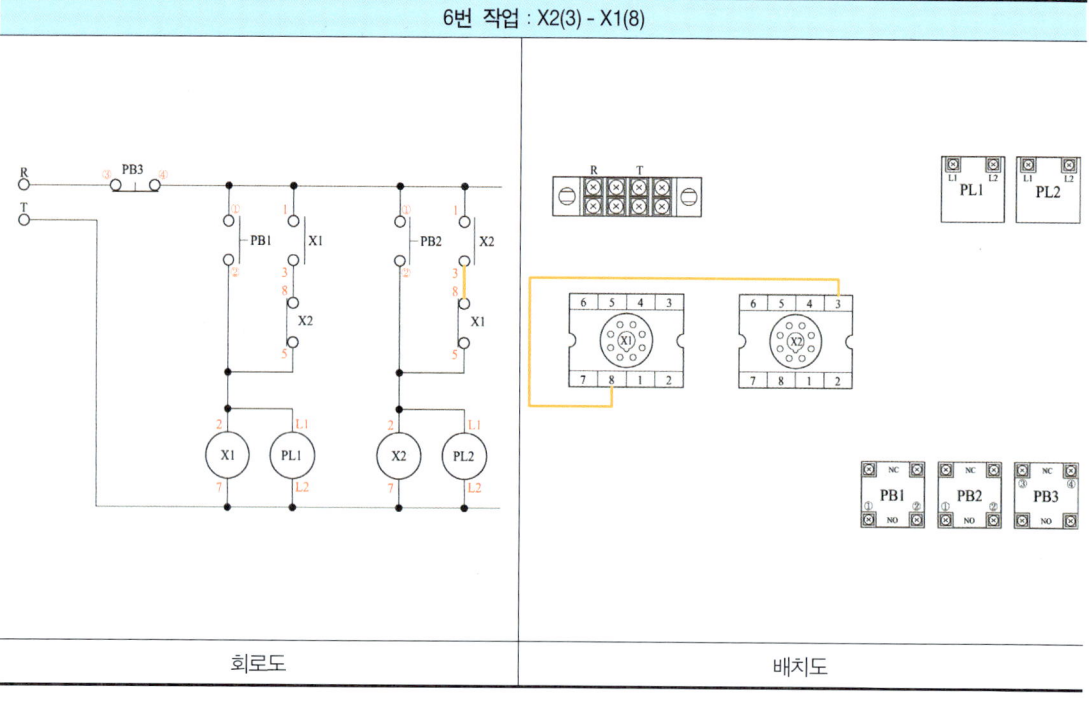

회로도 / 배치도

7번 작업 : T - X1(7) - PL1(L2) - X2(7) - PL2(L2)

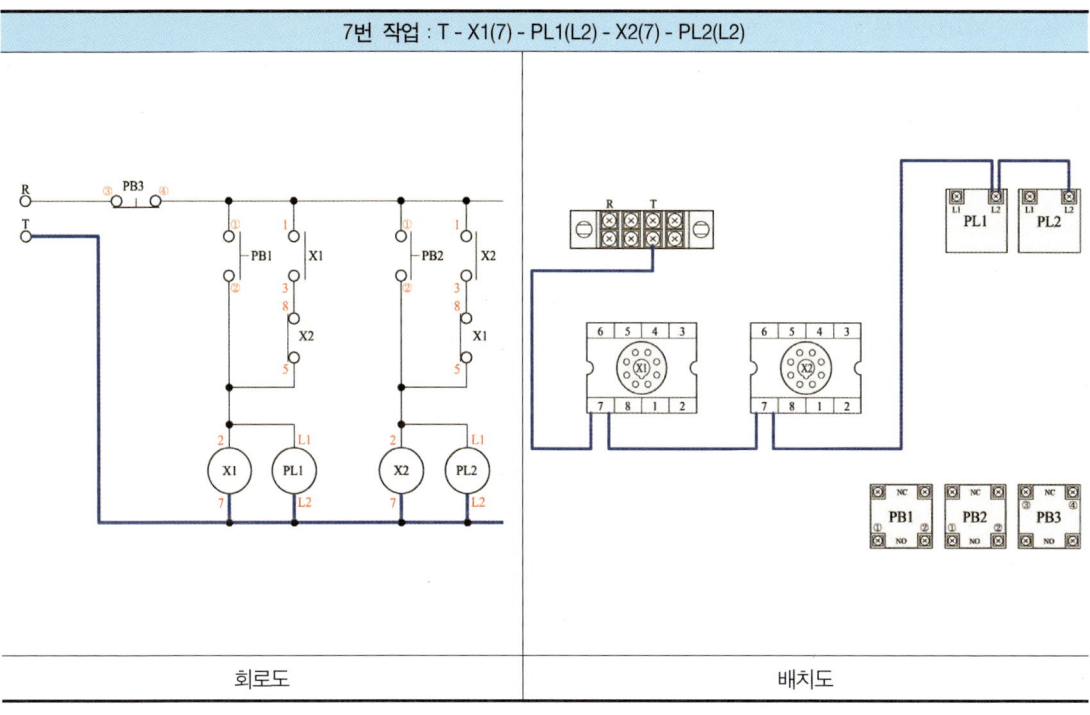

| 회로도 | 배치도 |

완성

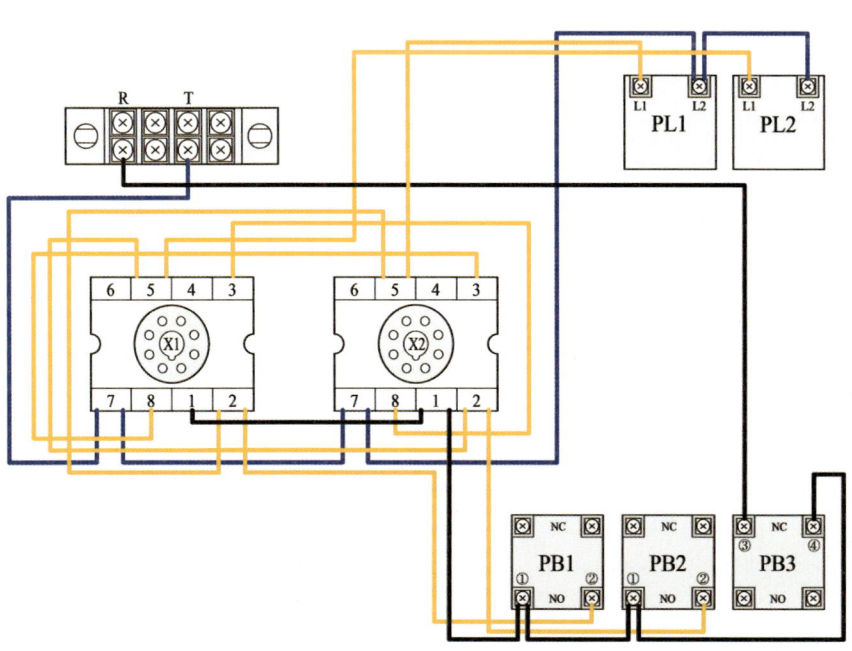

CHAPTER 02 시퀀스제어 회로

2-3 순차제어회로

작업 과제명	순차제어회로	소요시간	3시간	척도	NS

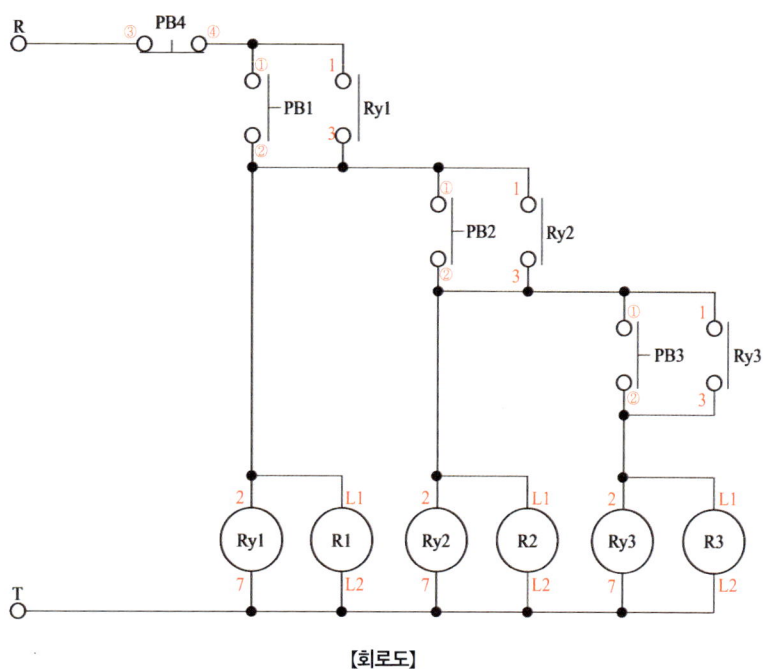

[회로도]

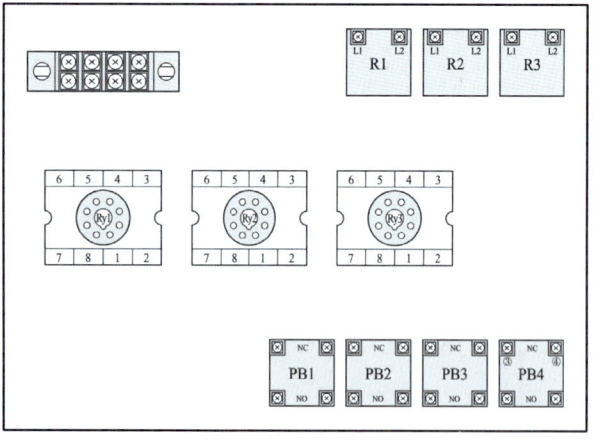

[기구 배치도]

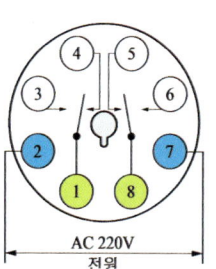

[8핀 Relay]

- a접점
  ①-③, ⑧-⑥
- b접점
  ①-④, ⑧-⑤
- 전원
  ②-⑦

[접점번호]

동작사항

① 전원 : 단상 2선식(220[V])

② 동작
- 배선용차단기(MCB)의 전원을 투입한다.
- PB1 ON → Ry1여자, R1점등
- PB2 ON → Ry2여자, R2점등
- PB3 ON → Ry3여자, R3점등
- PB1부터 PB3까지 순차적으로 스위치를 눌러야만 램프가 정상적으로 점등한다.

범례사항

기호	명칭	기호	명칭
TB	단자대	R1, R2, R3	파이롯램프
PB1, PB2, PB3	기동스위치	Ry1, Ry2, Ry3	8P 릴레이
PB4	정지스위치		

- 배선용 차단기 1차측 R상은 2.5[mm^2] 흑색선, T상은 2.5[mm^2] 청색선을 사용한다.
- 배선용 차단기 2차측은 1.5[mm^2] 황색선을 사용한다.

계전기 접점 번호할당

- 계전기 접점 번호할당
- Ry1 전원 : 2 - 7
- Ry1-a : 1 - 3
- Ry2 전원 : 2 - 7
- Ry2-a : 1 - 3
- Ry3 전원 : 2 - 7
- Ry3-a : 1 - 3

스위치 및 램프 번호 할당

- 스위치 및 램프 번호 할당
- PB1, PB2, PB3(a접점) : ①번, ②번
- PB4(b접점) : ③번, ④번
- R1, R2, R3 : L1, L2

결선순서

결선순서	
1번 작업 : R - PB4(③)	4번 작업 : PB2(②) - Ry2(2) - R2(L1) - Ry2(3) - PB3(①) - Ry3(1)
2번 작업 : PB4(④) - PB1(①) - Ry1(1)	5번 작업 : PB3(②) - Ry3(2) - R3(L1) - Ry3(3)
3번 작업 : PB1(②) - Ry1(2) - R1(L1) - Ry1(3) - PB2(①) - Ry2(1)	6번 작업 : T - Ry1(7) - R1(L2) - Ry2(7) - R2(L2) - Ry3(7) - R3(L2)

실제결선

1번 작업 : R - PB4(③)

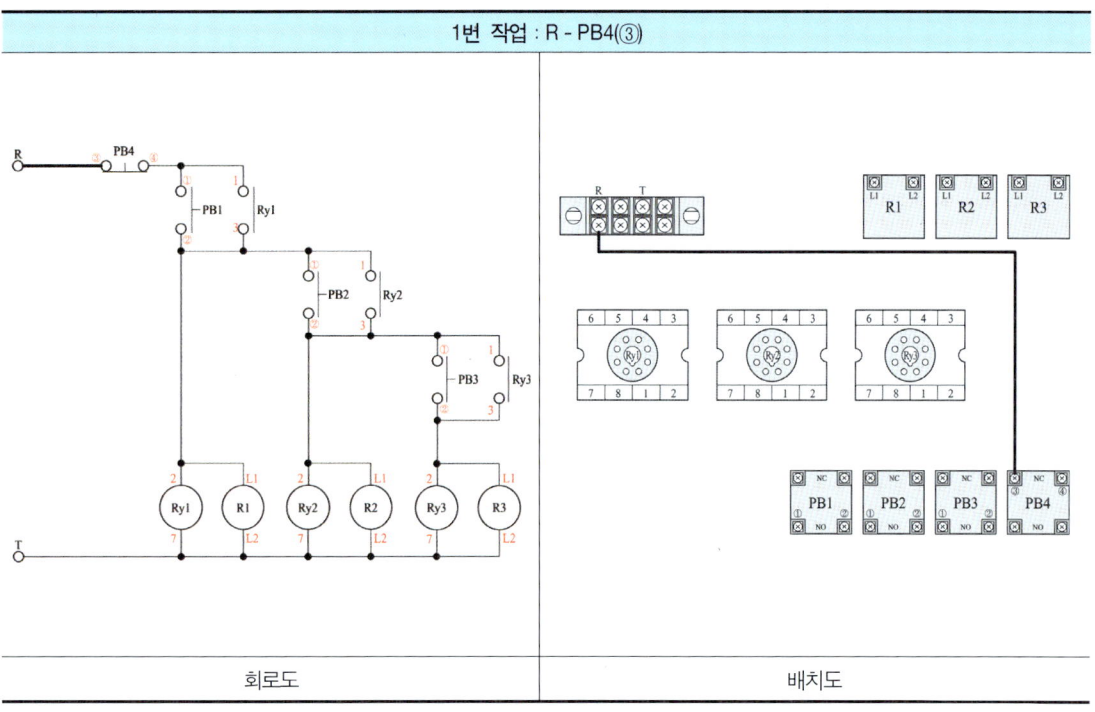

| 회로도 | 배치도 |

2번 작업 : PB4(④) - PB1(①) - Ry1(1)

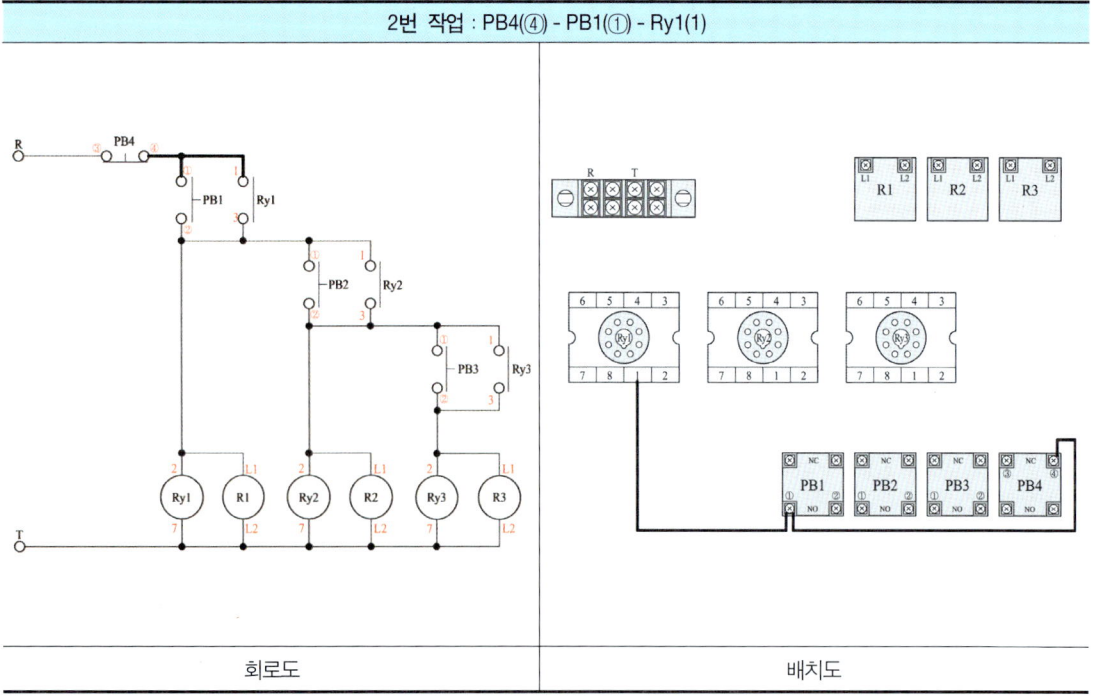

| 회로도 | 배치도 |

3번 작업 : PB1(②) - Ry1(2) - R1(L1) - Ry1(3) - PB2(①) - Ry2(1)

회로도 / 배치도

4번 작업 : PB2(②) - Ry2(2) - R2(L1) - Ry2(3) - PB3(①) - Ry3(1)

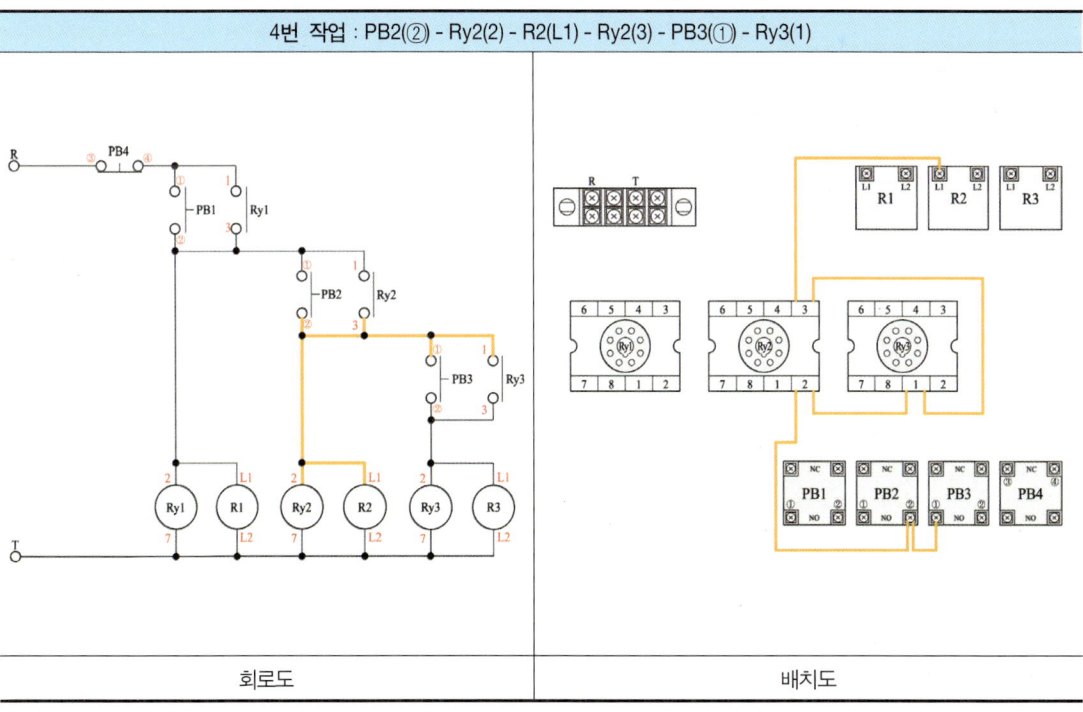

회로도 / 배치도

5번 작업 : PB3(②) - Ry3(2) - R3(L1) - Ry3(3)

회로도 | 배치도

6번 작업 : T - Ry1(7) - R1(L2) - Ry2(7) - R2(L2) - Ry3(7) - R3(L2)

회로도 | 배치도

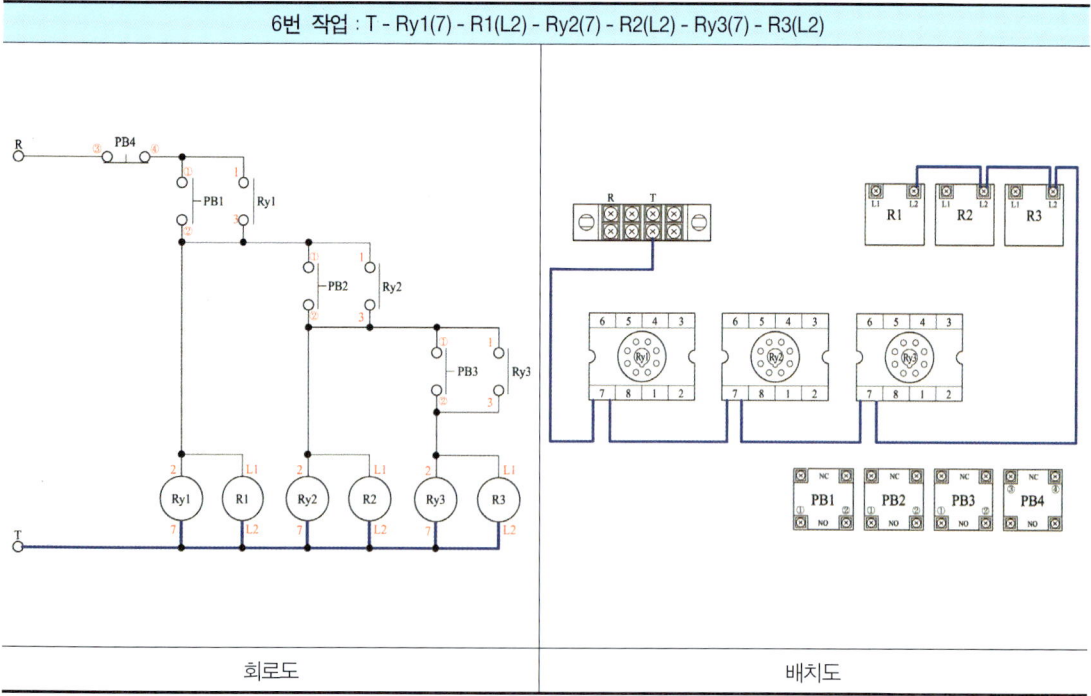

완성

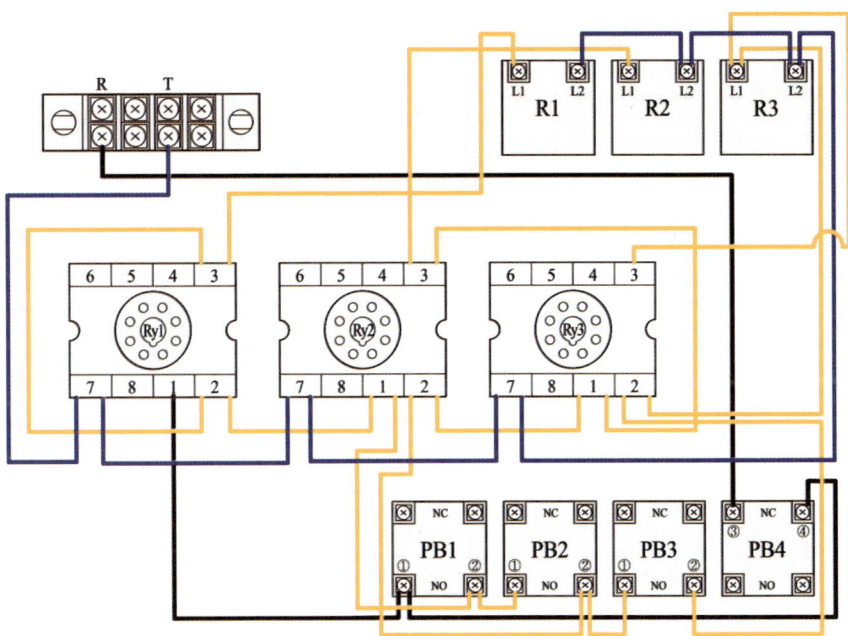

2-4 인터록 회로

작업 과제명	인터록 회로	소요시간	2시간	척도	NS

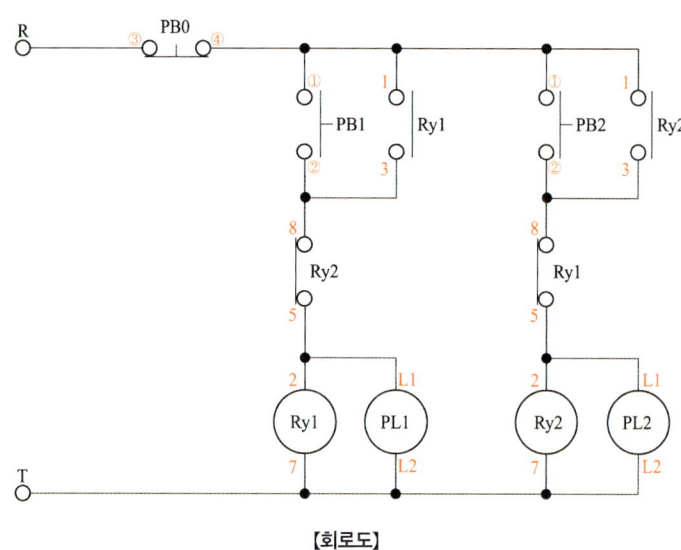

【회로도】

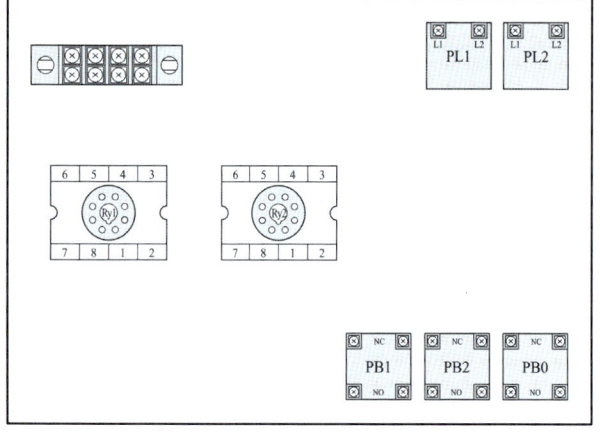

【기구 배치도】

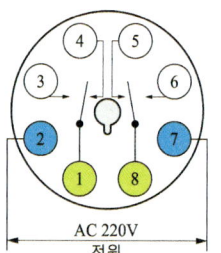

【8핀 Relay】

- a접점
  ①-③, ⑧-⑥
- b접점
  ①-④, ⑧-⑤
- 전원
  ②-⑦

【접점번호】

동작사항

① 전원 : 단상 2선식(220[V])

② 동작
- 배선용차단기(MCB)의 전원을 투입한다.
- PB1를 누르면 Ry1이 여자되어 PL1이 점등한다.
- Ry1이 여자되어 있는 상태에서 PB2를 누르면, PL2는 점등하지 않는다.(인터록)
- PB3를 누르면 Ry1은 소자된다.(PL1소등)
- Ry1을 소자 시킨 상태에서 PB2를 누르면 Ry2이 여자되어 PL2이 점등한다.
- Ry2이 여자되어 있는 상태에서 PB1를 누르면, PL1는 점등하지 않는다.(인터록)
- PB3를 누르면 Ry2은 소자된다. (PL2소등)
- 동시투입 방지회로를 인터록 회로라 한다.

범례사항

기호	명칭	기호	명칭
TB	단자대	PL1, PL2	파이롯램프
PB1, PB2	기동스위치	Ry1, Ry2	8P 릴레이
PB3	정지스위치		

- 배선용 차단기 1차측 R상은 2.5[mm²], 흑색선, T상은 2.5[mm²] 청색선을 사용한다.
- 배선용 차단기 2차측은 1.5[mm²] 황색선을 사용한다.

계전기 접점 번호할당

- Ry1 전원 : 2 - 7
- Ry1-a : 1 - 3 / Ry1-b : 8 - 5
- Ry2 전원 : 2 - 7
- Ry2-a : 1 - 3 / Ry2-b : 8 - 5

범스위치 및 램프 번호 할당

- PB1, PB2(a접점) : ①번, ②번
- PB3(b접점) : ③번, ④번
- PL1, PL2(램프) : L1, L2

결선순서

결선순서	
1번 작업 : R - PB0(③)	5번 작업 : PB2(②) - Ry1(8) - Ry2(3)
2번 작업 : PB0(④) - PB1(①) - Ry1(1) - PB2(①) - Ry2(1)	6번 작업 : Ry1(5) - Ry2(2) - PL2(L1)
3번 작업 : PB1(②) - Ry2(8) - Ry1(3)	7번 작업 : T - Ry1(7) - PL1(L2) - Ry2(7) - PL2(L2)
4번 : Ry2(5) - Ry1(2) - PL1(L1)	

실제결선

1번 작업 : R - PB0(③)

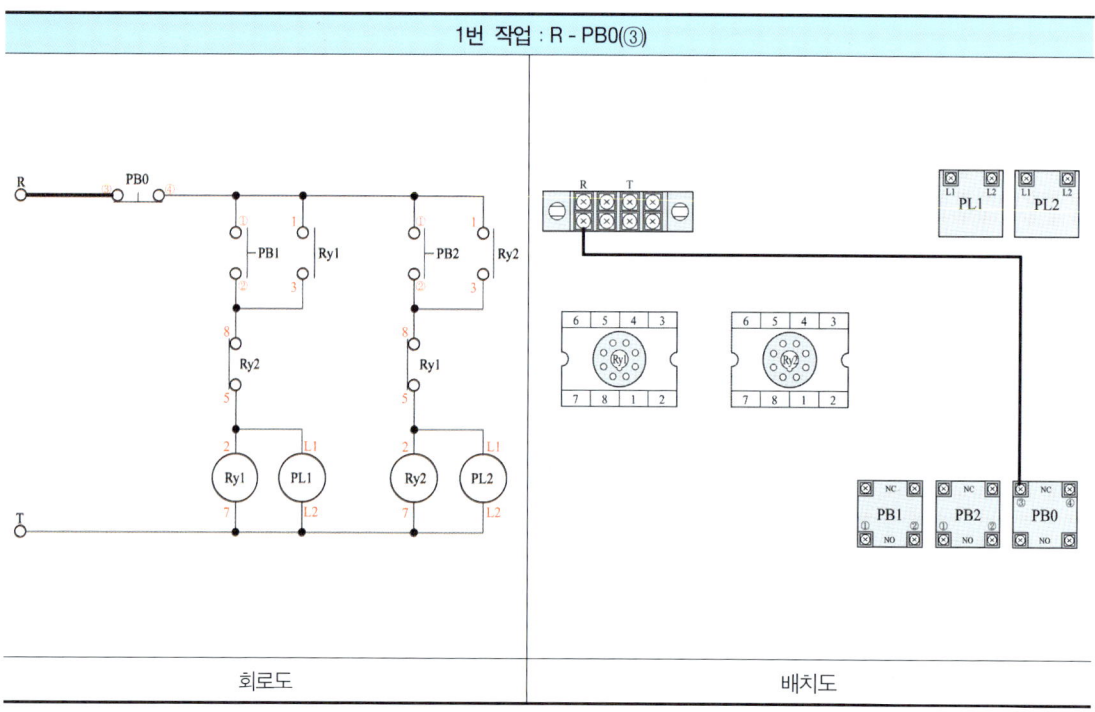

회로도 / 배치도

2번 작업 : PB0(④) - PB1(①) - Ry1(1) - PB2(①) - Ry2(1)

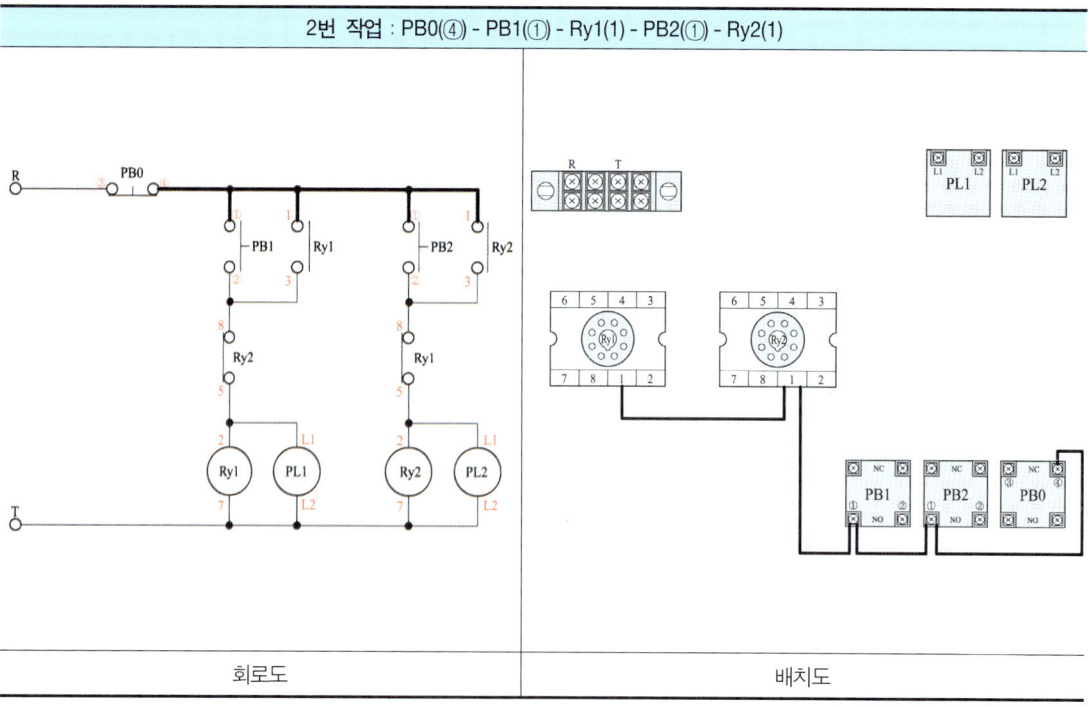

회로도 / 배치도

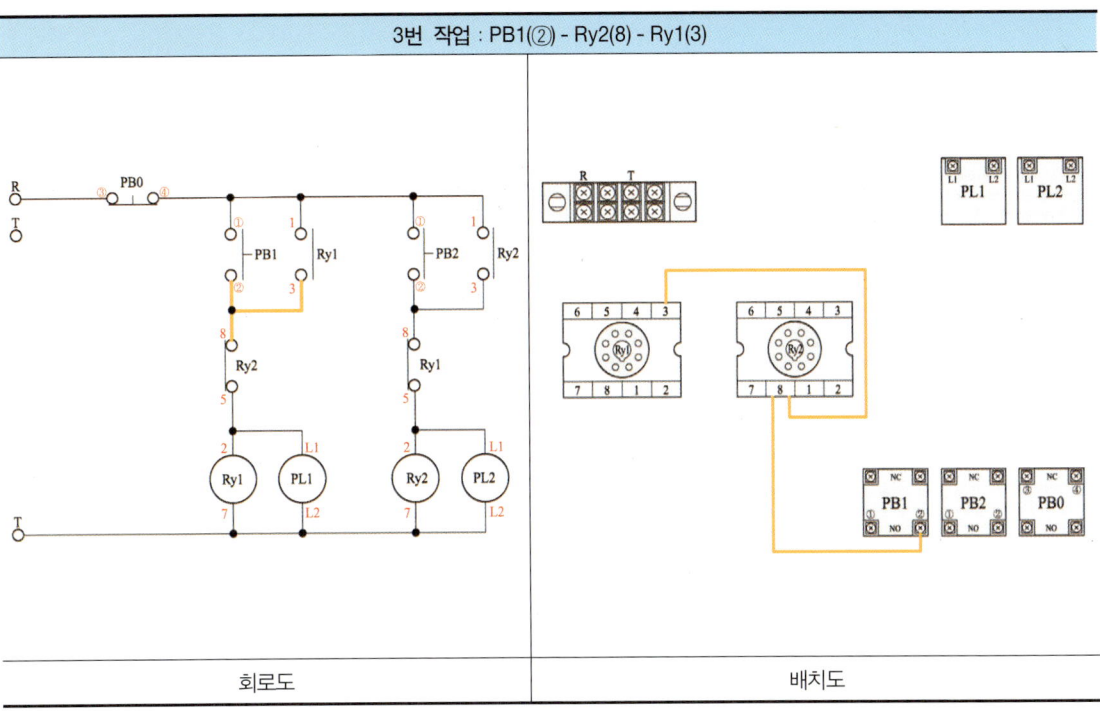

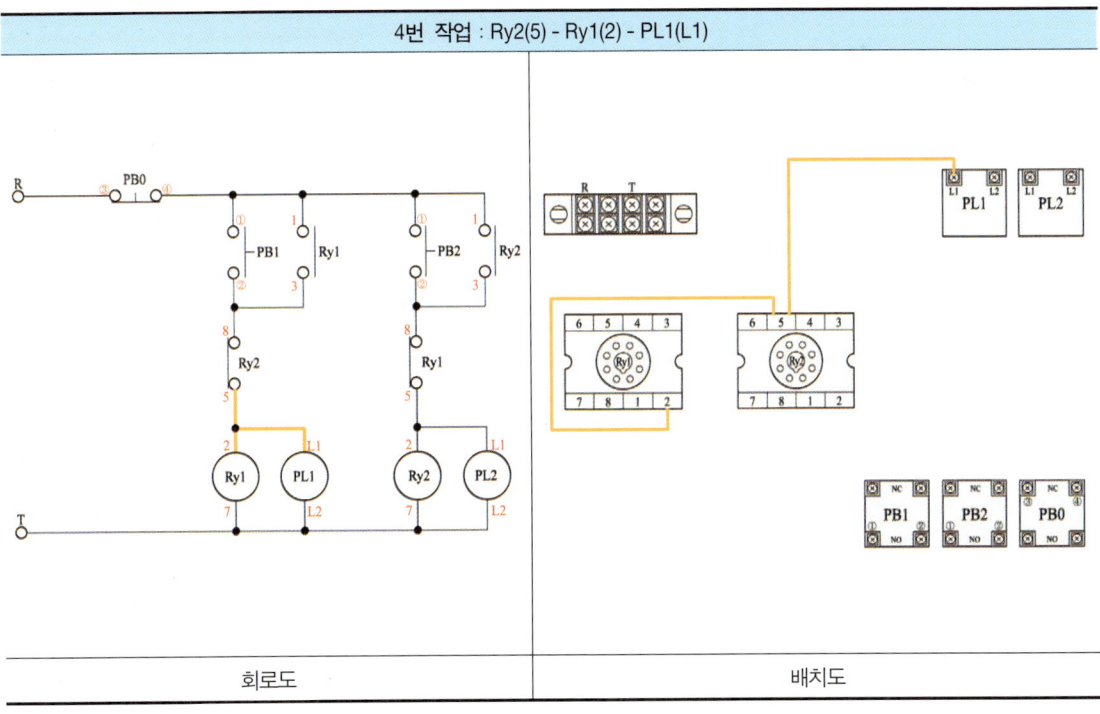

5번 작업 : PB2(②) - Ry1(8) - Ry2(3)

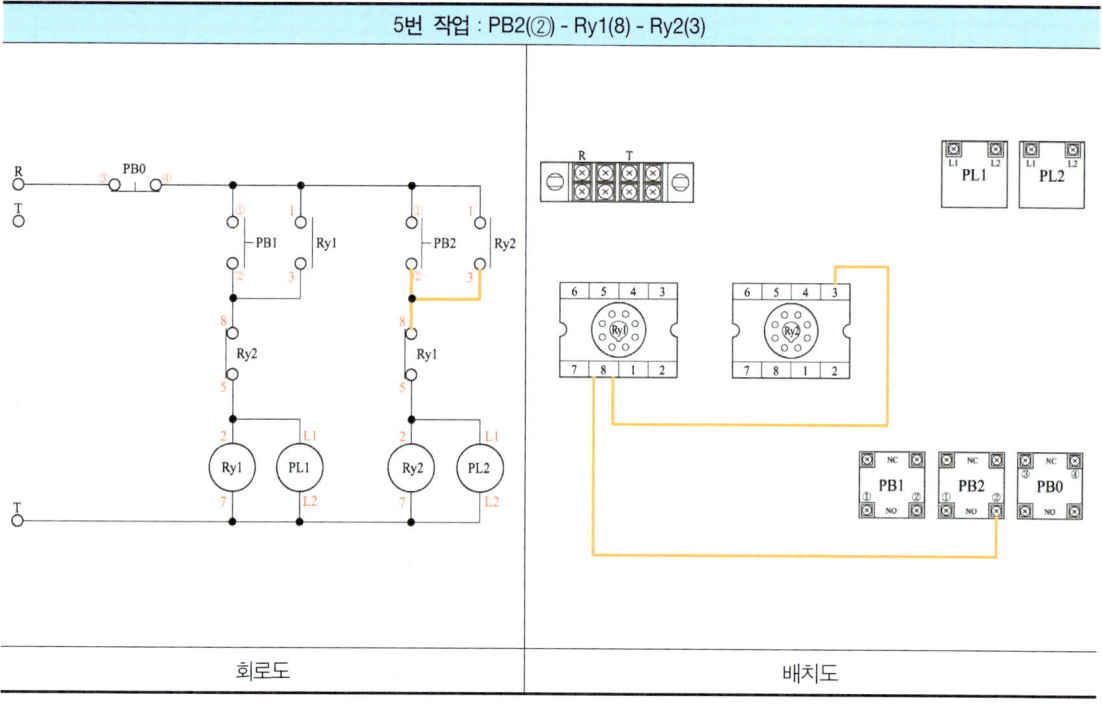

회로도 / 배치도

6번 작업 : Ry1(5) - Ry2(2) - PL2(L1)

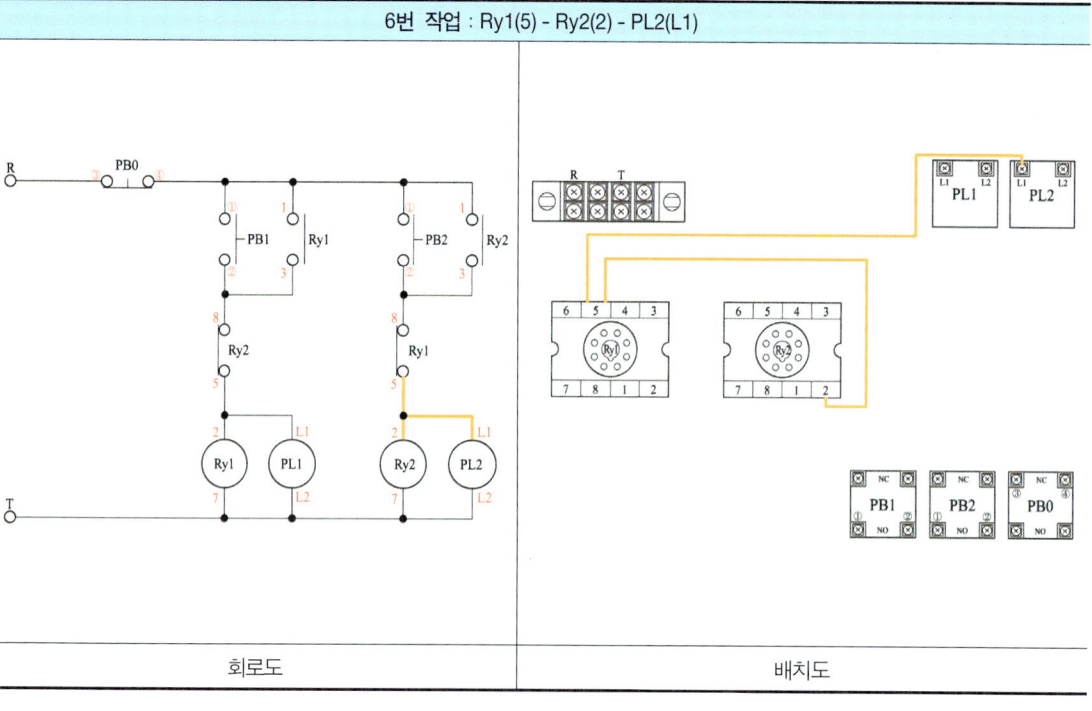

회로도 / 배치도

7번 작업 : T - Ry1(7) - PL1(L2) - Ry2(7) - PL2(L2)

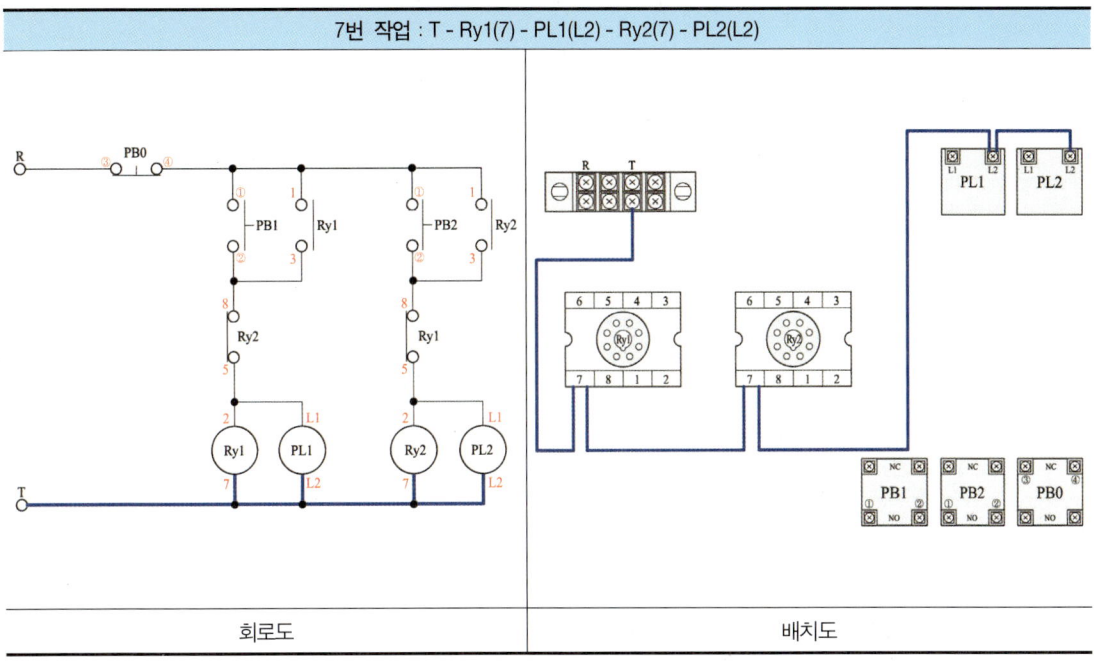

회로도 | 배치도

완성

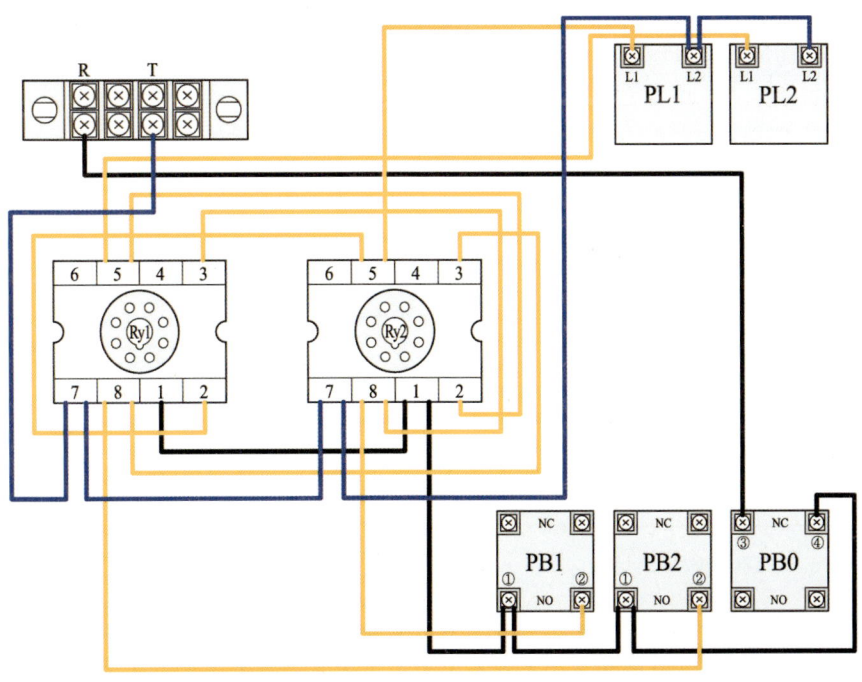

3. 타이머 회로

3-1 지연작동회로

작업 과제명	지연작동회로	소요시간	2시간	척도	NS

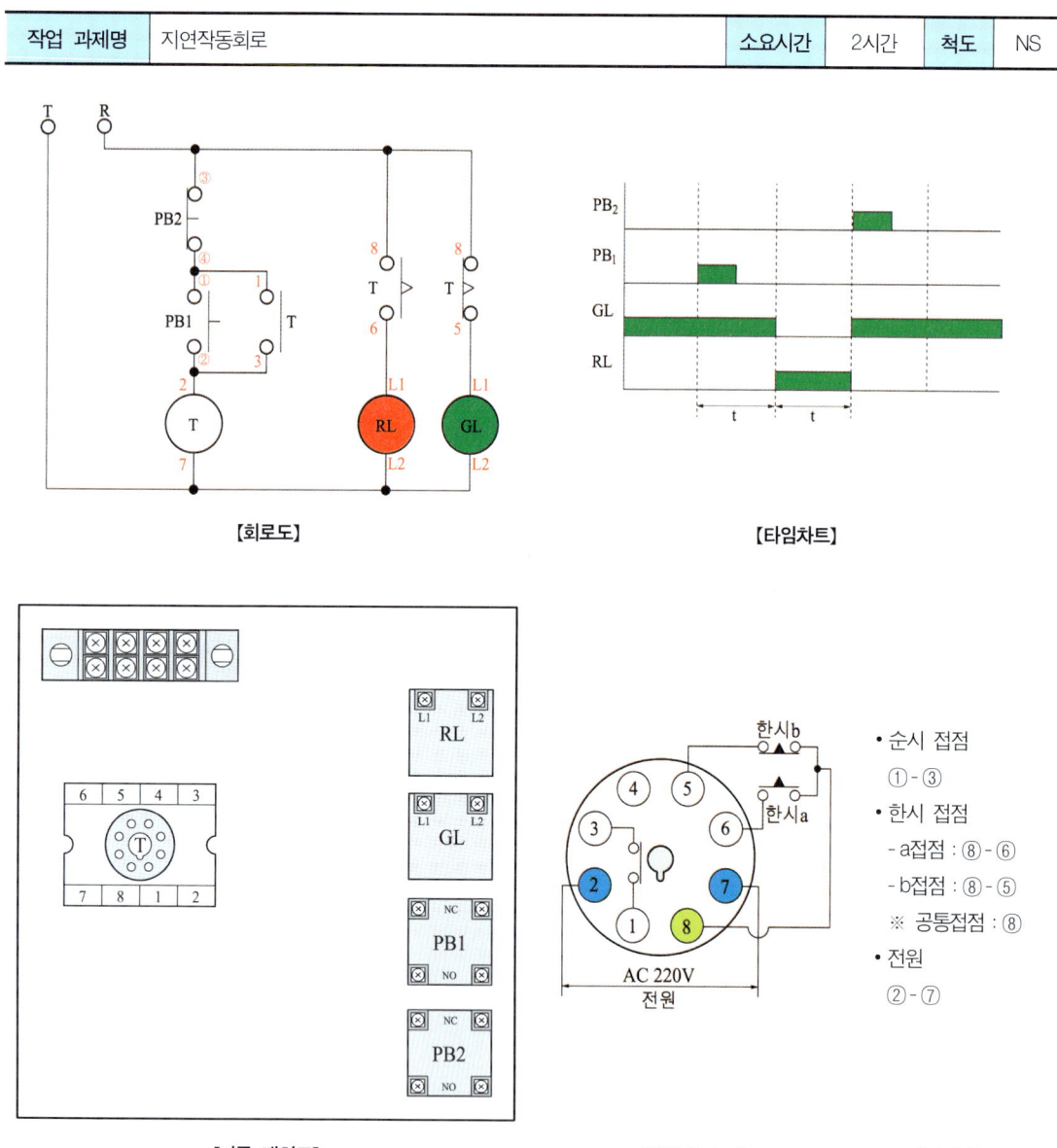

【회로도】   【타임차트】

【기구 배치도】   【8핀 Relay】   【접점번호】

동작사항

① 전원 : 단상 2선식(220[V])

② 동작
- 배선용차단기(MCB)의 전원을 투입한다.
- 전원을 투입함과 동시에 GL점등
- PB1을 누르면 T가 여자되어 타이머의 순시접점에 의해 자기유지가 된다. 설정시간 t초 후 T-a접점이 동작하여 RL점등, T-b접점이 동작하여 GL소등 된다.
- PB2를 누르면 T소자되어 RL소등, GL 점등 된다.

범례사항

기호	명칭	기호	명칭
TB	단자대	RL	적색램프
PB1, PB2	누름버튼 스위치	GL	녹색램프
T	타이머		

- 배선용 차단기 1차측 R상은 2.5[mm^2] 흑색선, T상은 2.5[mm^2] 청색선을 사용한다.
- 배선용 차단기 2차측은 1.5[mm^2] 황색선을 사용한다.

계전기 접점 번호할당

- T 전원 : 2 - 7
- T순시접점 : 1 - 3
- T한시 공통접점 : 공통(⑧) - a접점(⑥) - b접점(⑤)

스위치 및 램프 번호 할당

- PB1(a접점) : ①번, ②번
- PB2(b접점) : ③번, ④번
- RL, GL : L1, L2

결선순서

결선순서	
1번 작업 : R - PB2(③) - T(8)	4번 작업 : T(6) - RL(L1)
2번 작업 : PB2(④) - PB1(①) - T(1)	5번 작업 : T(5) - GL(L1)
3번 작업 : PB1(②) - T(2) - T(3)	6번 작업 : T - T(7) - RL(L2) - GL(L2)

실제결선

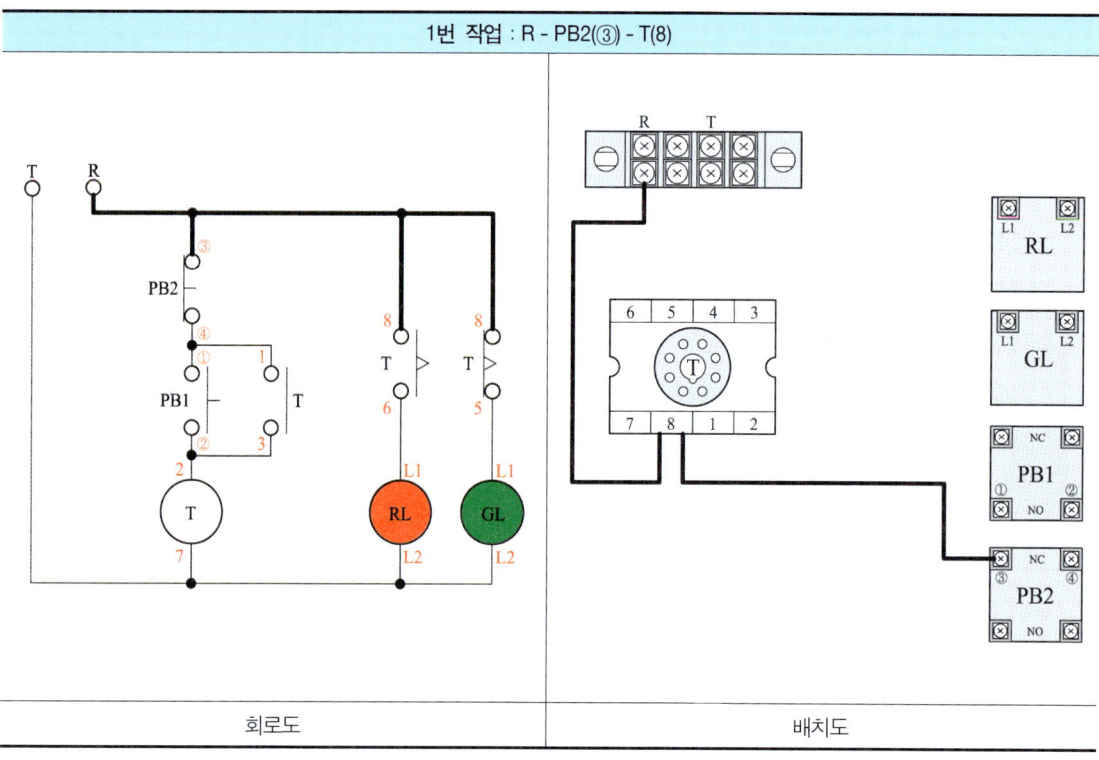

1번 작업 : R - PB2(③) - T(8)

회로도 / 배치도

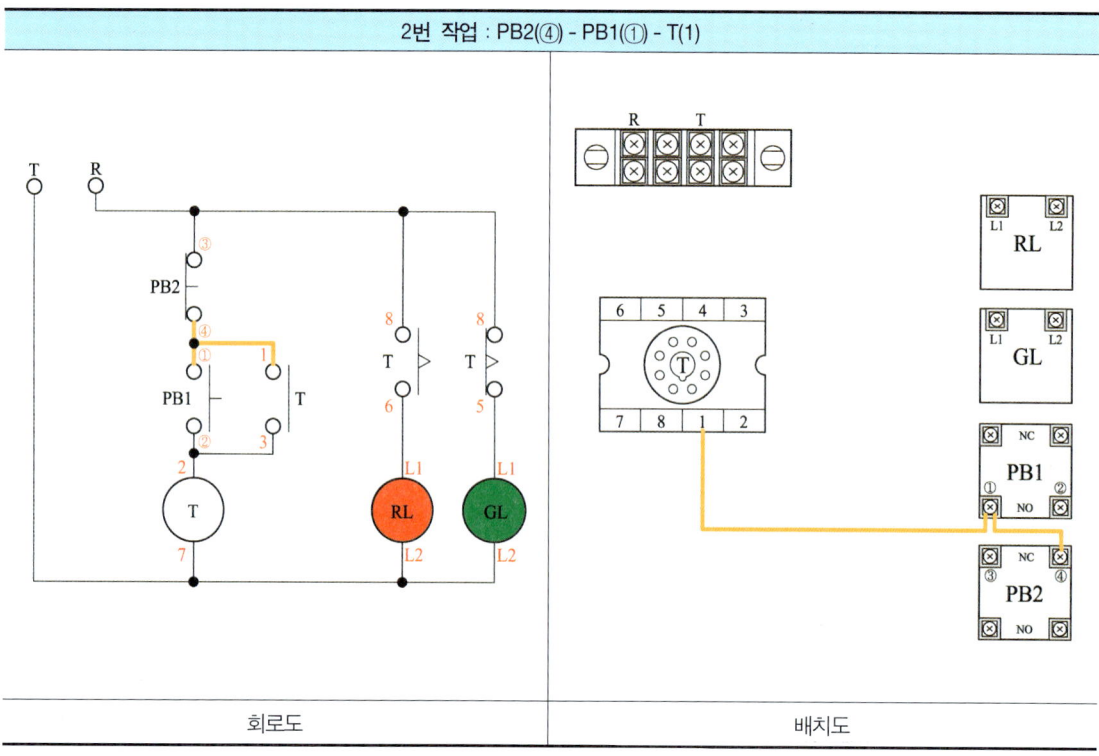

2번 작업 : PB2(④) - PB1(①) - T(1)

회로도 / 배치도

3번 작업 : PB1(②) - T(2) - T(3)

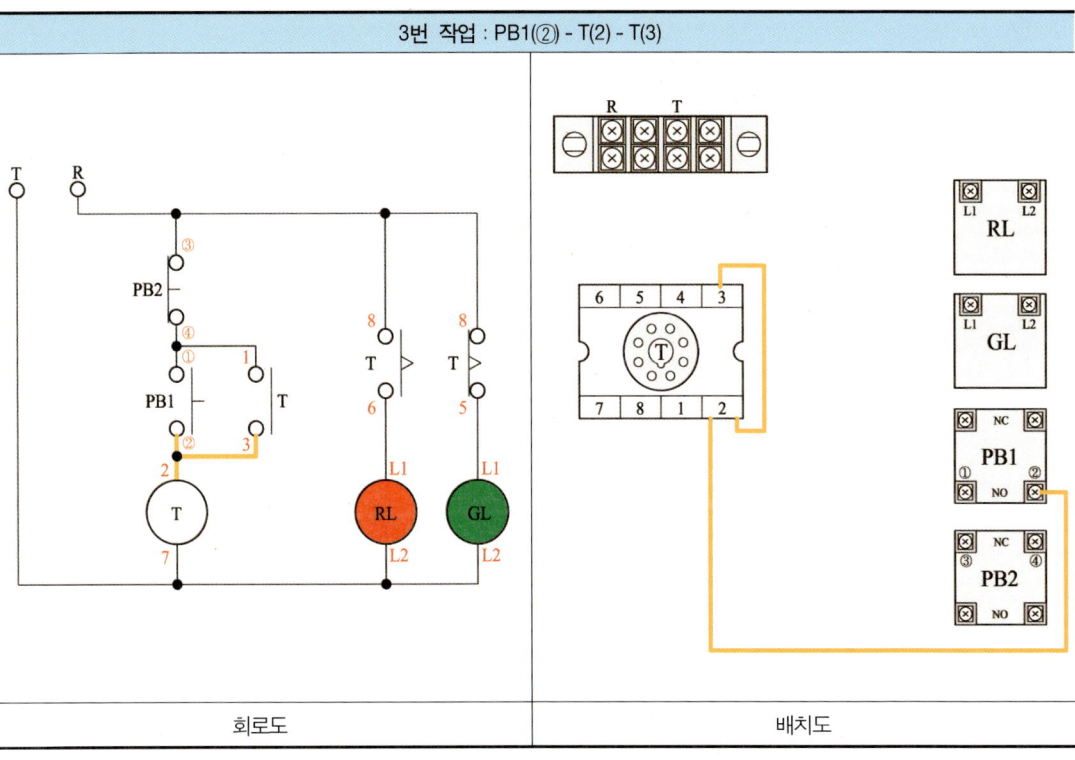

회로도 | 배치도

4번 작업 : T(6) - RL(L1)

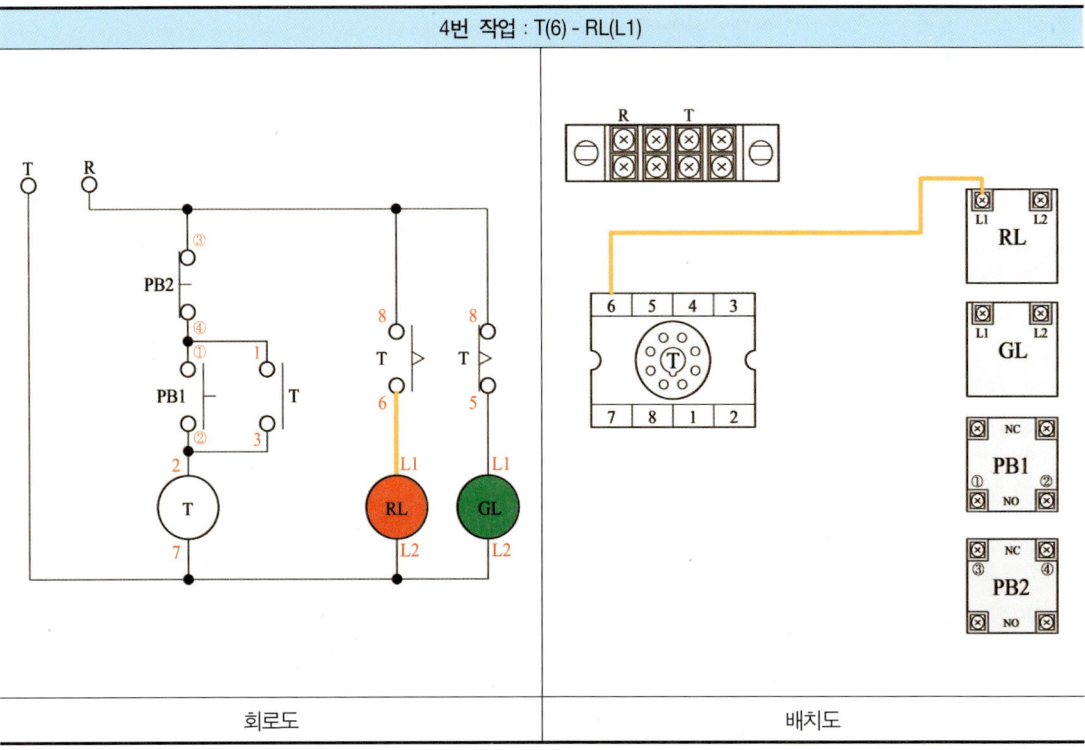

회로도 | 배치도

5번 작업 : T(5) - GL(L1)

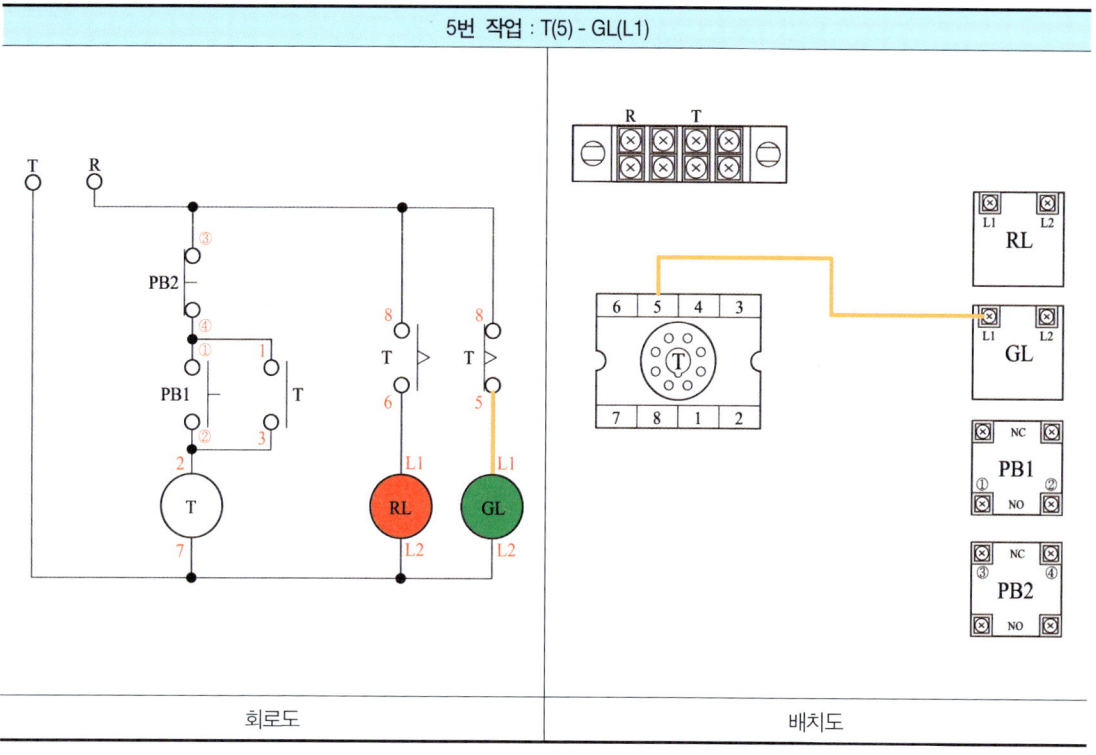

회로도 / 배치도

6번 작업 : T - T(7) - RL(L2) - GL(L2)

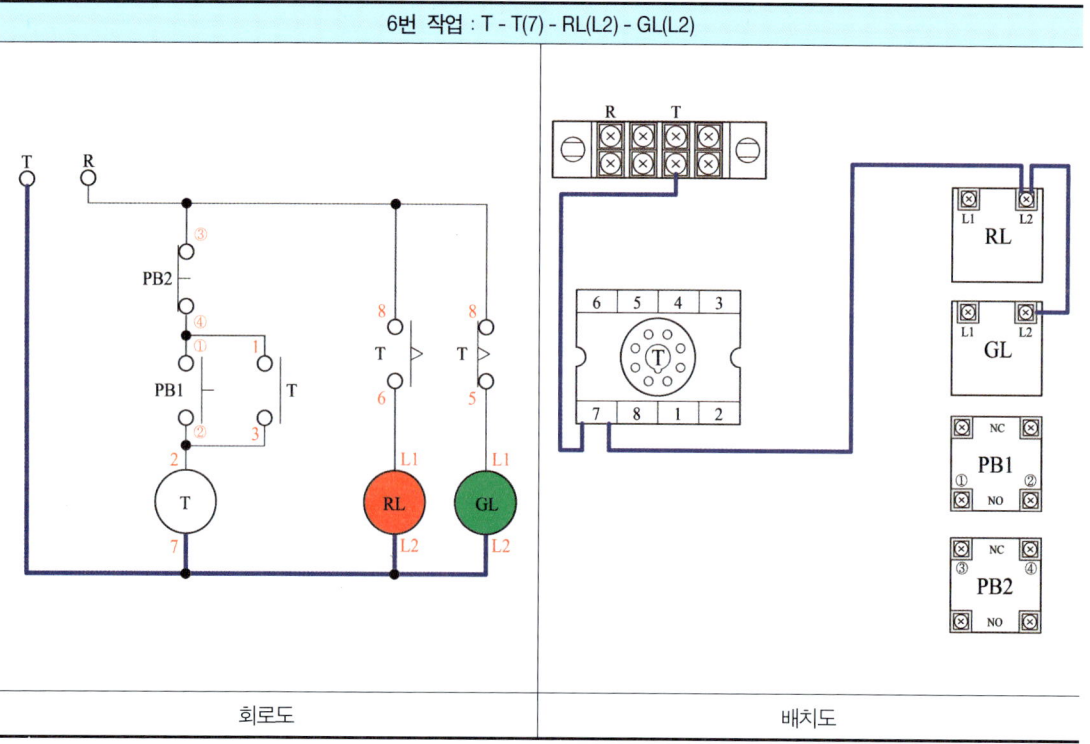

회로도 / 배치도

완성

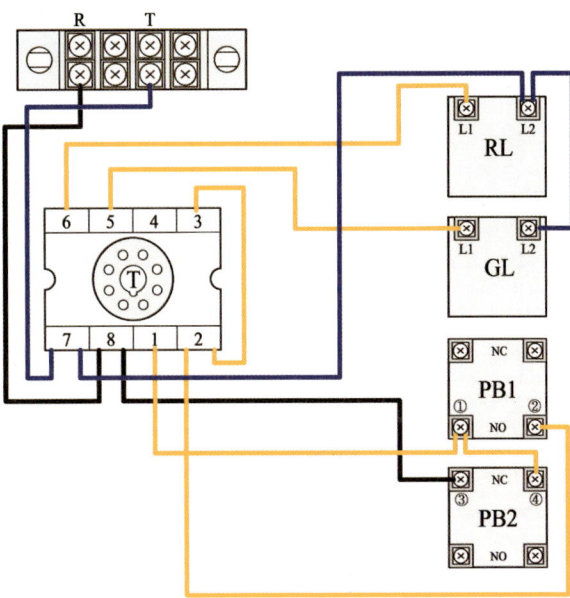

3-2 순시동작 한시복귀회로

작업 과제명	순시동작 한시복귀회로	소요시간	2시간	척도	NS

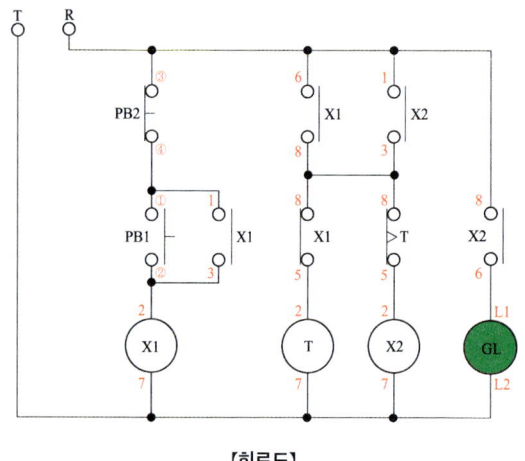

【회로도】

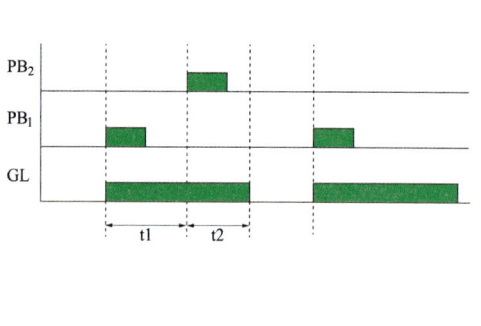

【타임차트】

【기구 배치도】

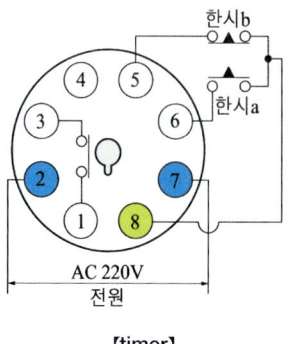

【timer】

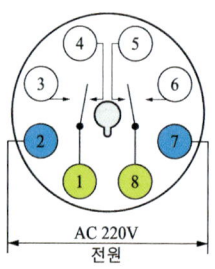

【8핀 Relay】

동작사항

① 전원 : 단상 2선식(220[V])
② 동작
- 배선용차단기(MCB)의 전원을 투입한다.
- PB1을 누르면 X1이 여자되어 X1-a 접점 및 X1-b접점이 동작하여 X2가 여자된다. X2-a 접점에 의해 GL 점등 된다.
- PB2를 누르면 X1이 소자되어 X1-b접점이 복귀되며 타이머는 여자된다. 설정시간(t)초 이후 T-b접점이 동작하여 X2가 소자되며 X2-a접점이 원상태로 복귀하여 GL은 소등된다.

범례사항

기호	명칭	기호	명칭
TB	단자대	X1, X2	릴레이(8P)
PB1	기동스위치	T	타이머
PB2	정지스위치	GL	녹색램프

- 배선용 차단기 1차측 R상은 2.5[mm²] 흑색선, T상은 2.5[mm²] 청색선을 사용한다.
- 배선용 차단기 2차측은 1.5[mm²] 황색선을 사용한다.

계전기 접점 번호할당

- T 전원 : 2 - 7
- T순시접점 : 1 - 3
- T한시 b접점 : 8 - 5
- X1, X2전원 : 2 - 7
- X1-a : 1 - 3 / X1공통접점 : 공통(⑧) - a접점(⑥) - b접점(⑤)
- X2-a : 1 - 3 / X2-a : 8 - 6

스위치 및 램프 번호 할당

- PB1(a접점) : ①번, ②번
- PB2(b접점) : ③번, ④번
- GL : L1, L2

결선순서

결선순서	
1번 작업 : R - PB2(③) - X1(6) - X2(1) - X2(8)	5번 작업 : X1(5) - T(2)
2번 작업 : PB2(④) - PB1(①) - X1(1)	6번 작업 : T(5) - X2(2)
3번 작업 : PB1(②) - X1(2) - X1(3)	7번 작업 : X2(6) - GL(L1)
4번 작업 : X1(8) - X2(3) - T(8)	8번 작업 : T - X1(7) - T(7) - X2(7) - GL(L2)

실제결선

1번 작업 : R - PB2(③) - X1(6) - X2(1) - X2(8)

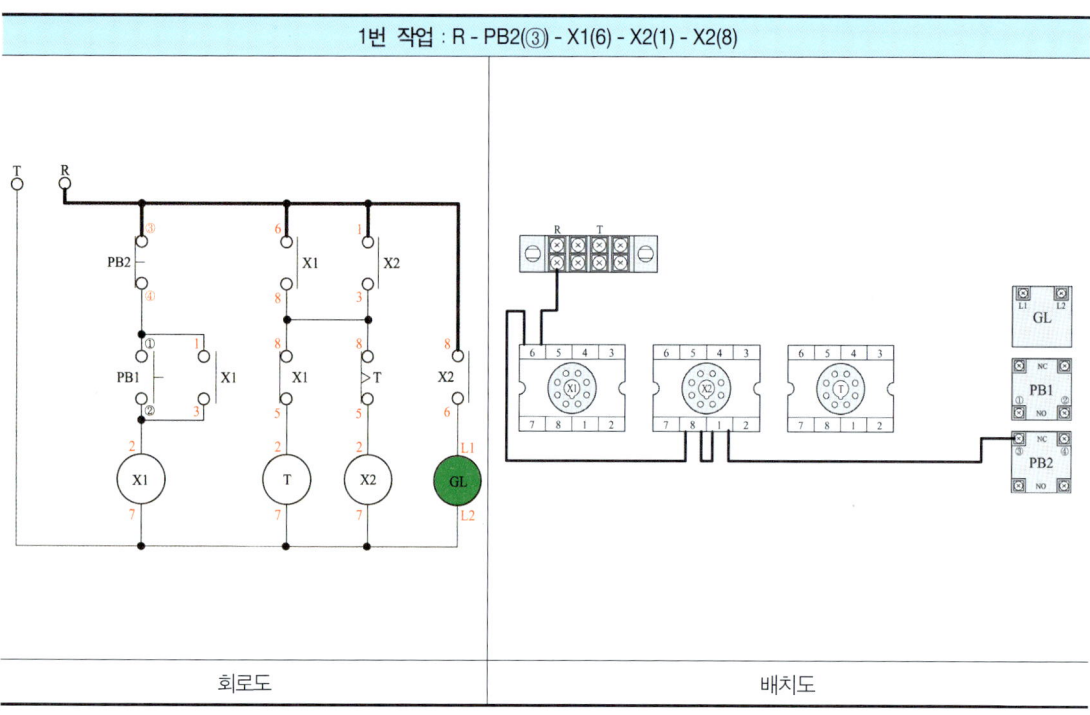

회로도 | 배치도

2번 작업 : PB2(④) - PB1(①) - X1(1)

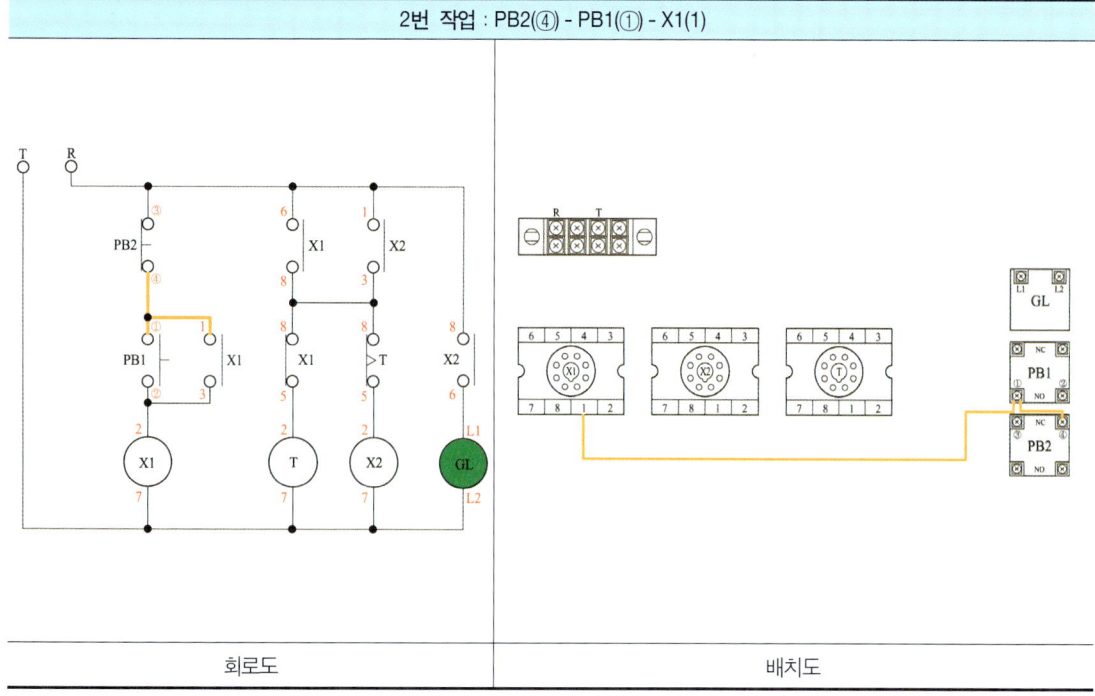

회로도 | 배치도

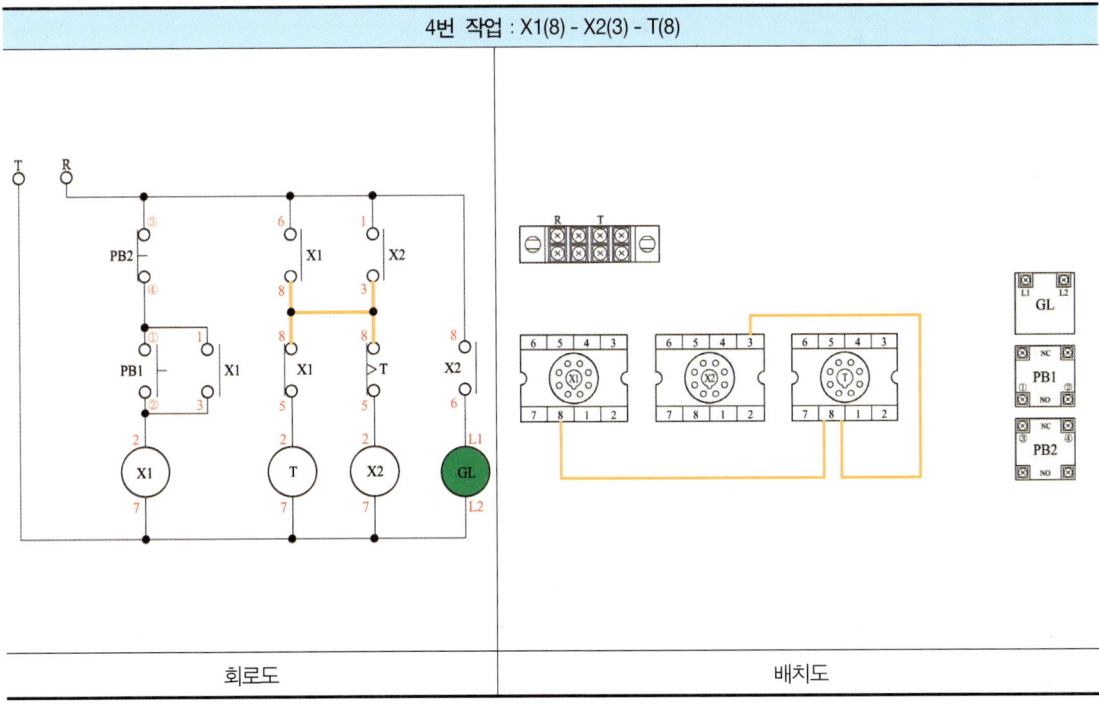

5번 작업 : X1(5) - T(2)

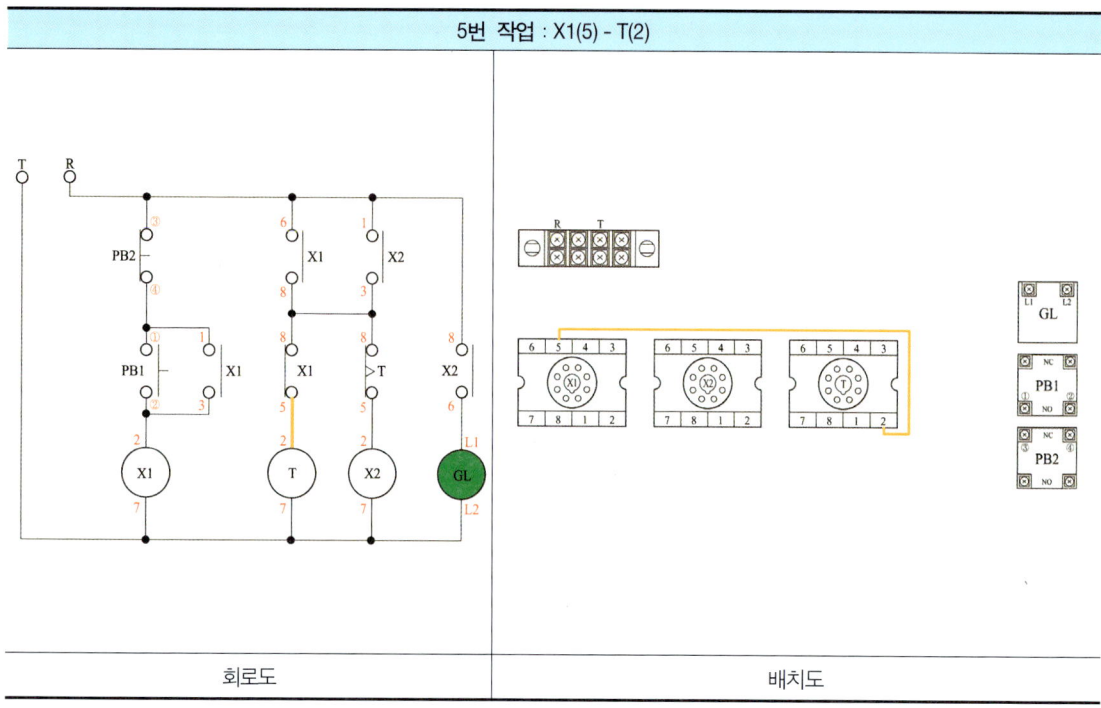

회로도 　　　　　배치도

6번 작업 : T(5) - X2(2)

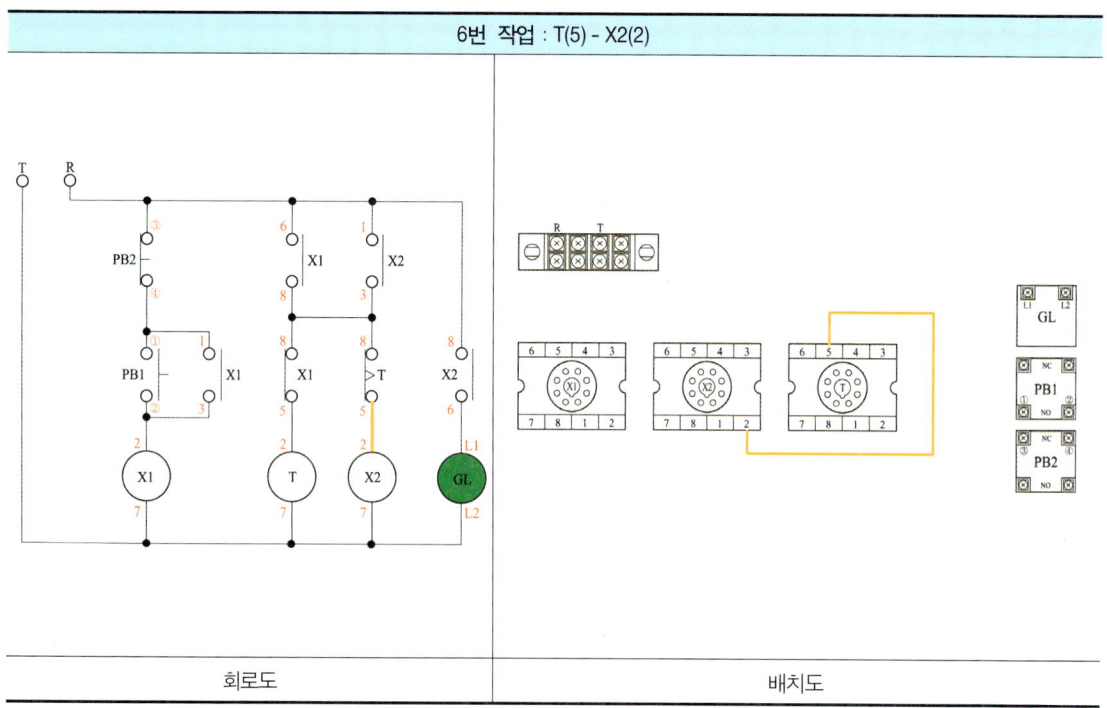

회로도 　　　　　배치도

7번 작업 : X2(6) - GL(L1)

회로도 | 배치도

8번 작업 : T - X1(7) - T(7) - X2(7) - GL(L2)

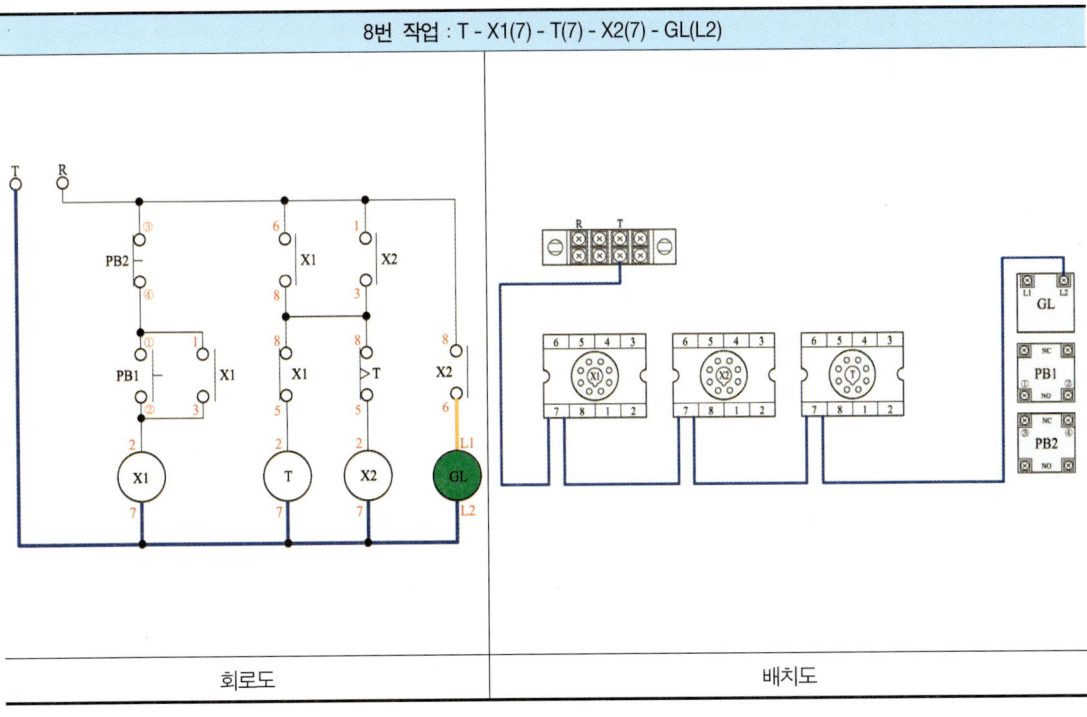

회로도 | 배치도

완성

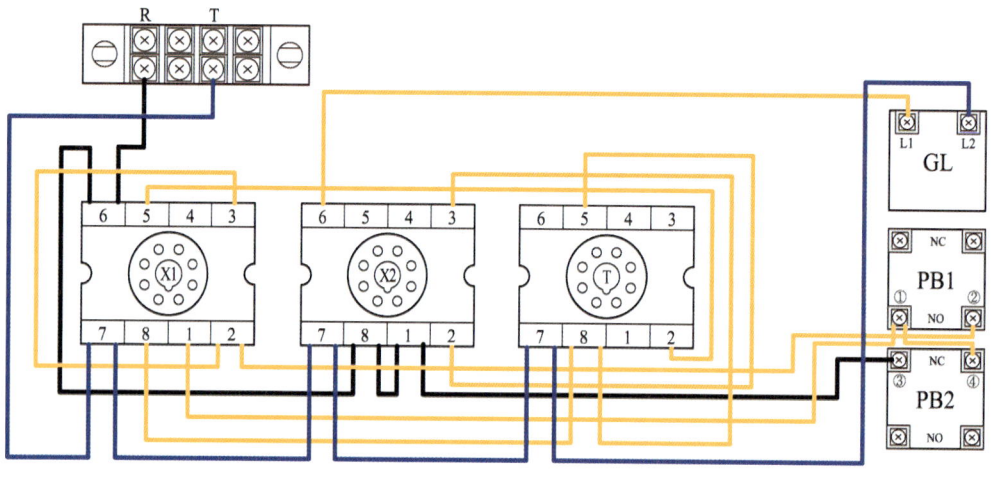

3-3 지연동작 한시복귀회로

| 작업 과제명 | 지연동작 한시복귀회로 | 소요시간 | 2시간 | 척도 | NS |

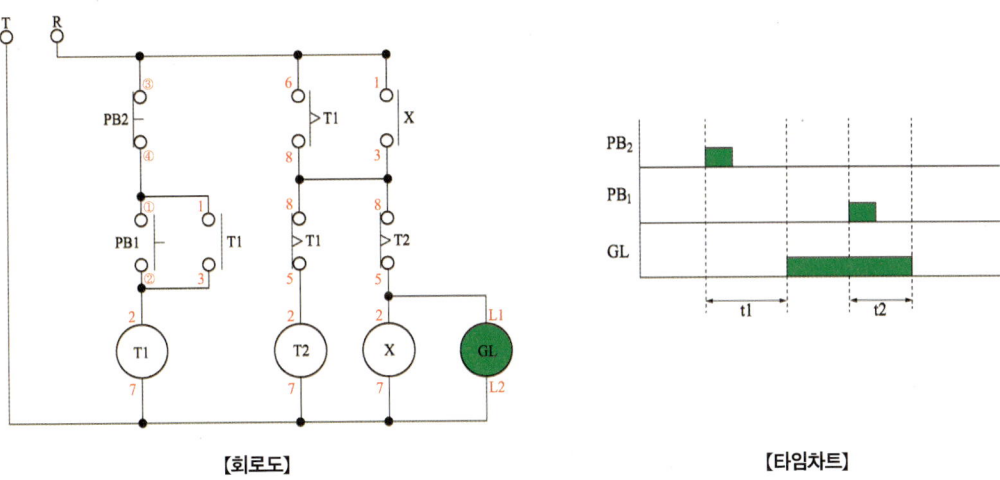

[회로도]   [타임차트]

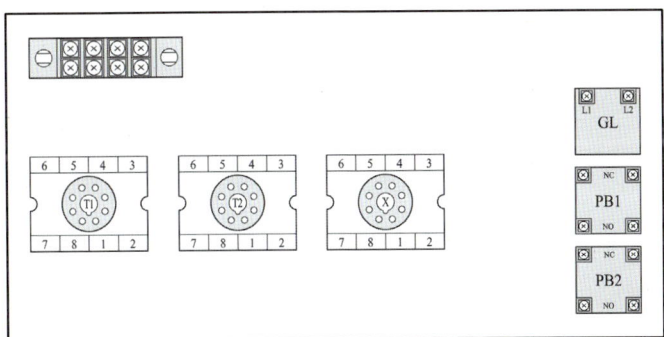

[기구 배치도]

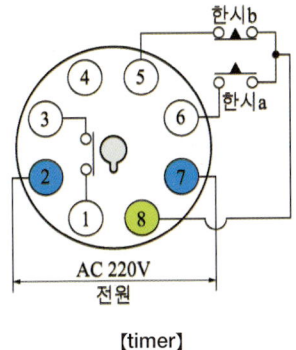

[timer]

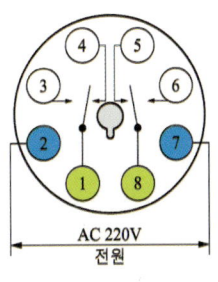

[8핀 Relay]

동작사항

① 전원 : 단상 2선식(220[V])

② 동작
- 배선용차단기(MCB)의 전원을 투입한다.
- PB1 ON → T1여자 → 설정시간 t1초 이후 → T1-a접점 / T1-b접점 동작 → GL점등
- PB2 ON → T1소자 → T2여자 → 설정시간 t2초 이후 → GL소등

범례사항

기호	명칭	기호	명칭
TB	단자대	T1, T2	타이머
PB1	기동스위치	X	릴레이(8P)
PB2	정지스위치	GL	녹색램프

- 배선용 차단기 1차측 R상은 2.5[mm²] 흑색선, T상은 2.5[mm²] 청색선을 사용한다.
- 배선용 차단기 2차측은 1.5[mm²] 황색선을 사용한다.

계전기 접점 번호할당

- T1, T2 전원 : 2 - 7
- T1순시접점 : 1 → 3
- T1한시 공통접점 : 공통⑧ - a접점⑥ - b접점⑤
- T2한시-b접점 : 8 - 5
- X 전원 : 2 - 7
- X-a : 1 - 3

스위치 및 램프 번호 할당

- PB1(a접점) : ①번, ②번
- PB2(b접점) : ③번, ④번
- GL : L1, L2

결선순서

결선순서	
1번 : R - PB2(③) - T1(6) - X(1)	5번 : T1(5) - T2(2)
2번 : PB2(④) - PB1(①) - T1(1)	6번 : T2(5) - X(2) - GL(L1)
3번 : PB1(②) - T1(2) - T1(3)	7번 : T - T1(7) - T2(7) - X(7) - GL(L2)
4번 : T1(8) - T2(8) - X(3)	

실제결선

1번 작업 : R - PB2(③) - T1(6) - X(1)

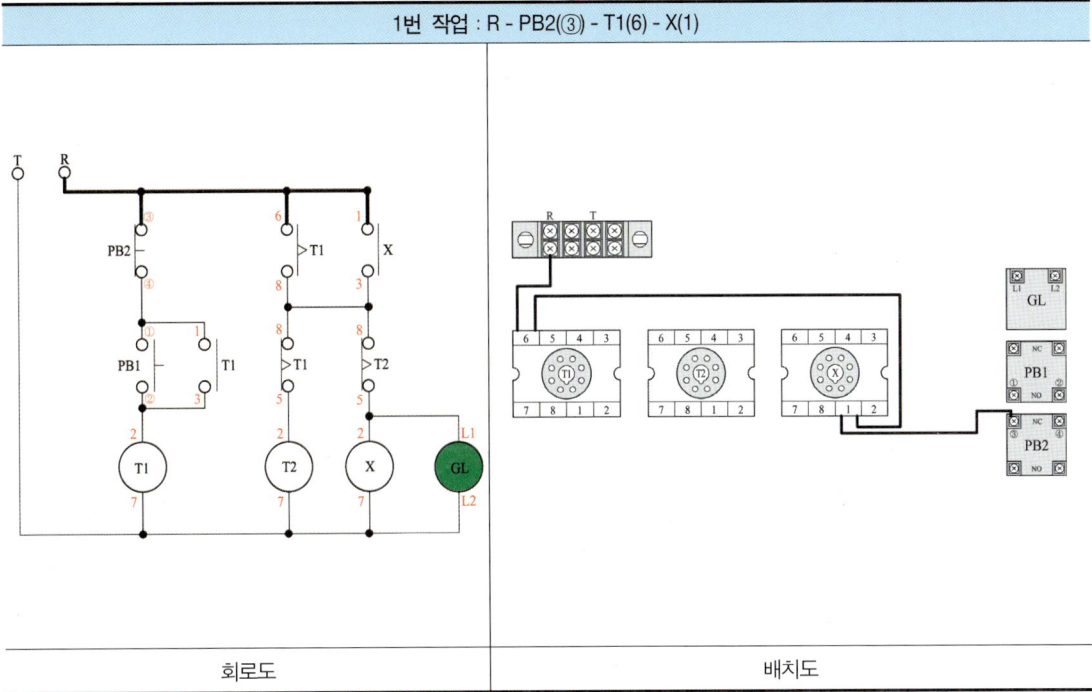

회로도 | 배치도

2번 작업 : PB2(④) - PB1(①) - T1(1)

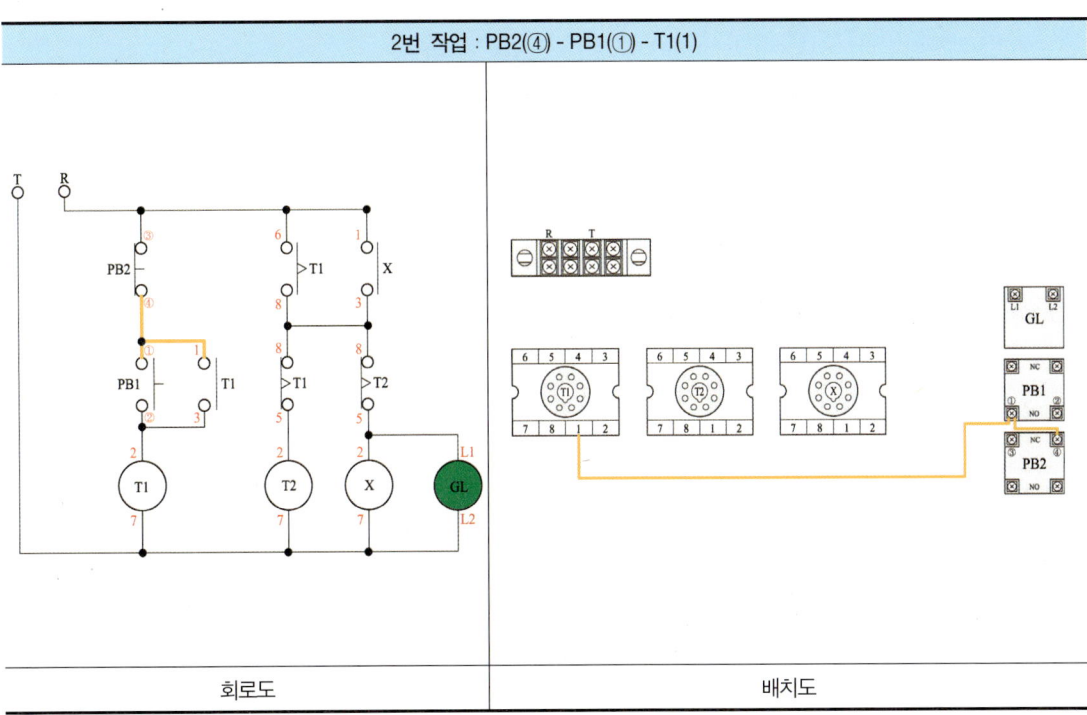

회로도 | 배치도

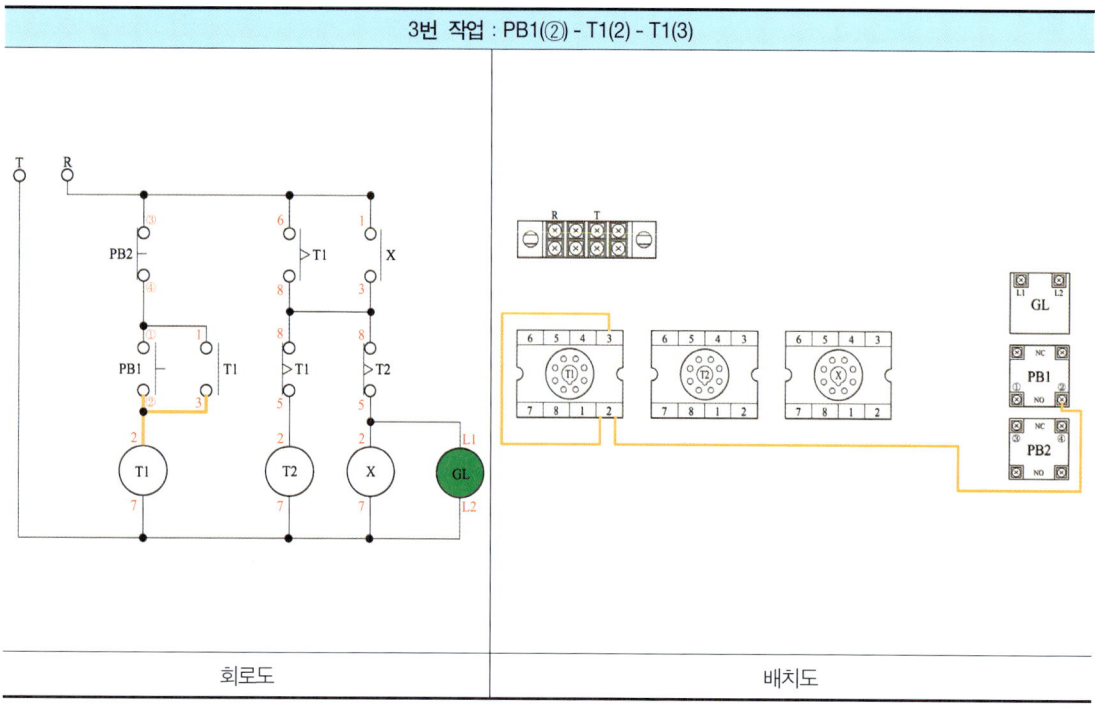

회로도 | 배치도

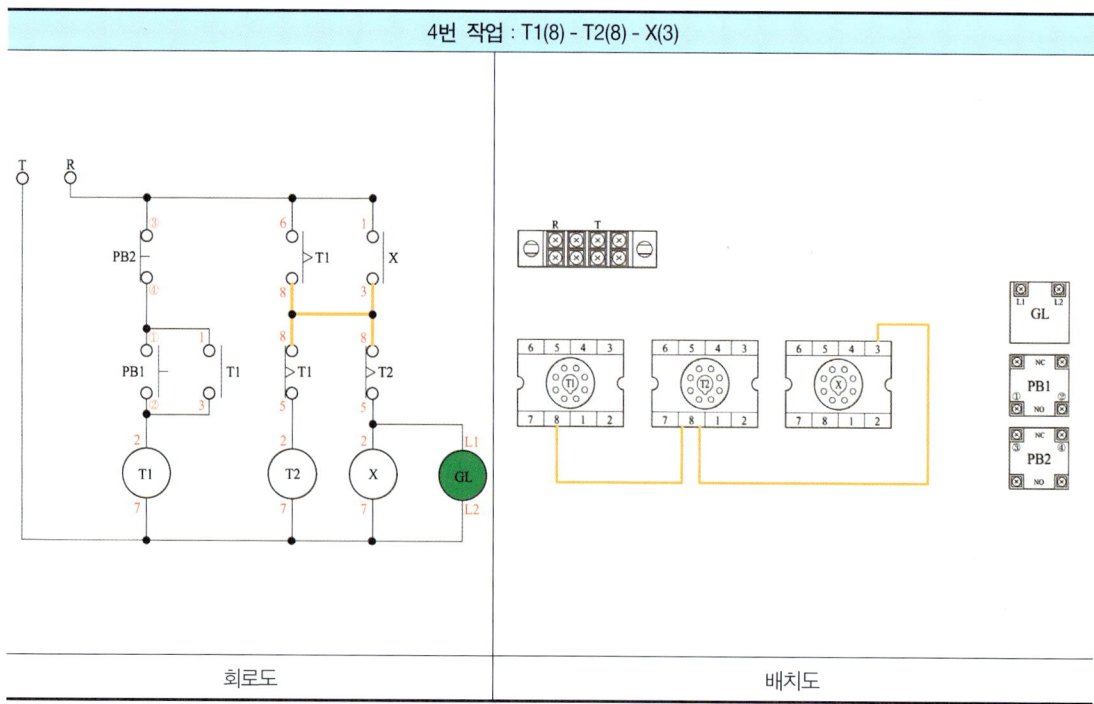

회로도 | 배치도

5번 작업 : T1(5) - T2(2)

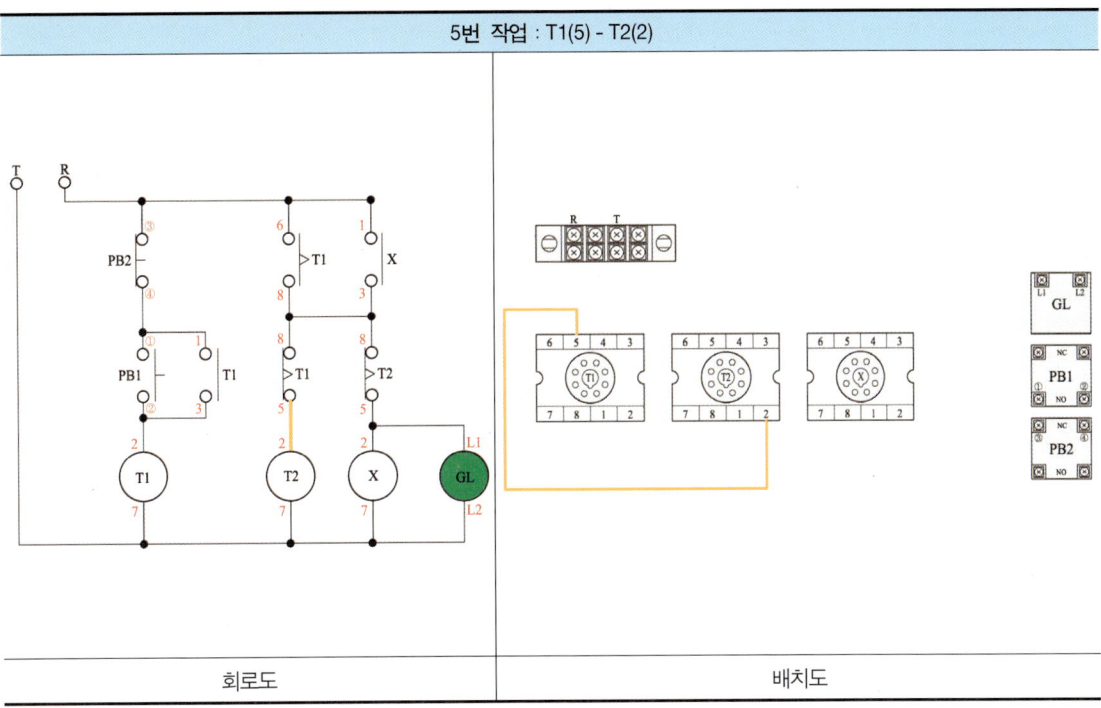

회로도   배치도

6번 작업 : T2(5) - X(2) - GL(L1)

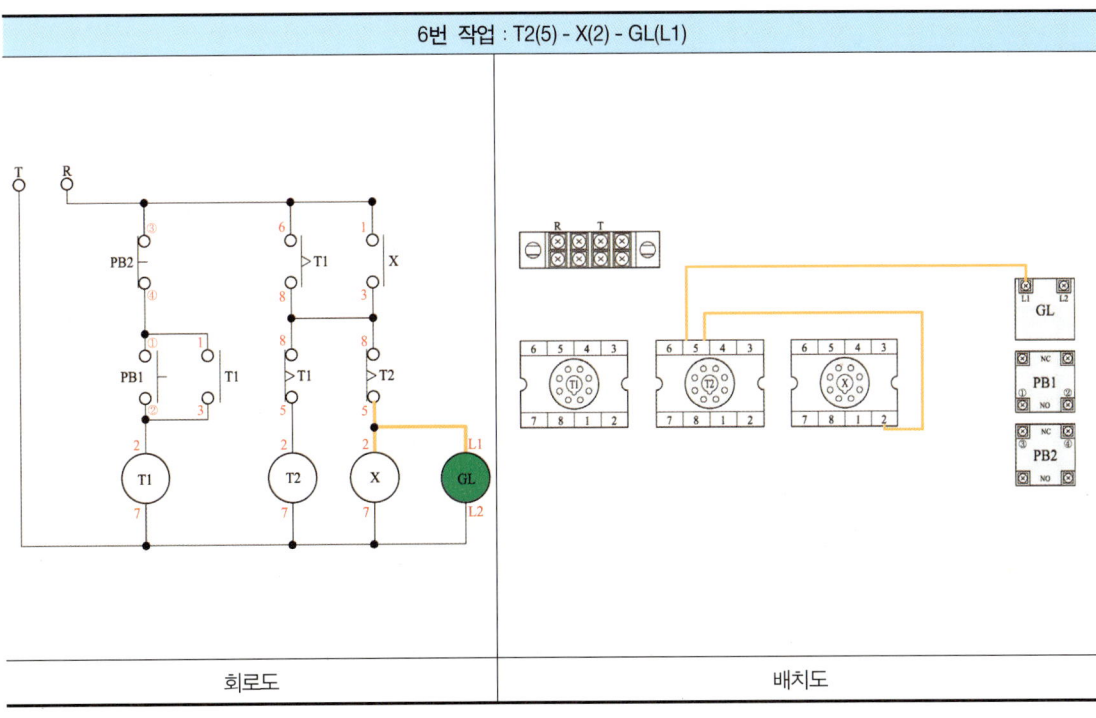

회로도   배치도

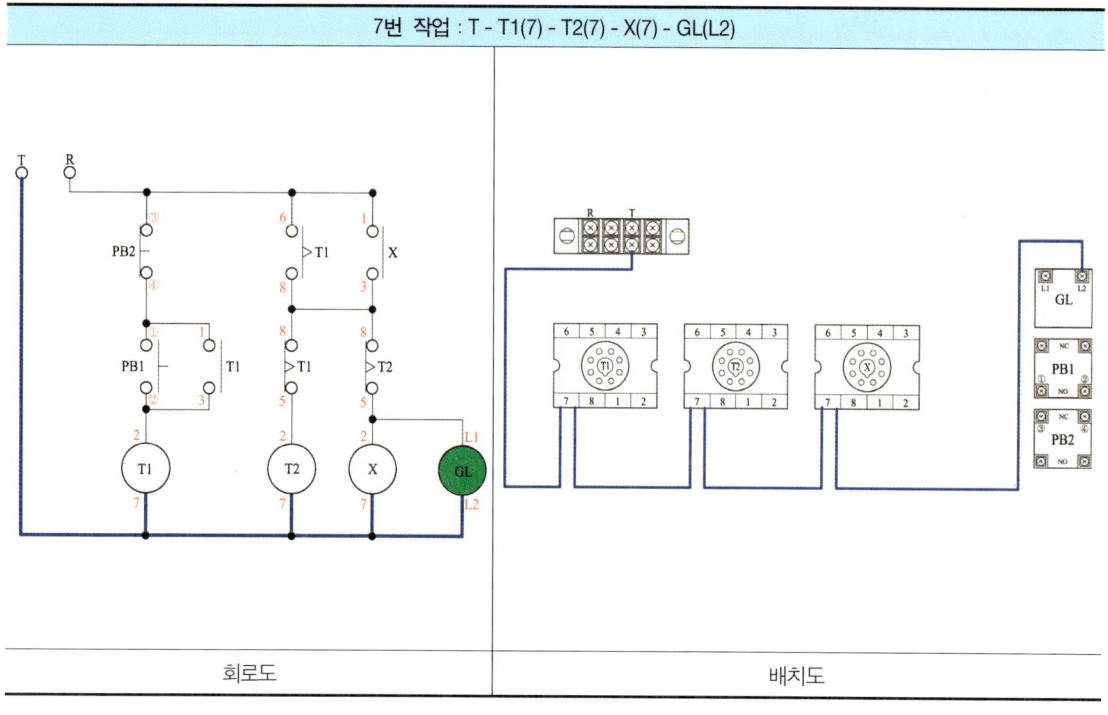

회로도 / 배치도

완성

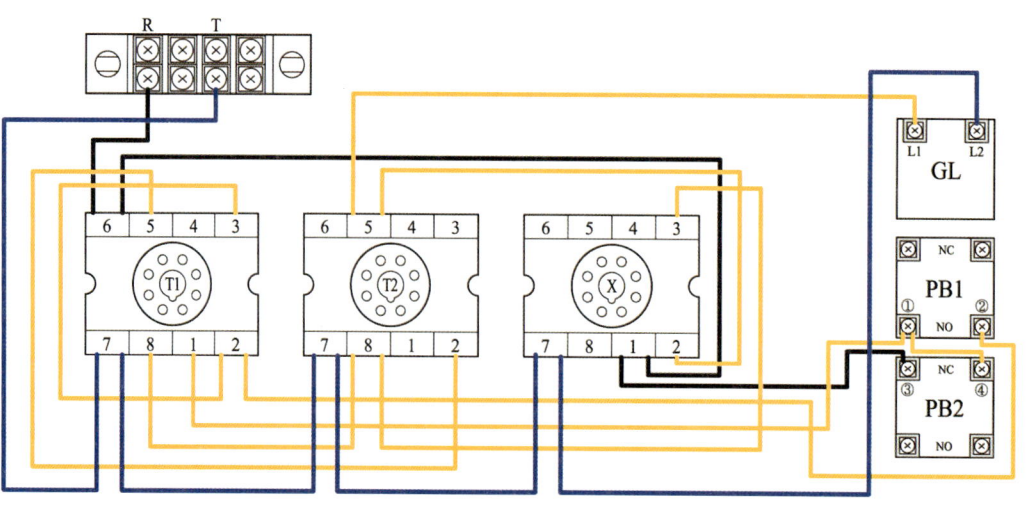

4. 응용회로

4-1 2개소 기동·정지회로

작업 과제명	2개소 기동·정지회로	소요시간	3시간	척도	NS

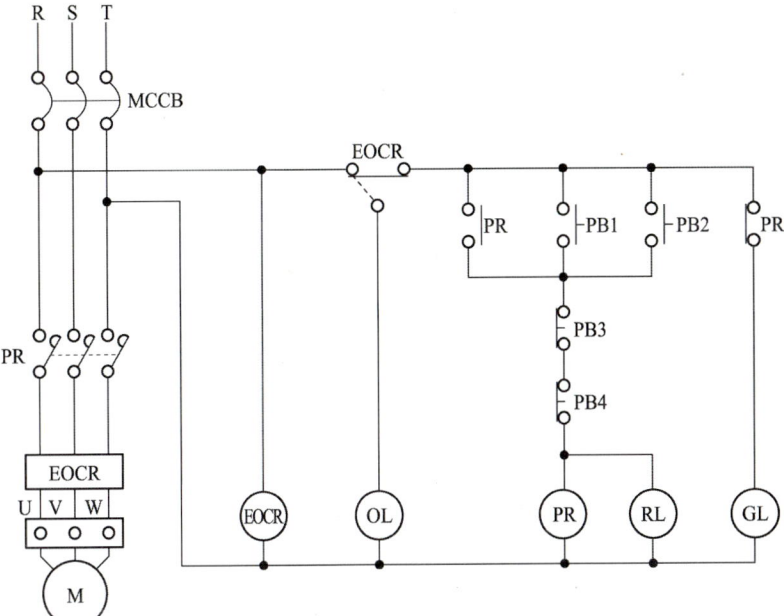

【동작 회로도】

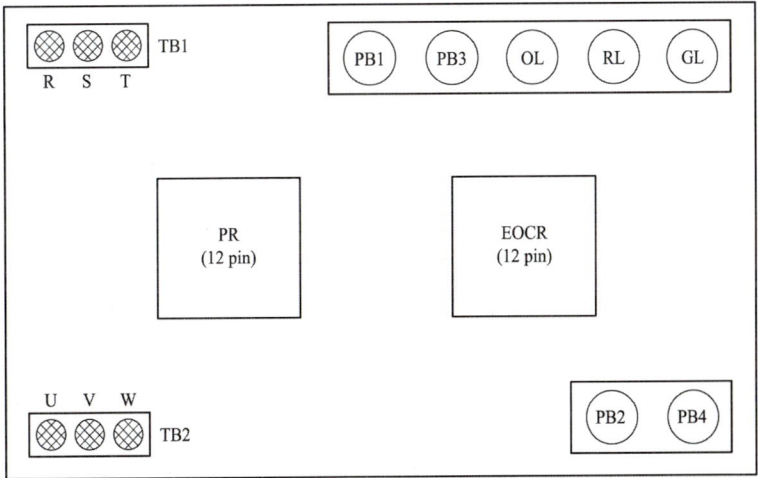

【제어함 내부 기구배치】

동작사항

- 전원 투입 → GL점등
- PB1 ON → PR여자(모터 기동), RL 점등, GL소등
- PB3 ON → PR소자(모터 정지), RL소등, GL점등
- PB2 ON → PR여자(모터 기동), RL 점등, GL소등
- PB4 ON → PR소자(모터 정지), RL소등, GL점등
- EOCR작동 → 모든 동작은 멈추며, OL점등

범례사항

기호	명칭	기호	명칭
TB1	전원(단자대 4P)	RL	파이롯램프(적) 220V
TB2	모터M(단자대 4P)	PB1	푸쉬버턴스위치(녹)
PR	전자접촉기(12P)	PB2	푸쉬버턴스위치(적)
EOCR	EOCR(12P)	PB3	푸쉬버턴스위치(녹)
GL	파이롯램프(녹) 220V	PB4	푸쉬버턴스위치(적)
OL	파이롯램프(주황) 220V		

계전기 접점

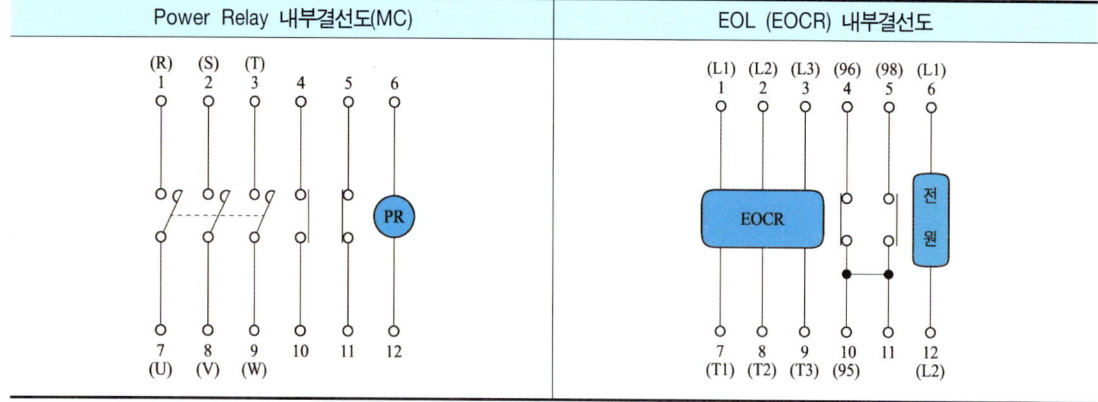

결선순서

결선순서

작도연습

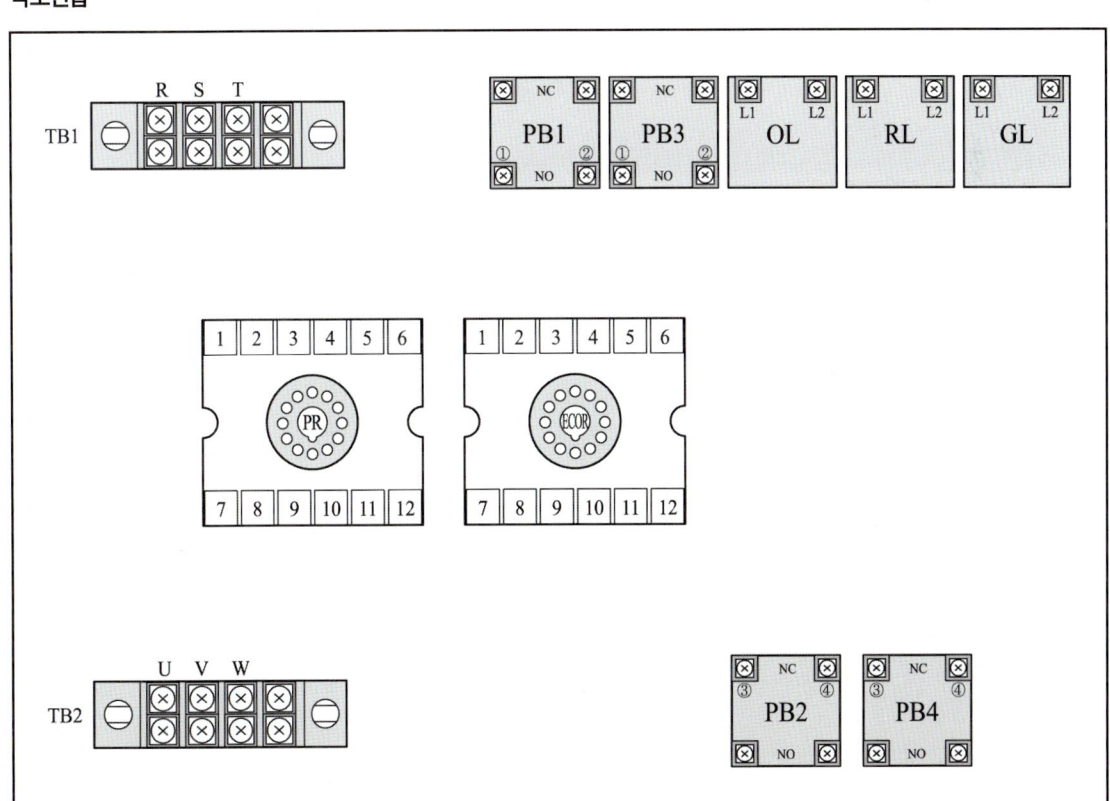

4-2 촌동회로

| 작업 과제명 | 촌동회로 | 소요시간 | 3시간 | 척도 | NS |

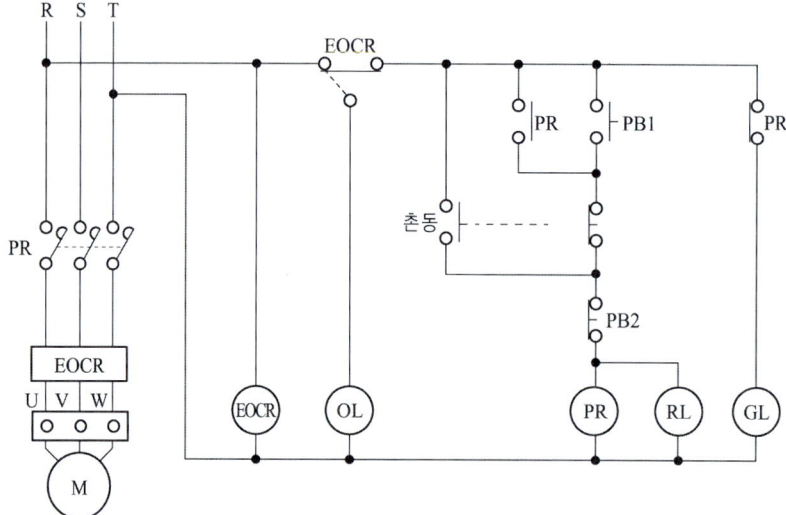

【동작 회로도】

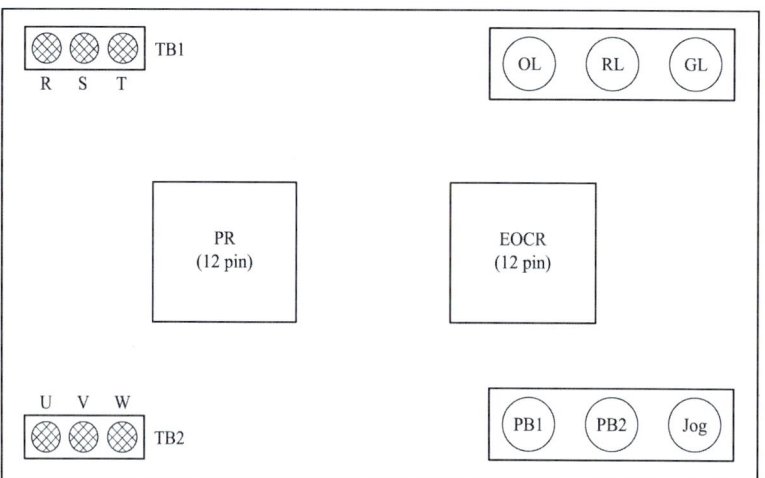

【제어함 내부 기구배치】

동작사항

- 전원투입 → GL점등
- PB1 ON → PR여자(모터 기동), RL점등, GL소등
- PB2 ON → PR소자(모터 정지), RL소등, GL점등
- 촌동(JOG)스위치를 누른다. → PR여자(모터 기동), RL점등, GL소등
- 촌동(JOG)스위치를 눌러다 땐다. → PR소자(모터 정지), RL소등, GL점등
- EOCR동작 → 모든 동작이 멈추며, OL점등

범례사항

기호	명칭	기호	명칭
TB1	전원(단자대 4P)	PB1	푸쉬버턴스위치(녹)
TB2	모터M(단자대 4P)	PB2	푸쉬버턴스위치(적)
PR	전자접촉기(12P)	OL	파이롯램프(주황) 220V
EOCR	EOCR(12P)	RL	파이롯램프(적) 220V
촌동(jog)	푸쉬버턴스위치(적)	GL	파이롯램프(녹) 220V

계전기 접점

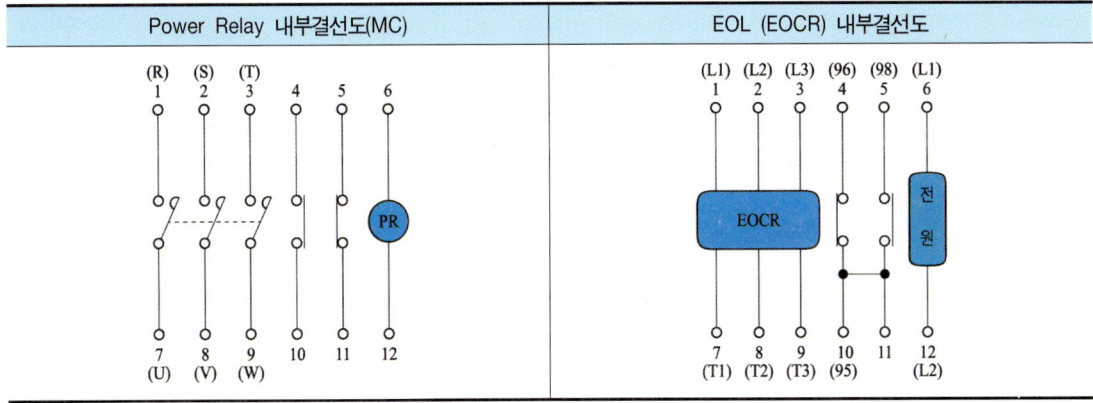

결선순서

결선순서

작도연습

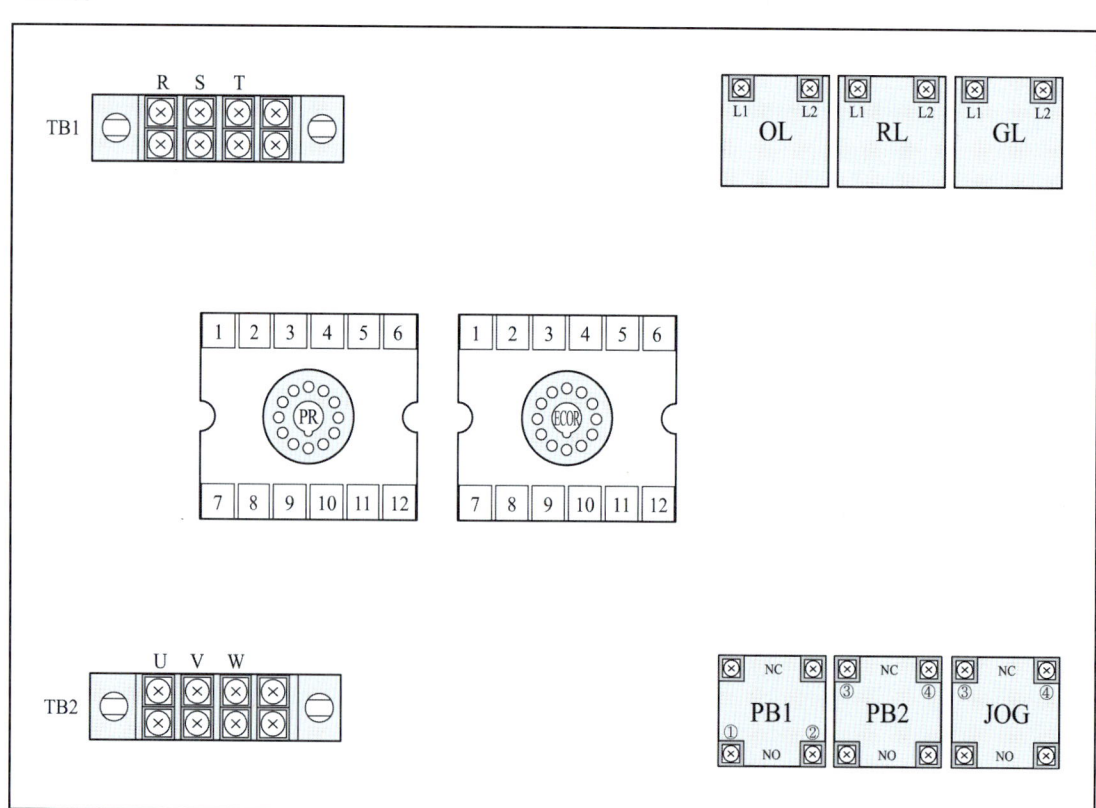

4-3 정·역 운전회로

작업 과제명	정·역 운전회로	소요시간	3시간	척도	NS

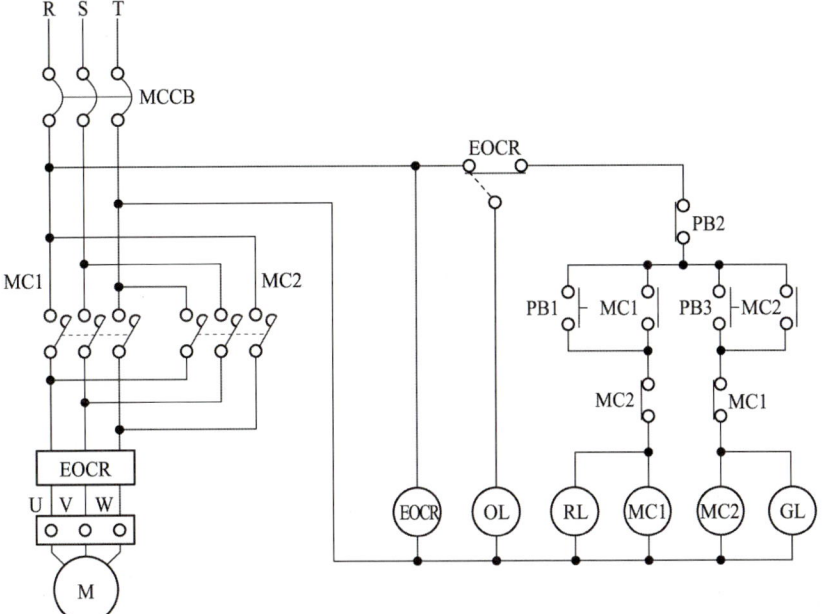

【동작 회로도】

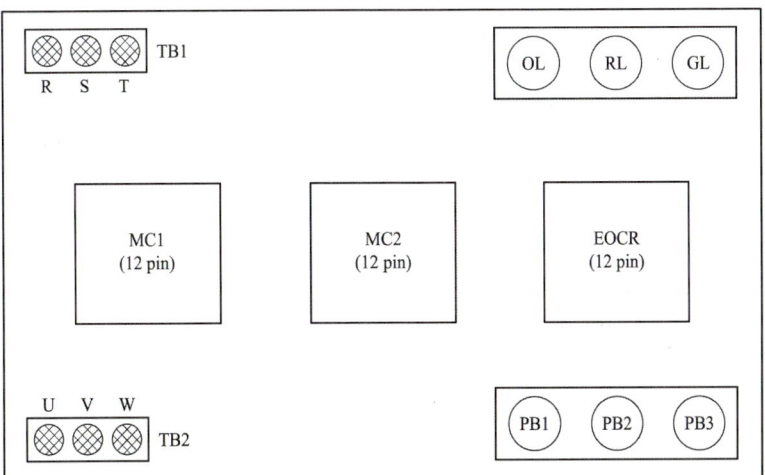

【제어함 내부 기구배치】

동작사항

- PB1 ON → MC1여자(모터 정방향 회전), RL점등
- PB3 ON → 모터 정지, RL소등
- PB2 ON → MC2여자(역방향 회전), GL점등
- PB3 ON → 모터 정지, GL소등
- MC1이 여자된 상태에서는 MC2가 동작하지않는다. 또한 MC2가 여자된 상태에서는 MC1이 동작하지 않는다. 이를 인터록 회로라 한다.
- EOCR 동작 → 모든 회로는 정지하며, OL이 점등한다.

범례사항

기호	명칭	기호	명칭
TB1	전원(단자대 4P)	PB2	푸쉬버턴스위치(녹)
TB2	모터M(단자대 4P)	PB3	푸쉬버턴스위치(적)
MC1, MC2	전자접촉기(12P)	OL	파이롯램프(주황) 220V
EOCR	EOCR(12P)	RL	파이롯램프(적) 220V
PB1	푸쉬버턴스위치(녹)	GL	파이롯램프(녹) 220V

계전기 접점

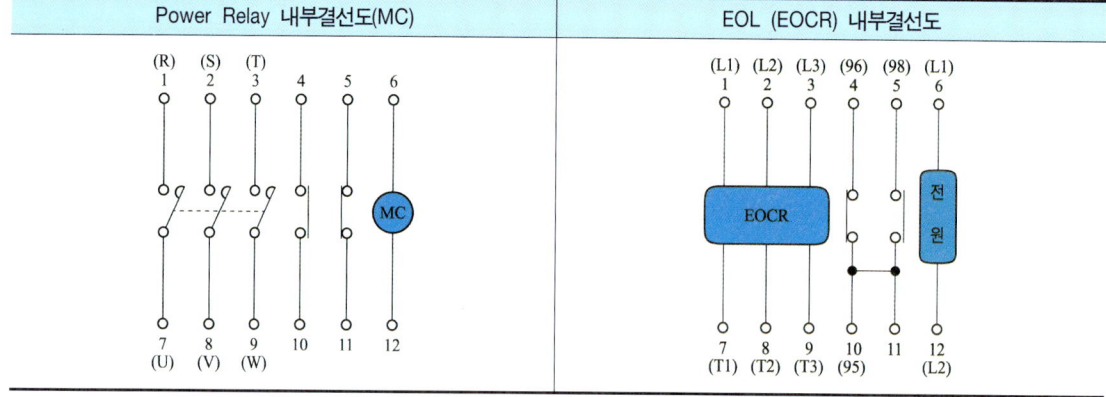

결선순서

결선순서

작도연습

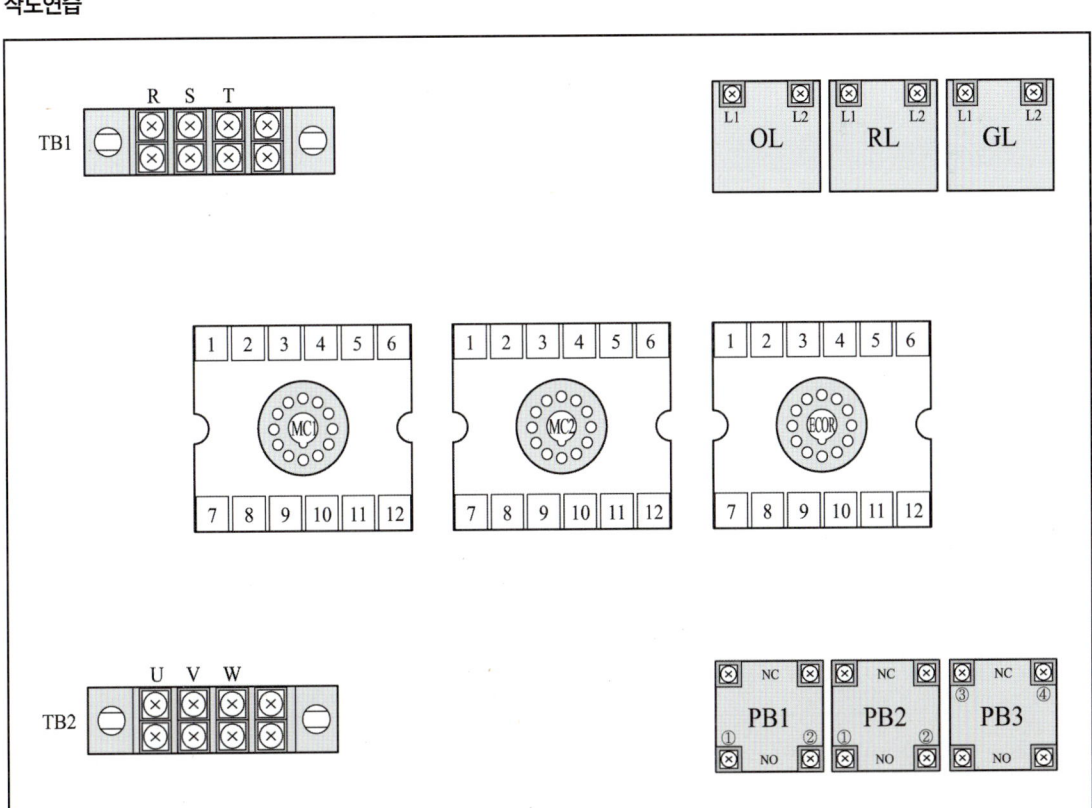

4-4 타이머를 이용한 $Y-\triangle$ 기동회로

| 작업 과제명 | 타이머를 이용한 $Y-\triangle$ 기동회로 | 소요시간 | 3시간 | 척도 | NS |

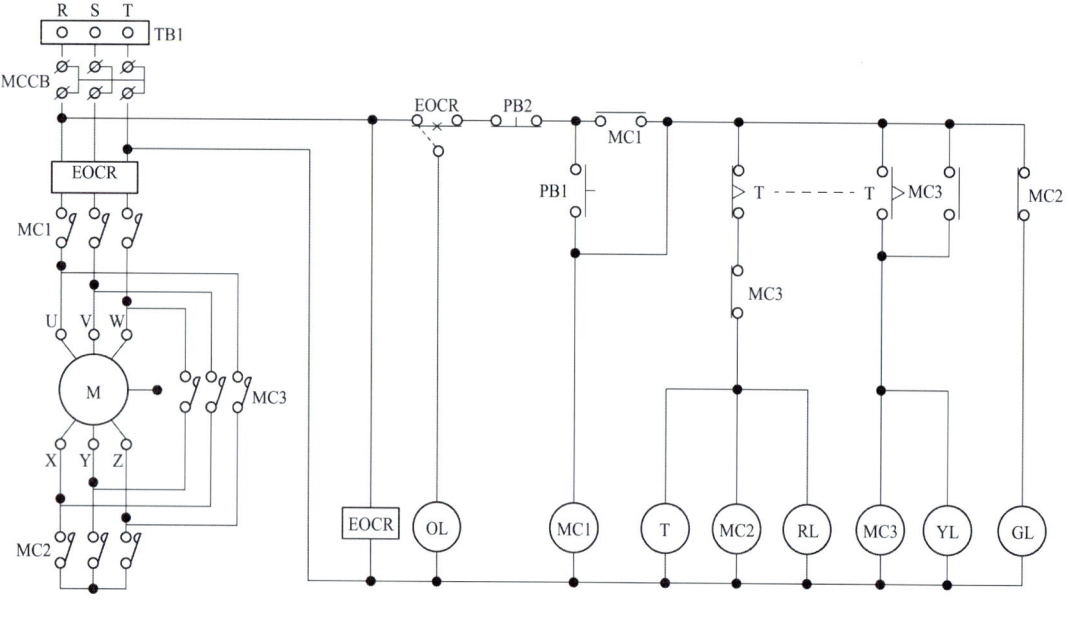

【동작 회로도】

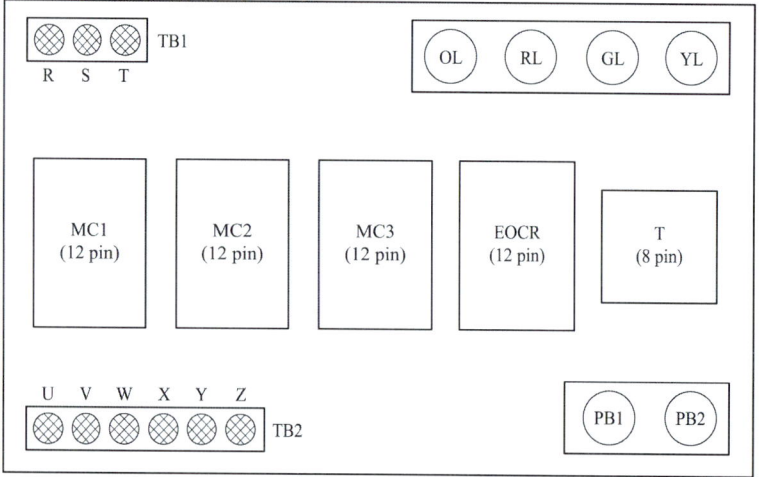

【제어함 내부 기구배치】

동작사항

- PB1 ON → MC1여자 → T여자, MC2 - Y여자(Y결선으로 기동), RL점등, GL소등 → 설정시간 t초 이후
  → MC2 - Y소자(Y결선 기동 정지), T소자, RL소등, MC3여자(△결선으로 운전), YL점등, GL점등
- PB2 ON → 모든 회로는 정지한다.
- EOCR 동작 → 모든 회로는 정지하며, OL점등

범례사항

기호	명칭	기호	명칭
TB1	전원(단자대 4P)	PB1	푸쉬버튼스위치(녹)
TB2	U, V, W, X, Y, Z (단자대 4P×2)	PB2	푸쉬버튼스위치(적)
MC1, MC2, MC3	전자접촉기(12P)	OL	파이롯램프(주황) 220V
EOCR	EOCR(12P)	RL	파이롯램프(적) 220V
T	타이머(8P)	GL	파이롯램프(녹) 220V
		YL	파이롯램프(황) 220V

계전기 접점

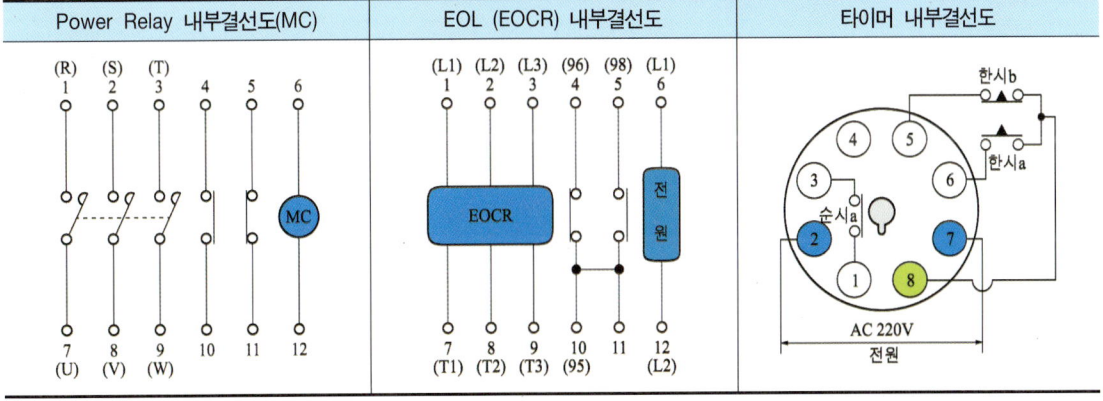

결선순서

결선순서

작도연습

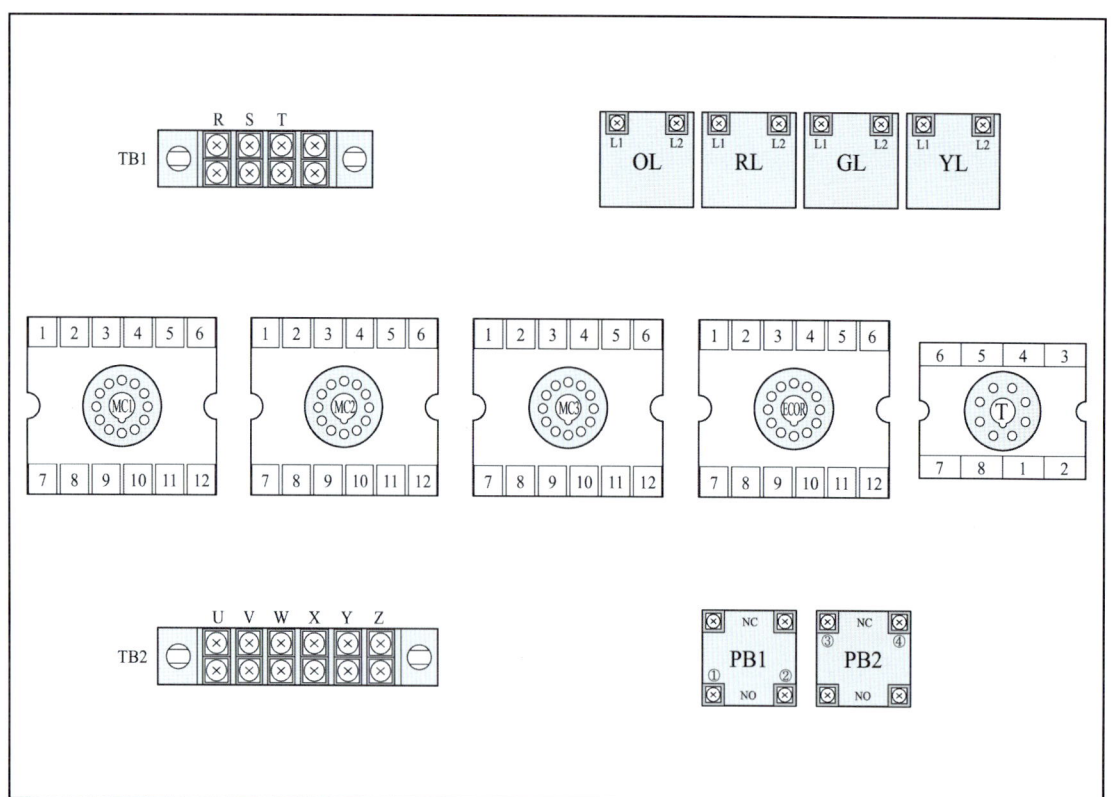

CHAPTER 03
전기기능사 실기 실제 작업

01
단자대 할당 방법

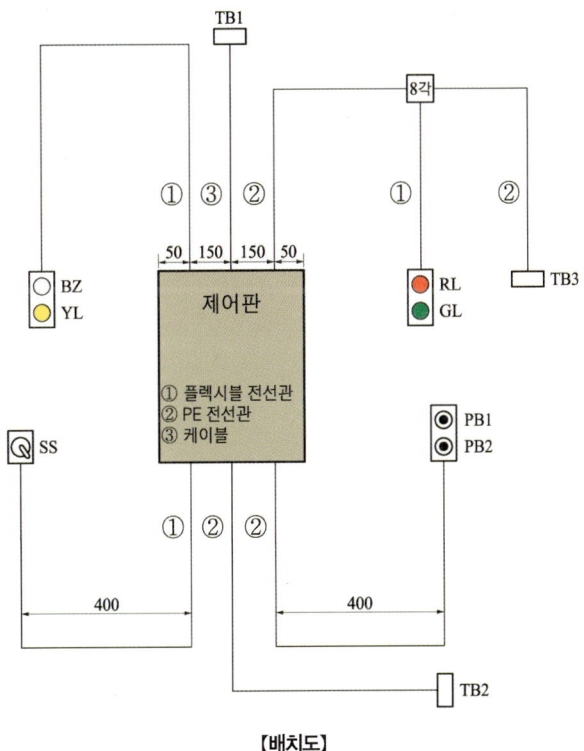

【배치도】

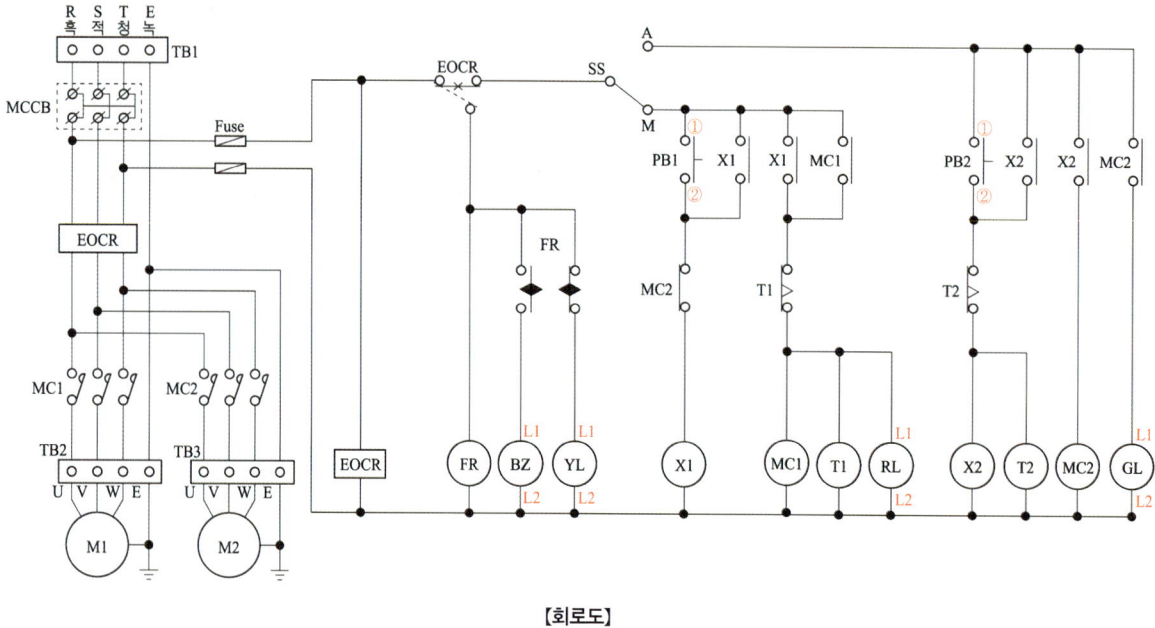

【회로도】

1. 상부 배관 단자대 할당

①	②	③	④	⑤	⑥	⑦	⑧	⑨	⑩	⑪	⑫	⑬	⑭	⑮	⑯	⑰	⑱	⑲	⑳
BZ	YL	com	R	S	T	E	RL	GL	com	U	V	W	E						
(1)번 배관			(2)번 배관				(3)번 배관												

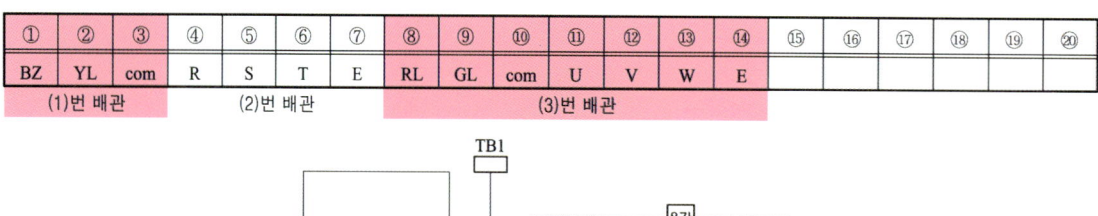

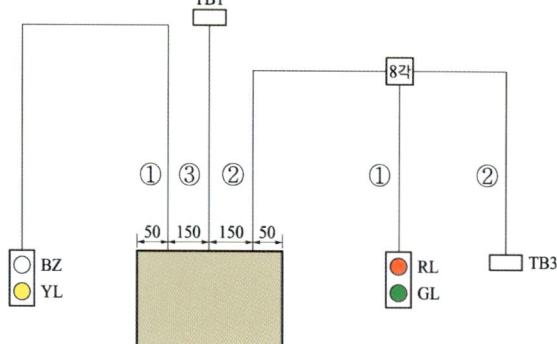

(1)번 배관

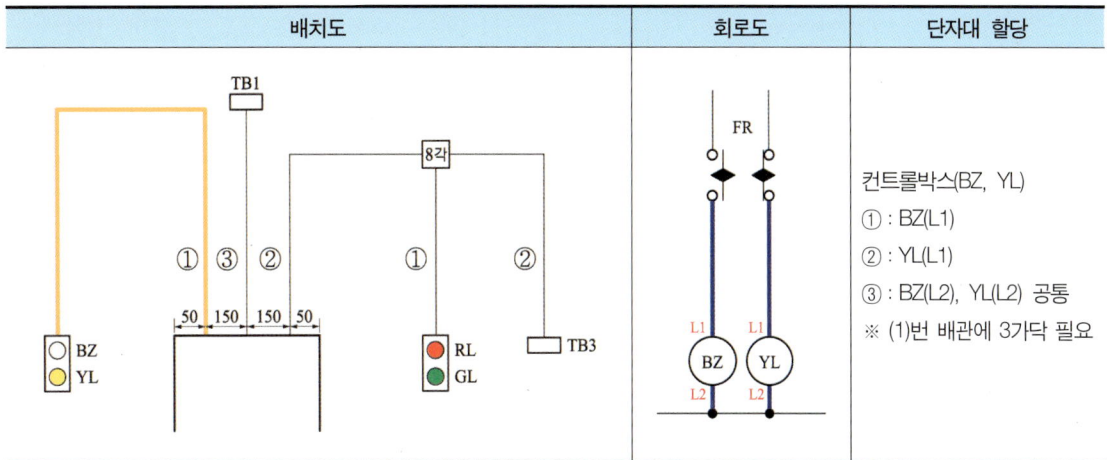

실제 결선

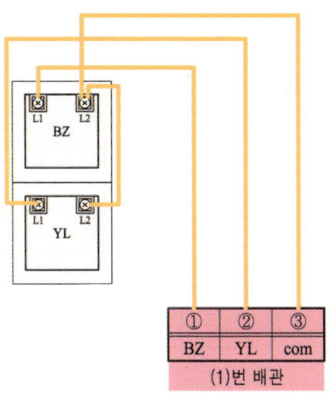

(2)번 배관

배치도	회로도	단자대 할당
	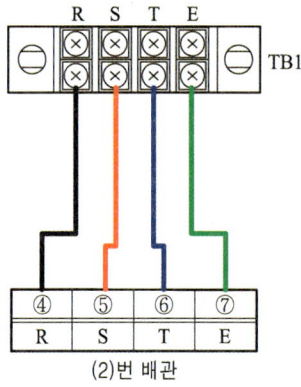	TB1 단자대 R(흑), S(적), T(청), E(녹) ※ (2)번 배관에 4가닥 필요

실제 결선

(3)번 배관

배치도

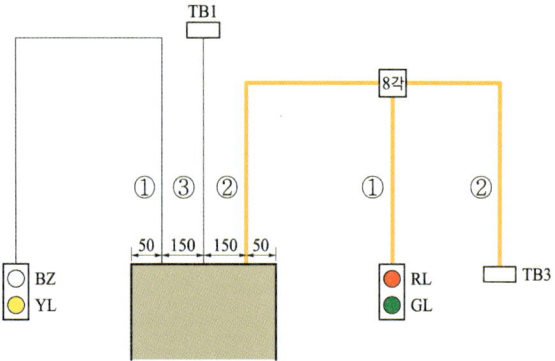

회로도	단자대 할당
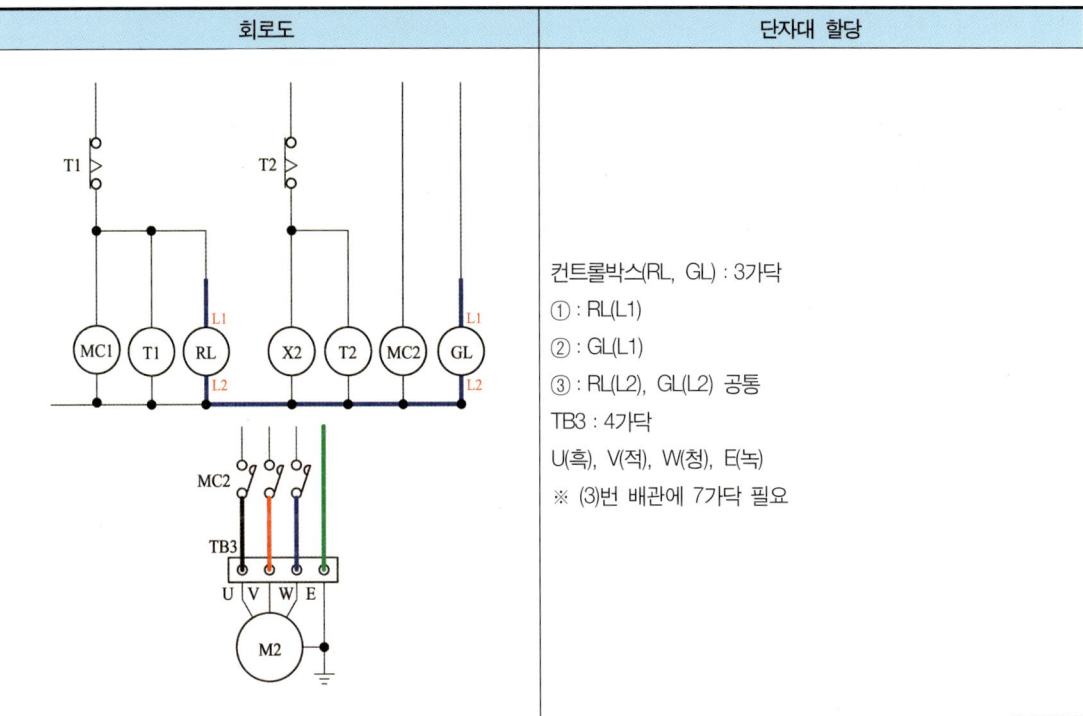	컨트롤박스(RL, GL) : 3가닥 ① : RL(L1) ② : GL(L1) ③ : RL(L2), GL(L2) 공통 TB3 : 4가닥 U(흑), V(적), W(청), E(녹) ※ (3)번 배관에 7가닥 필요

실제 결선

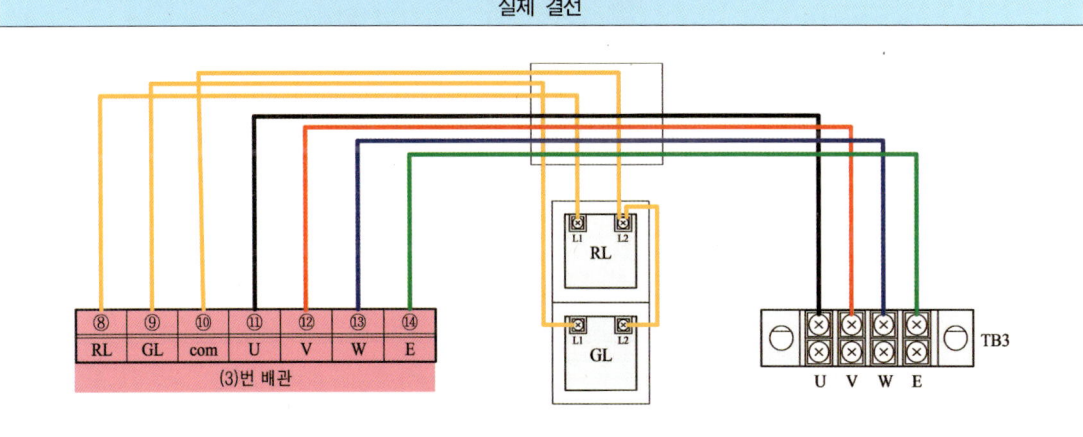

2. 하부배관 단자대 할당

(1)번 배관			(2)번 배관				(3)번 배관												
SS	A	H	U	V	W	E	PB1 (①)	PB1 (②)	PB2 (①)	PB2 (②)									
①	②	③	④	⑤	⑥	⑦	⑧	⑨	⑩	⑪	⑫	⑬	⑭	⑮	⑯	⑰	⑱	⑲	⑳

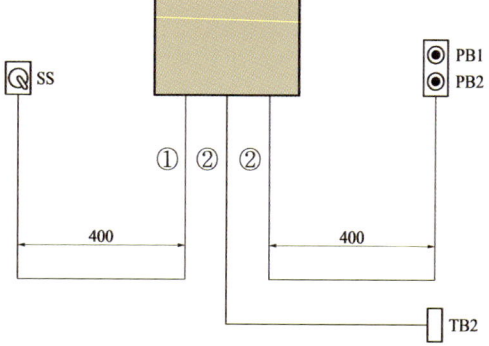

(1)번 배관

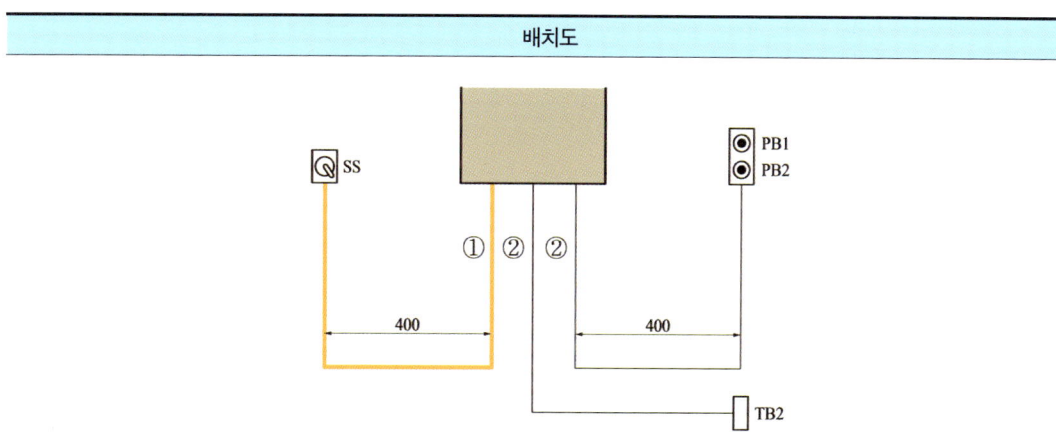

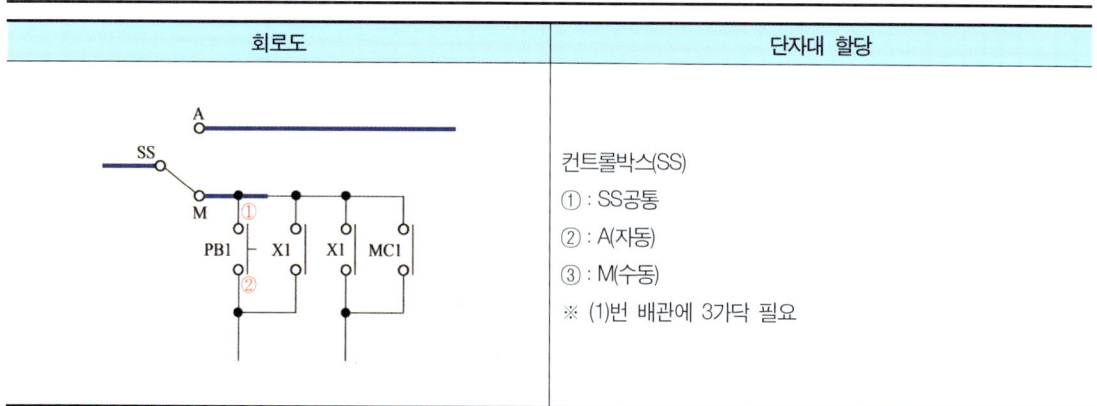

컨트롤박스(SS)

① : SS공통

② : A(자동)

③ : M(수동)

※ (1)번 배관에 3가닥 필요

실제 결선

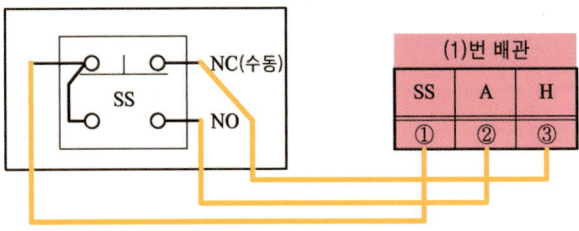

(2)번 배관

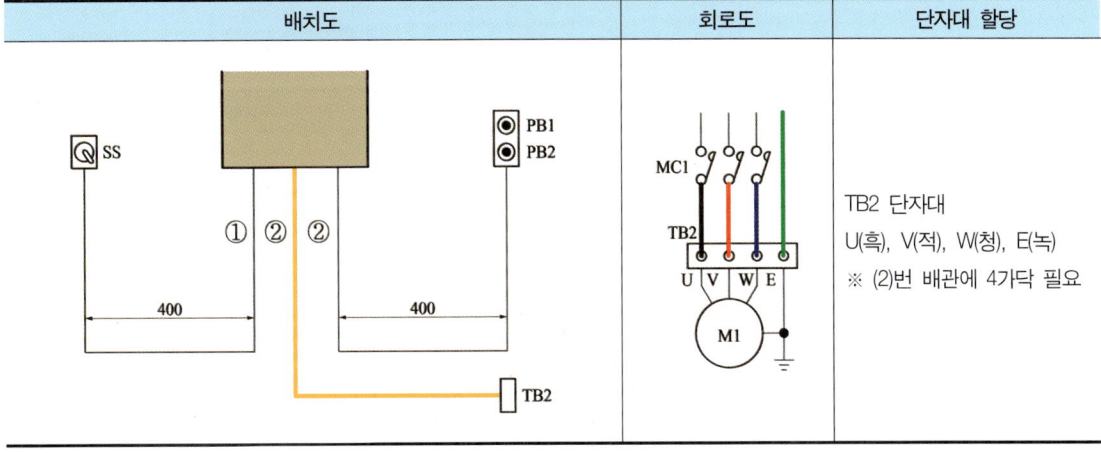

실제 결선

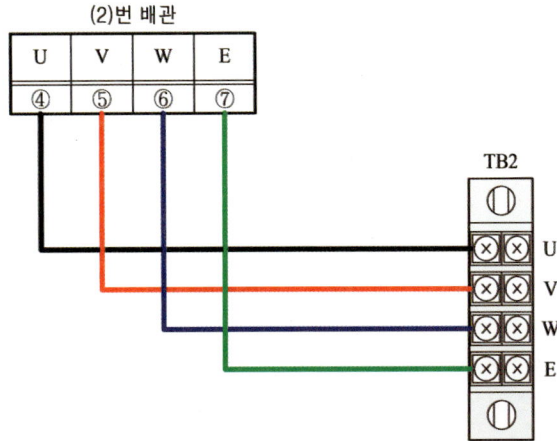

(3)번 배관

배치도

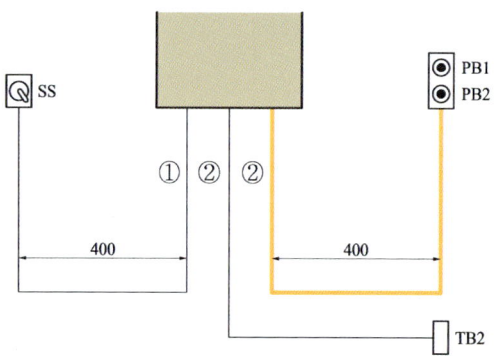

회로도 / 단자대 할당

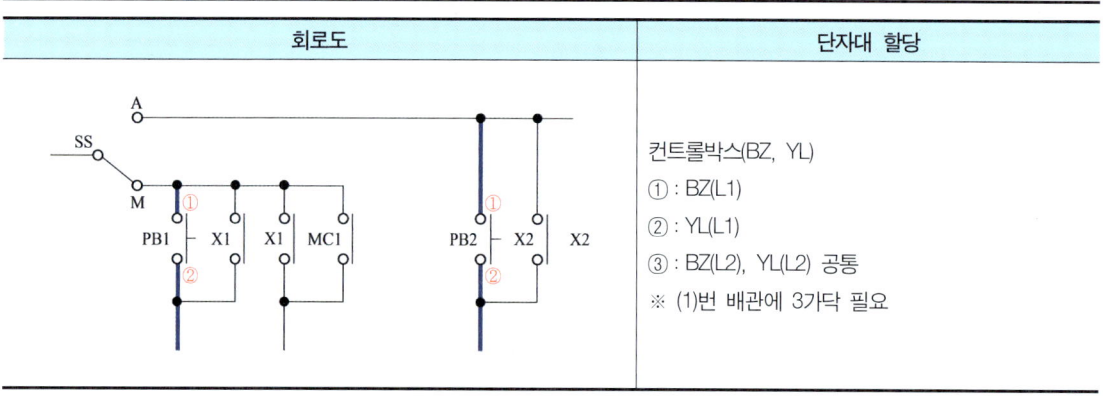

컨트롤박스(BZ, YL)
① : BZ(L1)
② : YL(L1)
③ : BZ(L2), YL(L2) 공통
※ (1)번 배관에 3가닥 필요

실제 결선

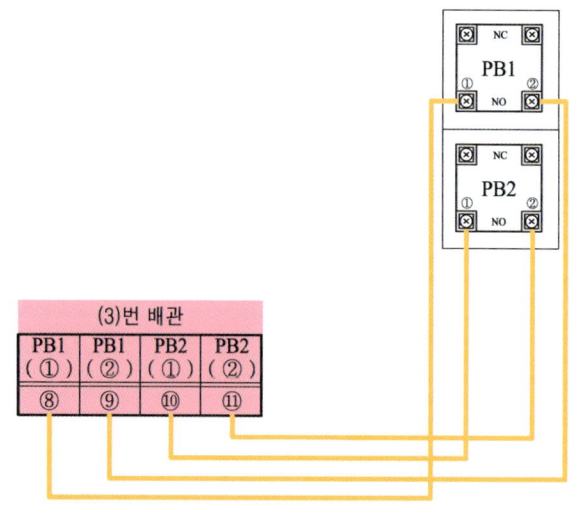

02 전기기능사 실기 작업순서 및 주의사항

1. 작업 순서 및 소요시간(4시간 30분)

순번	작업 내용	소요 시간
0	• 감독관 주의사항 전달 • 자재 수량확인 및 불량 검수	-
1	도면 확인 및 시험준비(개인 준비물 및 공구 확인)	10분 이내
2	시퀀스도면 접점번호 기재 및 단자대 할당	10분 이내
3	내부 기구배치도에 의한 제어판 치수 제도 및 계전기소켓 부착	10분 이내
4	제어판 결선 작업	80분 이내
5	배관 및 기구배치도에 의한 공사판 제도	15분 이내
6	새들, 콘트롤 박스, 단자대, 박스등 공사판 취부	15분 이내
7	배관 작업(PE전선관 및 CD전선관)	40분 이내
8	입선 및 결선 작업	60분 이내
9	회로시험기등으로 회로 테스트 및 뒷정리	30분 이내
총 소요시간		4시간 30분

※ 반복연습을 통하여 작업시간을 **4시간** 안에 마무리 지을수 있도록 한다.

2. 전기기능사 실기시험 작업순서 및 요령

2-1 도면확인

- 수험표 확인 및 등번호를 부여 받는다.
- 감독관이 시험 전 주의사항 및 범례사항을 알려주니 잘 듣고 필요사항은 시험지에 메모를 한다.
- 의문사항 및 기타 질의 사항이 있을시 이시간을 활용하며, 시험중에는 질문을 하지 않도록 한다.

2-2 기구점검

- 소켓, 단자대, 램프, 스위치 등 기구의 수량 및 불량 여부를 파악한다.

(10분간 점검 시간을 주며 이 시간 이외에 불량이 확인 되면 교체가 불가능하다. 확인을 잘하여 불이익을 받지 않도록 한다.)

- 특히 파이롯램프의 경우 이동 중 흔들림에 의한 전구풀림현상이 발생할수 있으므로 램프의 뚜껑을 열어 전구를 조일필요가 있다.

2-3 접점번호 기재

- 범례사항에 있는 계전기 접점번호를 이용하여 도면 회로도에 접점 번호를 기입한다.
 (충분한 연습을 통하여 빠른 접점 기입 및 오기입을 하지 않도록 한다.)

2-4 제어함 기구배치

• 도면에 제어함 기구배치도를 보고 치수대로 작도를 한다.

- 각종 소켓의 중심선을 긋는다.
- 치수가 없을시 임의로 배치.
- 배선시 기준을 잡기 위해 선이 지나갈 기준선을 표시해 둔다.
- 제어함내 좌우 간격을 맞춘다.

• 배치된 소켓에 종이테이프를 부착하여 해당 계전기의 명칭을 적는다.

2-5 단자대 번호 부여

- 기구 배치도를 보고 제어판 상단 단자대에 종이테이프를 부착하여 인출할 접점번호를 기입한다.

- 기구 배치도를 보고 제어판 하단 단자대에 종이테이프를 부착하여 인출할 접점번호를 기입한다.

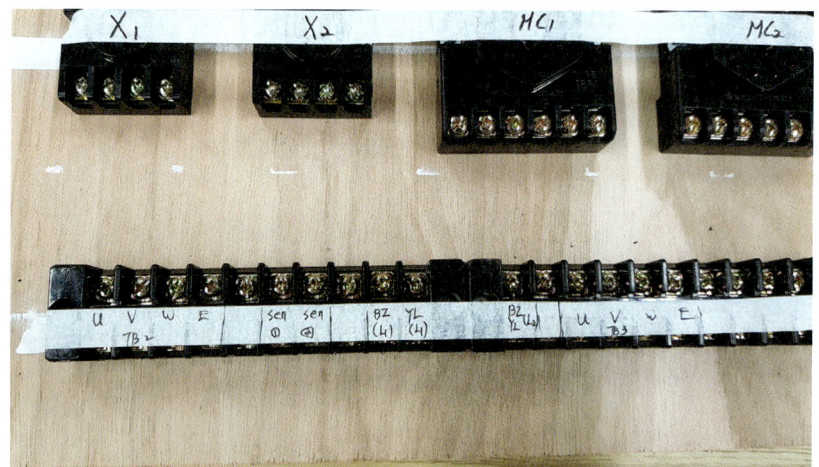

2-6 주회로 배선

- R(흑), S(적), T(청), E(녹)의 색상에 맞추어 제어함내 주회로를 배선한다.

2-7 제어회로 배선

- 도면의 회로도를 보면서 제어함내 결선작업을 시작한다.

(결선의 간결함과 비용절감을 위해서는 최단거리로 결선하는 것이 맞으나 시험에서는 도면에 있는 접점순서대로 연결하는 것이 좋다. 순서대로 결선을 하면 전선이 멀리 도는 부분이 많고 상하로 돌아가는 경우도 있으나 오결선 으로 인한 불합격률은 많이 줄일 수 있다.)

2-8 제어함 정리

- 벨테스터기로 회로점검(2~3회 정확히 확인하기)
- 케이블타이를 이용하여 적당한 간격으로 묶어 마무리 한다.

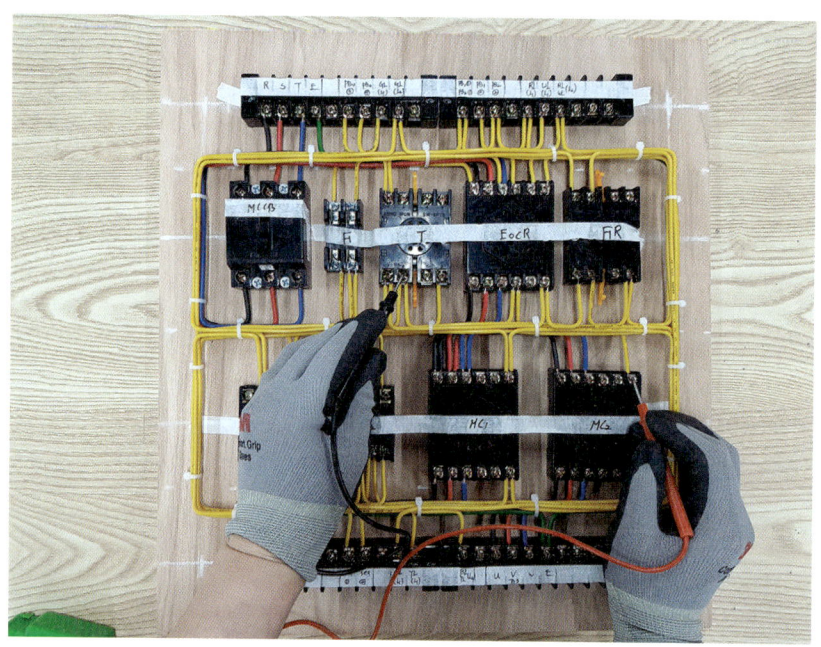

2-9 제어함 벽판 부착

> **TIP** 벽판 부착 전 제어판의 사각모서리에 나사를 미리 박아놓으면 제어함 부착이 용이하다.

- 완성된 제어함을 벽판에 부착한다.
- 제어함의 합판 위쪽 끝높이가 수험자 본인의 가슴 높이 정도로 맞추는 것이 좋다.

2-10 벽판 제도

- 도면의 배관 배치도를 보면서 분필로 도면치수에 맞게 작도한다.
- 기구부착 높이를 표시한다.
- 새들의 위치를 표시한다.
  - 새들 위치별 치수

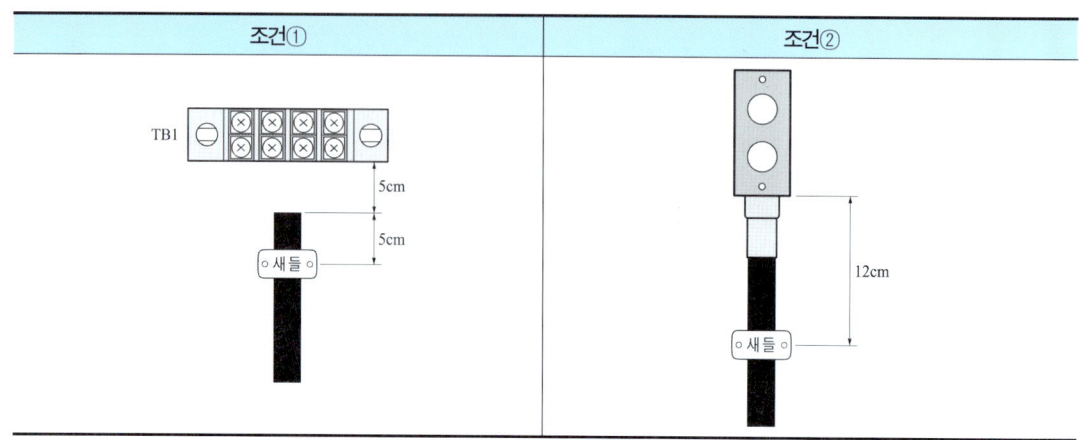

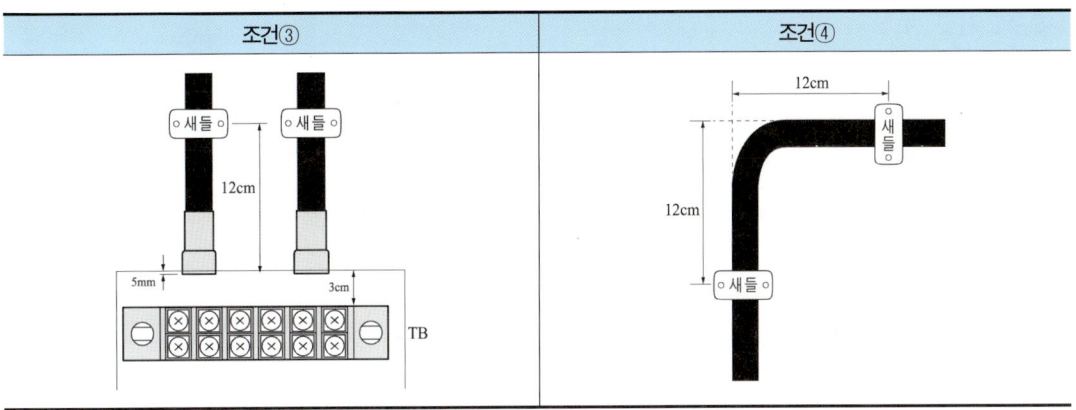

2-11 새들 고정

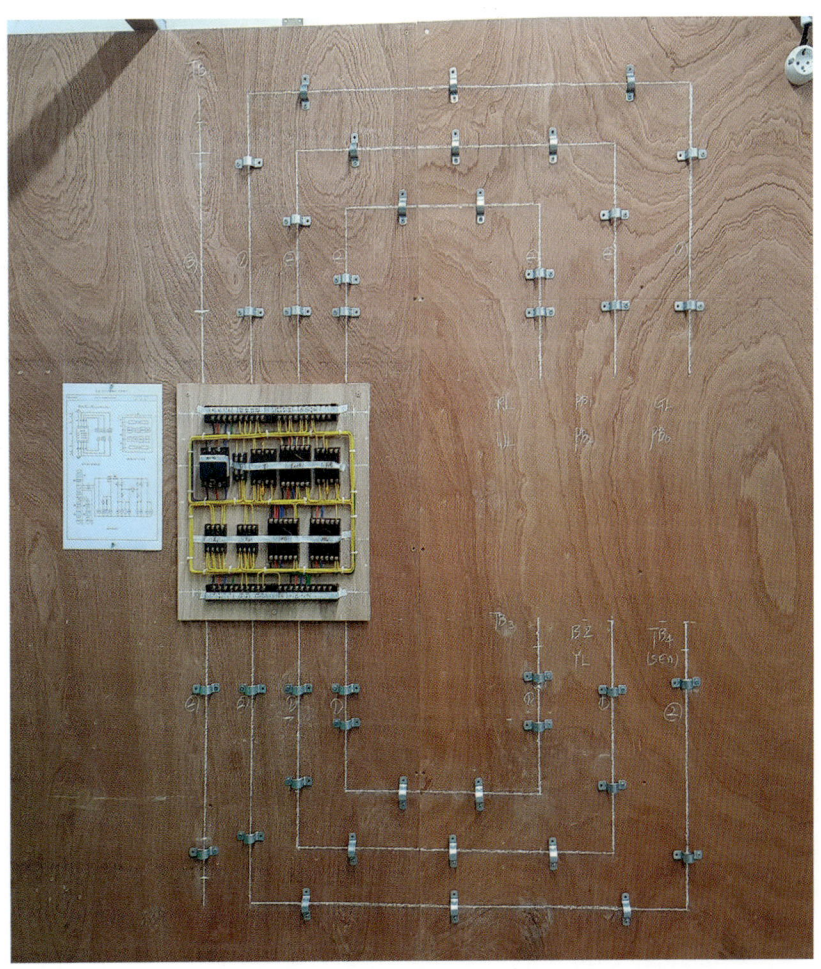

2-12 기구 부착

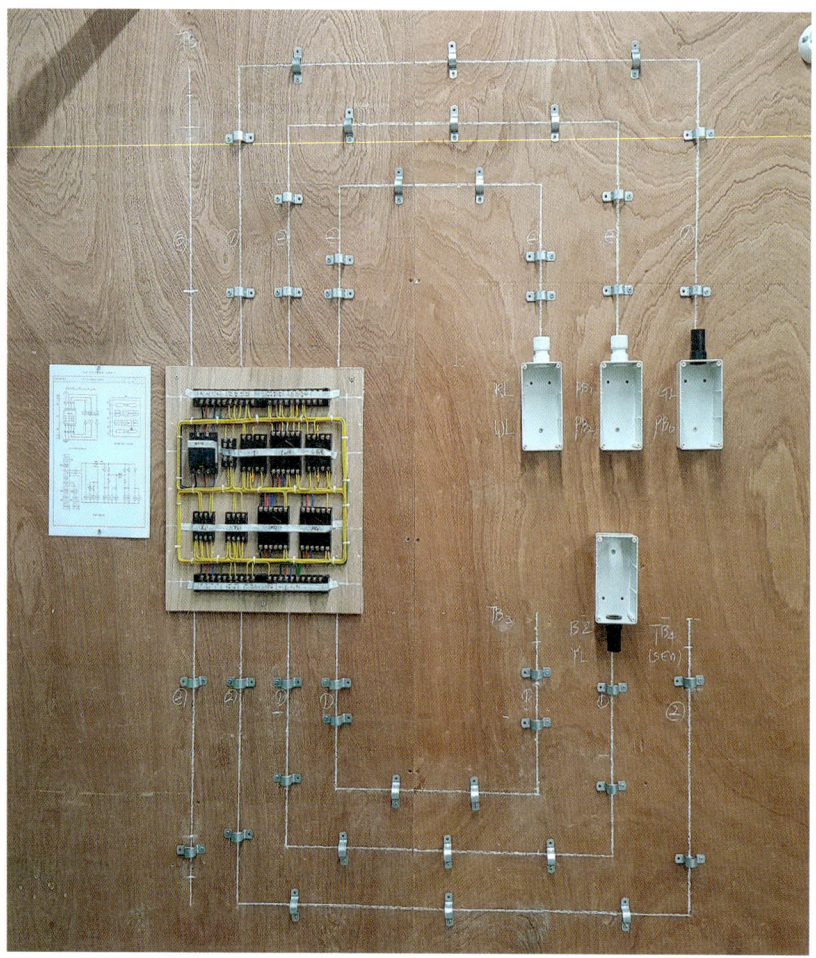

- 컨트롤박스에 램프, 푸쉬버튼 등 각종 기구를 부착한다.
- 벽판에 부착될 기구의 명칭을 분필로 적어놓는다.

2-13 전선관 절단 및 구부리기

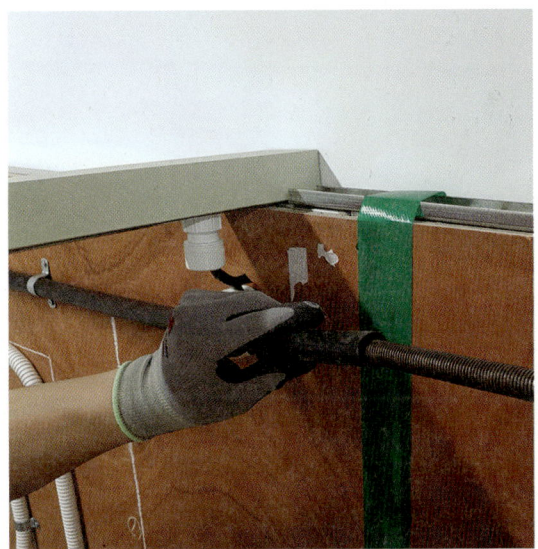
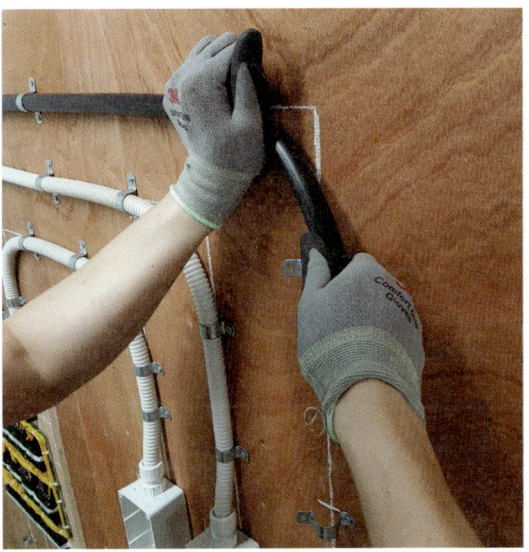
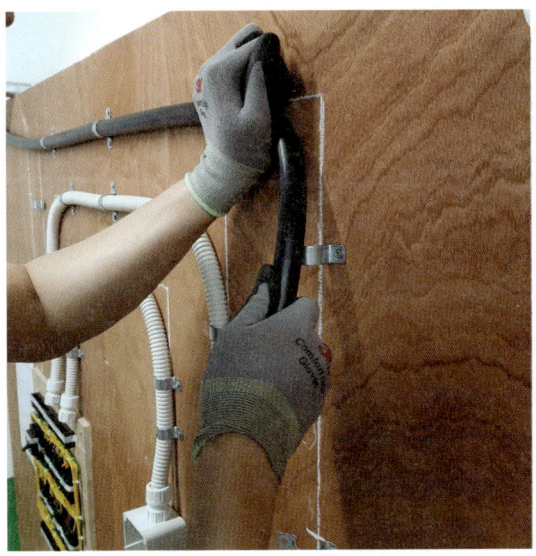

- 조건④에 의한 치수대로 구부림작업을 하면 굴곡반지름 치수를 계산하지 않아도 된다.
- 반드시 스프링을 넣고 굴곡개소 부분을 정확히 구부린다.

2-14 전선관 배관

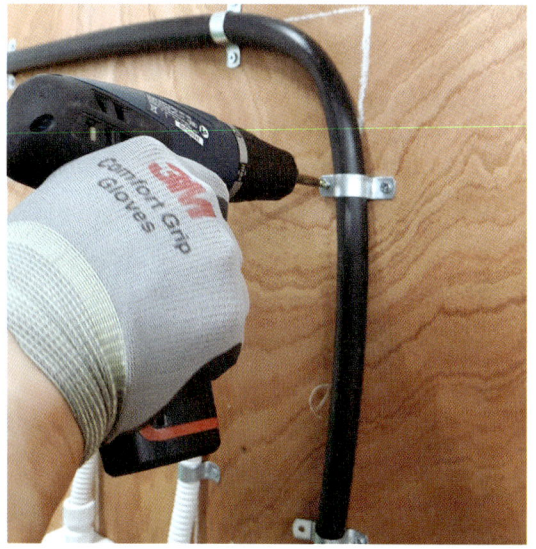

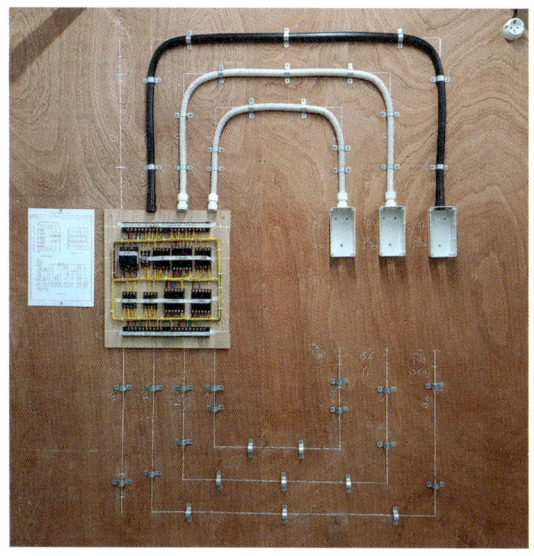
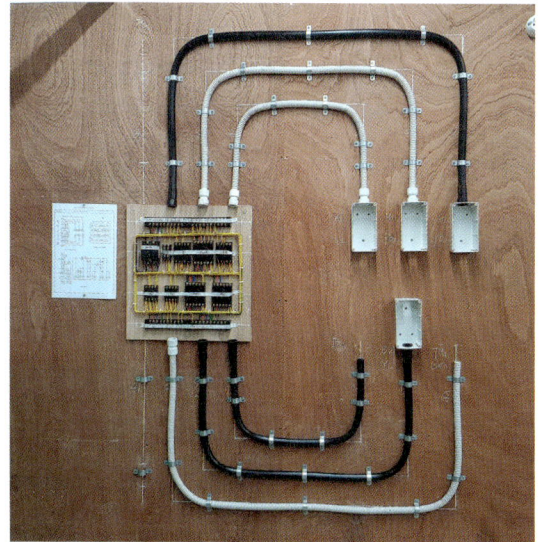

- 벌려놓은 새들에 기대어 하나씩 나사못으로 고정시킨다.
- 제어함에 연결되는 부분은 전선관에 커넥터를 연결하여 제어함 합판위에 걸쳐둔다.

> **TIP** 전원선은 4심, FTR - CV케이블(가교폴리에틸렌 절연 난연성 비닐시스 케이블)을 사용하며, 절연전선과는 다르게 가공에 어려움이 있어 가공법을 간단히 설명하고자 한다.

재원

케이블 작업방법

1. 케이블 피복 제거

배관을 자를때 쓰는 케이블 커터로 피복을 살짝 흠집을 낸 상태에서 꺾어주면 쉽게 외피를 제거할 수 있다.

2. 내부 절연물 제거

니퍼등을 이용하여 내부 절연물을 깨끗하게 절단한다.

3. 케이블 커넥터 부착

 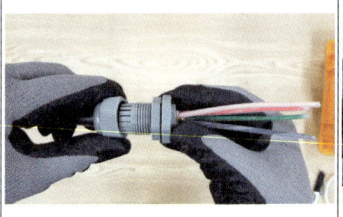 

케이블은 PE관 및 CD관과는 다르게 별도의 커넥터를 사용하며, 다음과 같이 결합하여 준다.

4. 케이블 피복제거

케이블은 4심 연선으로 되어 있어 스트리퍼로 피복을 벗기기 어려움이 있다. 심선이 상하지 않도록 힘 조절을 잘하여 피복하며, 피복 후 벤치 등을 이용하여 끝부분을 돌려주면 심선이 풀려 작업에 불편함을 주는 일이 없어진다.

2-15 입선

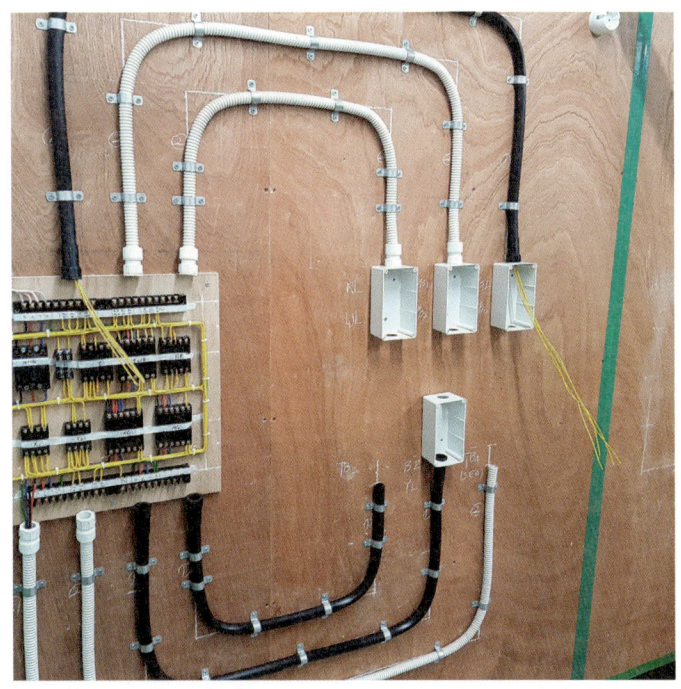

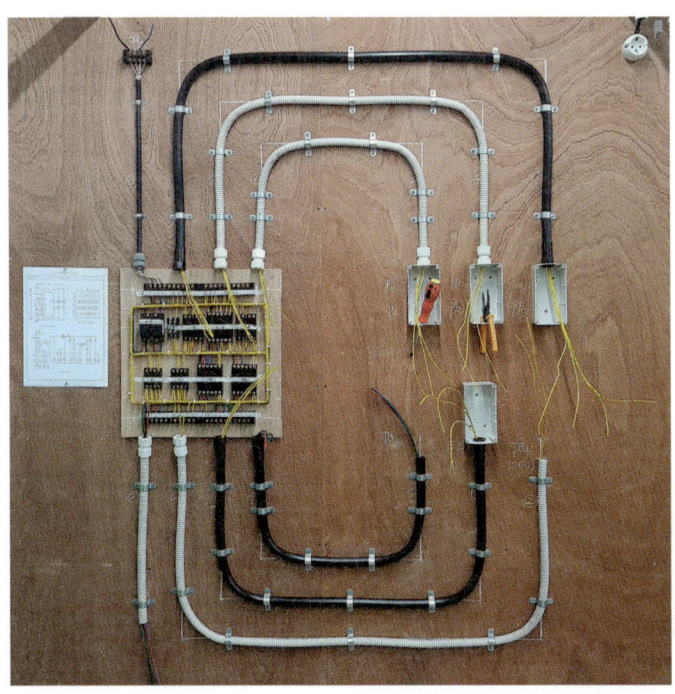

- 단자대에 표시된 개수만큼의 전선을 각각의 전선관 내에 넣는다.

> **TIP** 여러가닥의 전선을 입선할 경우 전기테이프 혹은 커피믹스 봉지를 이용하면 편리하다.

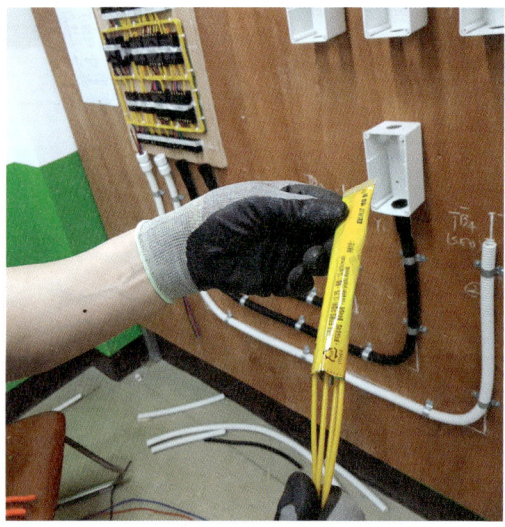

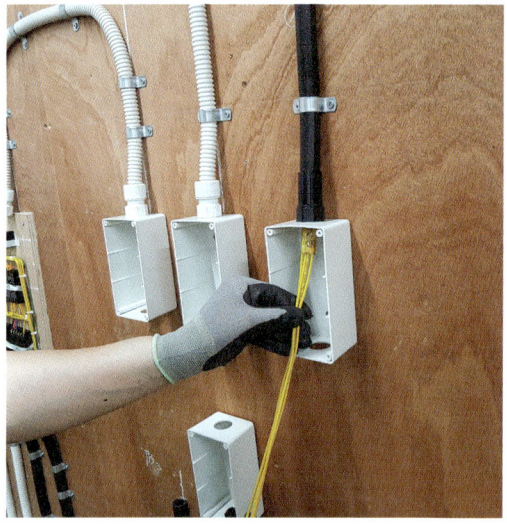

2-16 결선

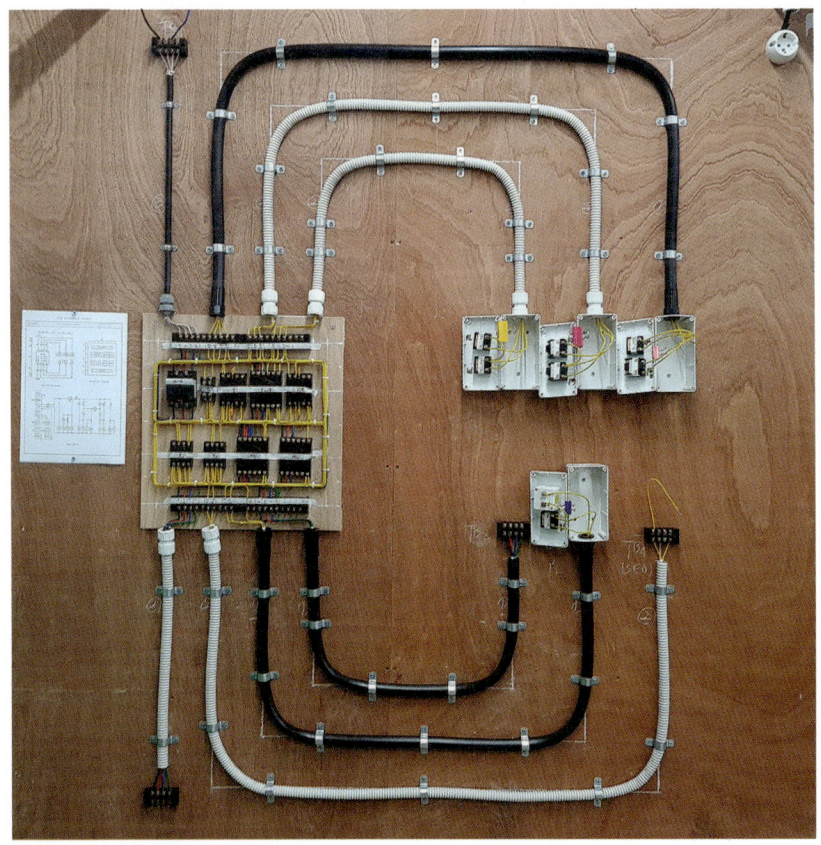

- 선을 한가닥씩 밀고 당겨가며 선을 찾아 해당기구에 결선한다.
- 퓨즈홀더에는 퓨즈를 미리 끼워둔다.
- 동작시험을 위해 인출선(10[cm])을 연결하고 피복(1[cm])을 벗겨놓는다.

> **TIP** 컨트롤 박스 작업시 사무용 집게 등으로 컨트롤박스 커버를 고정을 해놓으면 작업이 용이하다.

2-17 회로점검

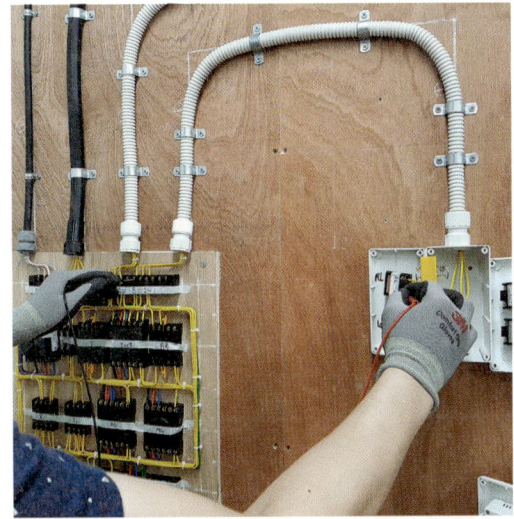

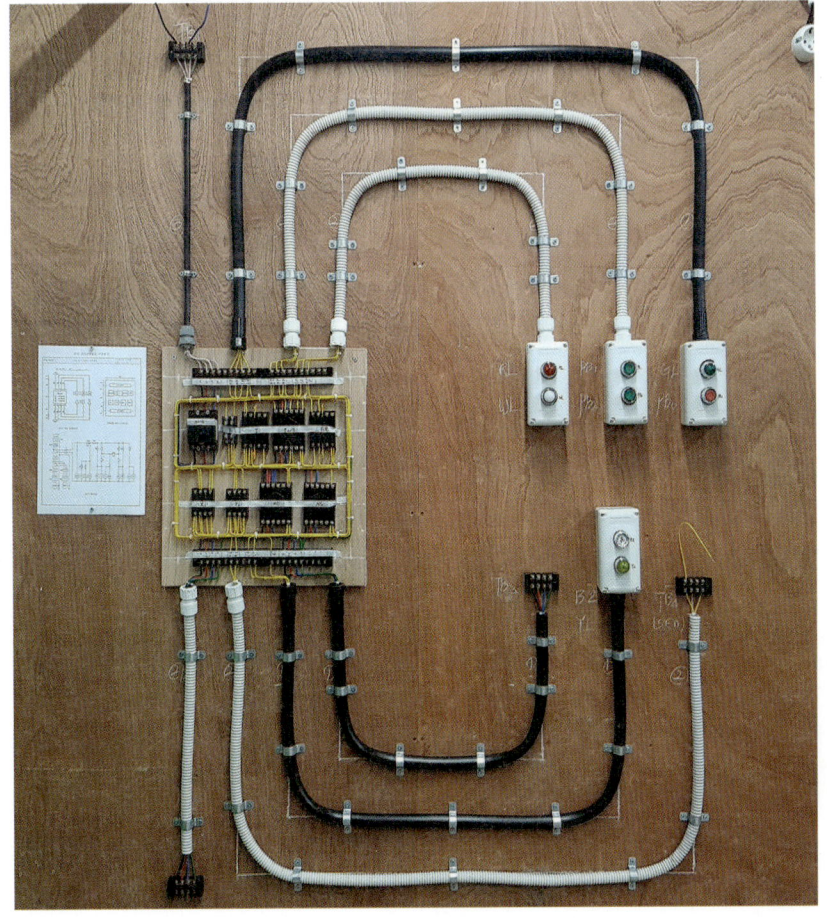

- 벨 테스터기를 이용하여 전체적으로 최종 확인을 한다.
- 이상이 없을 시 컨트롤박스를 전용볼트로 닫는다.(최소 2곳 이상 체결)
- 케이블 타이를 이용하여 단자대 및 리셉터클 제어함의 단자대를 묶어 정리해준다.

2-18 동작시험(감독관)

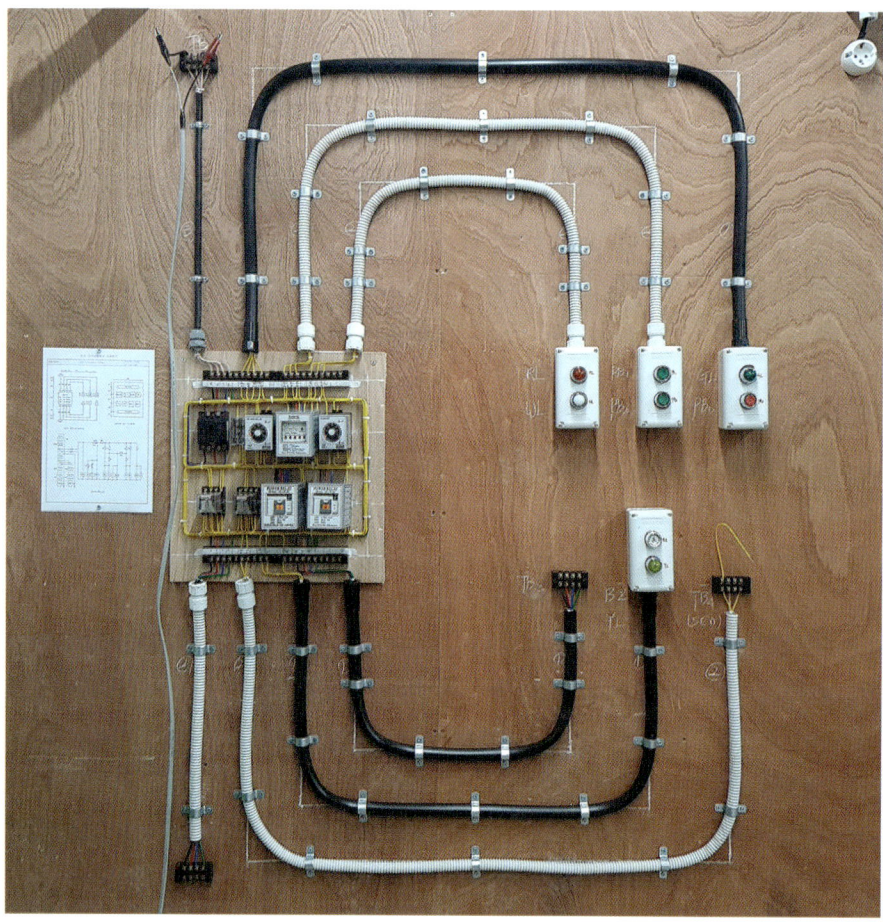

- 공구 및 작업장 정리
- 도면을 반납하고 퇴실하여 대기, 이하 동작시험은 감독관의 지시에 따른다.

03 전기기능사 실기예제 실제 결선방법

| 작업 과제명 | 온실 간이난방 회로 공사하기 | 소요시간 | 5시간 | 척도 | NS |

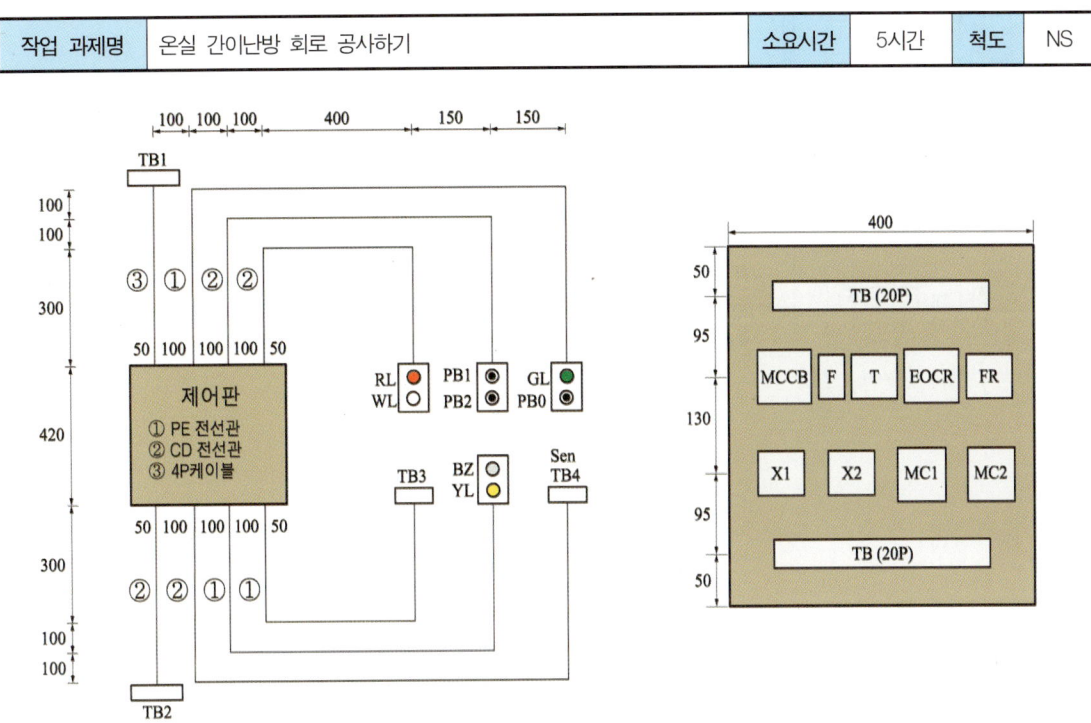

【기구 배치 및 배관도】　　　【제어함 내부 기구배치】

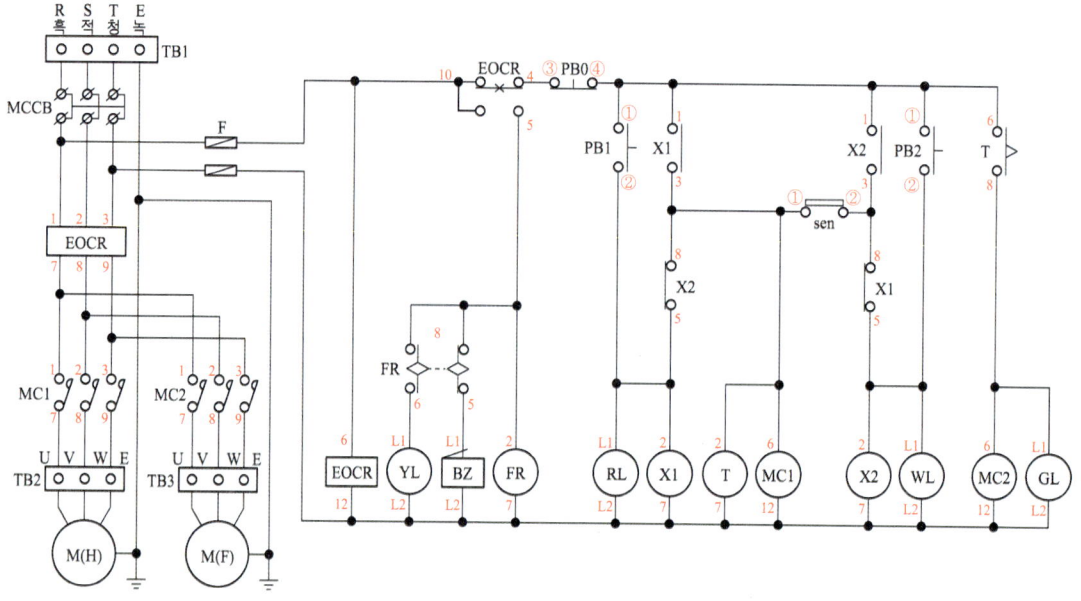

【동작 회로도】

3-1 동작사항

PB1 ON

- X1여자, T여자, RL점등, MC1가 여자되어 히타가 동작한다. 설정시간 후 타이머 T접점이 ON되어, GL점등, MC2가 여자되어 팬이 돌아간다.

PB2 ON

- X2여자, WL점등
- sen(센서)가 ON되면, T여자, RL점등, MC1가 여자되어 히타가 동작한다. 설정시간 후 타이머 T접점이 ON되어, GL점등, MC2가 여자되어 팬이 돌아간다.

PB1 및 PB2는 X1 - b접점과 X2 - b접점에 의해 서로 신입력 동작을 한다.

3-2 범례사항 및 계전기 접점 목록

범례사항

기호	명칭	기호	명칭
TB1	전원(단자대 4P)	PB1	푸쉬버튼스위치(녹)
TB2	모터H(단자대 4P)	PB2	푸쉬버튼스위치(적)
TB3	모터F(단자대 4P)	YL	파이롯램프(황) 220V
TB4	sen(단자대 4P)	RL	파이롯램프(적) 220V
MC1, MC2	전자접촉기(12P)	GL	파이롯램프(녹) 220V
X1, X2	릴레이(8P)	BZ	부저
EOCR	EOCR(12P)	EF*2	퓨즈 및 퓨즈홀더
FR	플리커릴레이(8P)	MCCB	배선용차단기
T	타이머(8P)		

계전기 접점

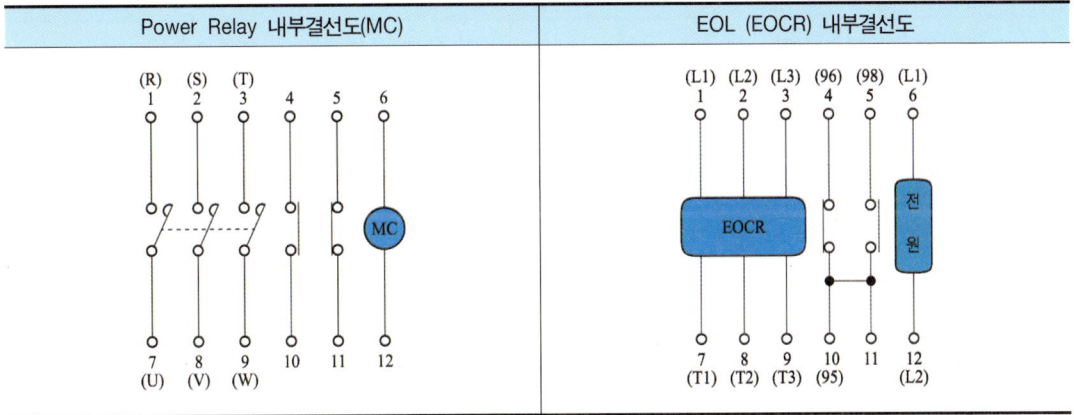

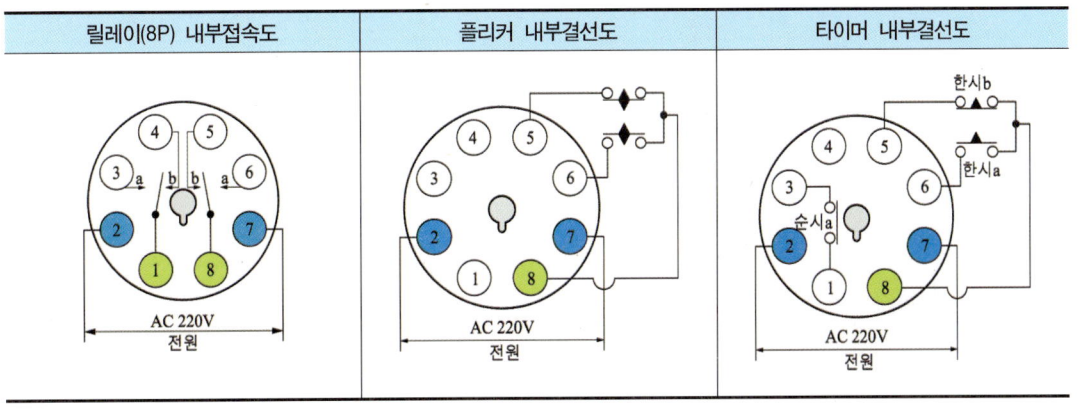

3-3 단자대 설정

상부단자대(왼쪽에서부터 1번, 2번, 3번 순서대로 지정한다.)

①	②	③	④	⑤	⑥	⑦	⑧	⑨	⑩	⑪	⑫	⑬	⑭	⑮
R	S	T	E	PB0 ③	PB0 ④	GL (L1)	GL (L2)	PB1① PB2①	PB1 ②	PB2 ②	RL (L1)	WL (L1)	RL(L2) WL(L2)	
(1)번 배관				(2)번 배관				(3)번 배관			(4)번 배관			

하부단자대(왼쪽에서부터 1번, 2번, 3번 순서대로 지정한다.)

①	②	③	④	⑤	⑥	⑦	⑧	⑨	⑩	⑪	⑫	⑬	⑭	⑮
U	V	W	E	sen ①	sen ②	BZ (L1)	YL (L1)	BZ(L2) YL(L2)	U	V	W	E		
(1)번 배관				(2)번 배관		(3)번 배관			(4)번 배관					

3-4 결선순서

결선순서	
1번 작업 : R, S, T - MCB(1차)	12번 작업 : EOCR(⑤) - FR(②) - FR(⑧)
2번 작업 : MCB_R(2차) - EOCR(①) - F(1차)	13번 작업 : FR(⑥) - YL(L1) / FR(⑤) - BZ(L1)
3번 작업 : MCB_S(2차) - EOCR(②)	14번 작업 : EOCR(④) - PB0(③)
4번 작업 : MCB_T(2차) - EOCR(③) - F´(1차)	15번 작업 : PB0(④) - PB1(①) - X1(①) - X2(①) - PB2(①) - T(⑥)
5번 작업 : TB1(E) - TB2(E) - TB3(E)	16번 작업 : F´(2차) - EOCR(⑫) - YL(L2) - BZ(L2) - FR(⑦) - RL(L2) - X1(⑦) - T(⑦) - MC1(⑫) - X2(⑦) - WL(L2) - MC2(⑫) - GL(L2)
6번 작업 : EOCR(⑦) - MC1(①) - MC2(①)	17번 작업 : PB1(②) - RL(L1) - X1(②) - X2(⑤)
7번 작업 : EOCR(⑧) - MC1(②) - MC2(②)	18번 작업 : X1(③) - X2(⑧) - sen(①) - MC1(⑥) - T(②)
8번 작업 : EOCR(⑨) - MC1(③) - MC2(③)	19번 작업 : X2(③) - sen(②) - X1(⑧)
9번 작업 : MC1(⑦) - TB2_U / MC1(⑧) - TB2_V / MC1(⑨) - TB2_W	20번 작업 : PB2(②) - WL(L1) - X2(②) - X1(⑤)
10번 작업 : MC2(⑦) - TB3_U / MC2(⑧) - TB3_V / MC2(⑨) - TB3_W	21번 작업 : T(⑧) - MC2(⑥) - GL(L1)
11번 작업 : F(2차) - EOCR(⑥) - EOCR(⑩)	

3-5 실제결선(제어함 작업)

1번 작업 : R, S, T - MCB(1차)

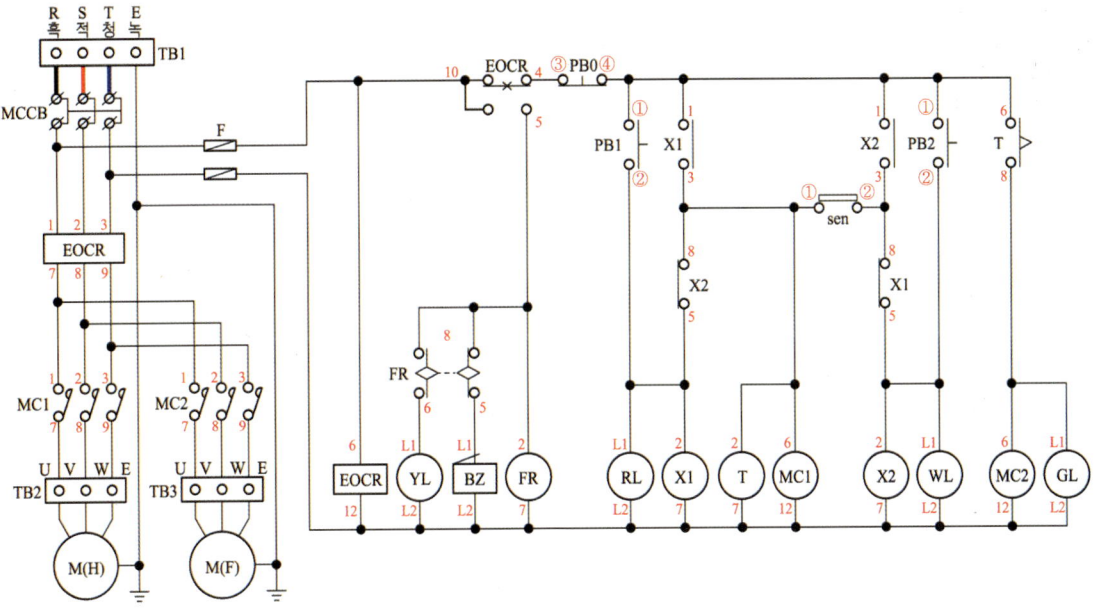

회로도

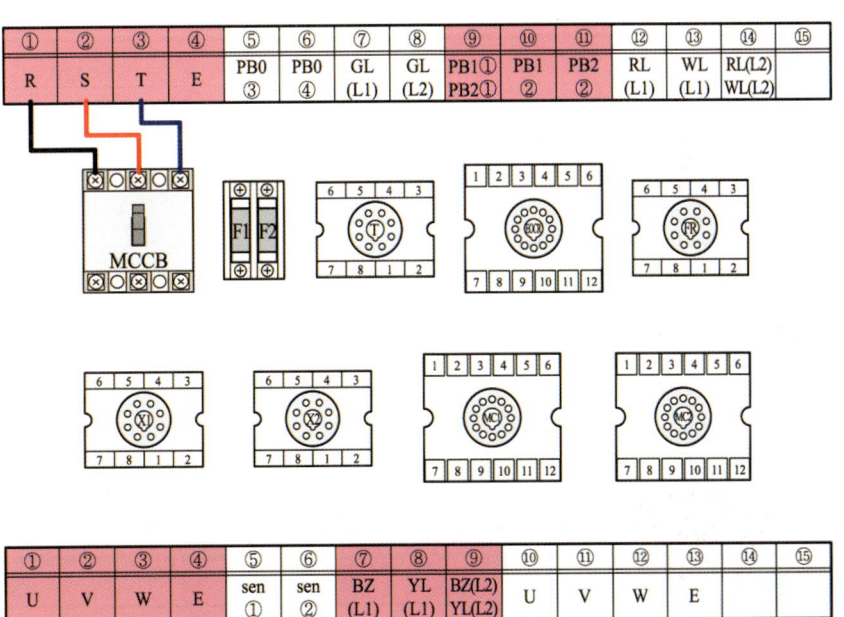

실제결선

2번 작업 : MCB_R(2차) - EOCR(①) - F(1차)

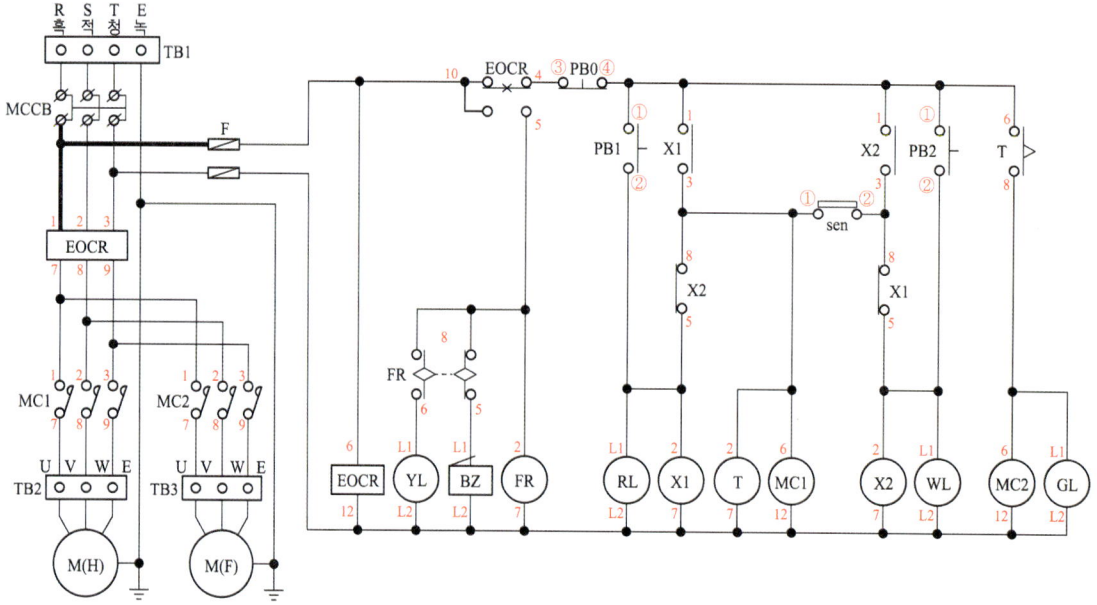

회로도

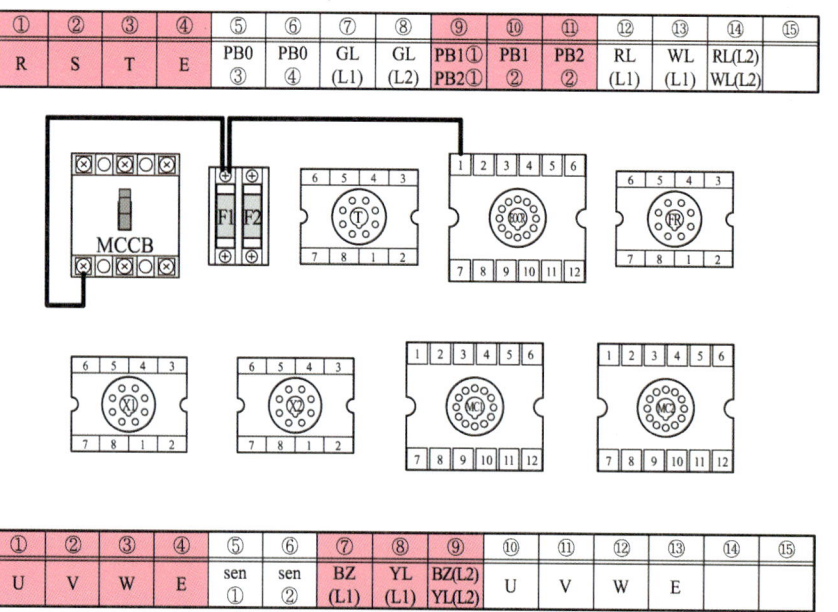

실제결선

3번 작업 : MCB_S(2차) - EOCR(②)

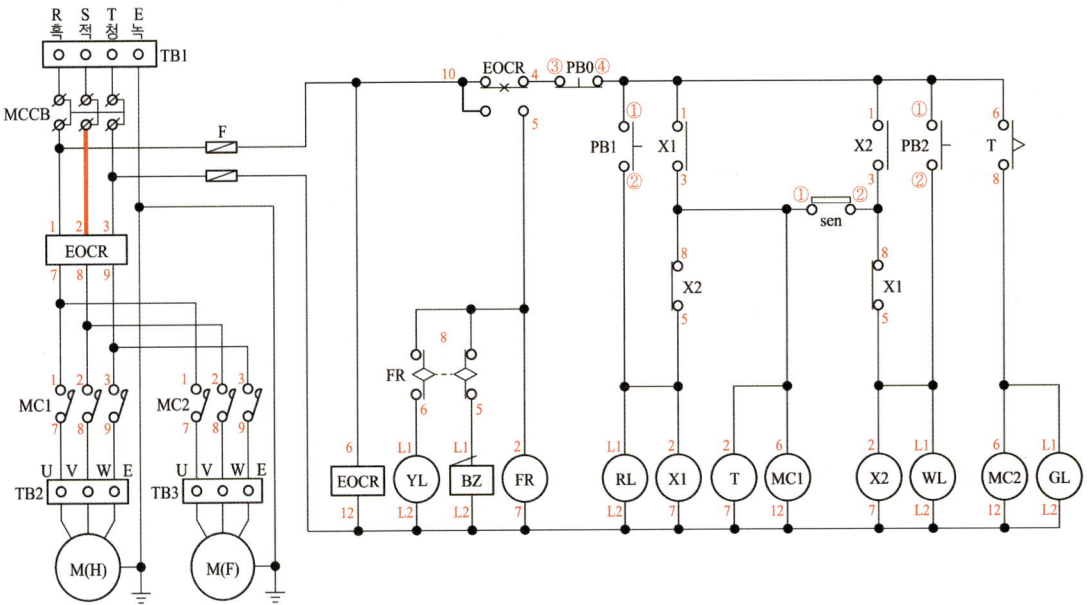

회로도

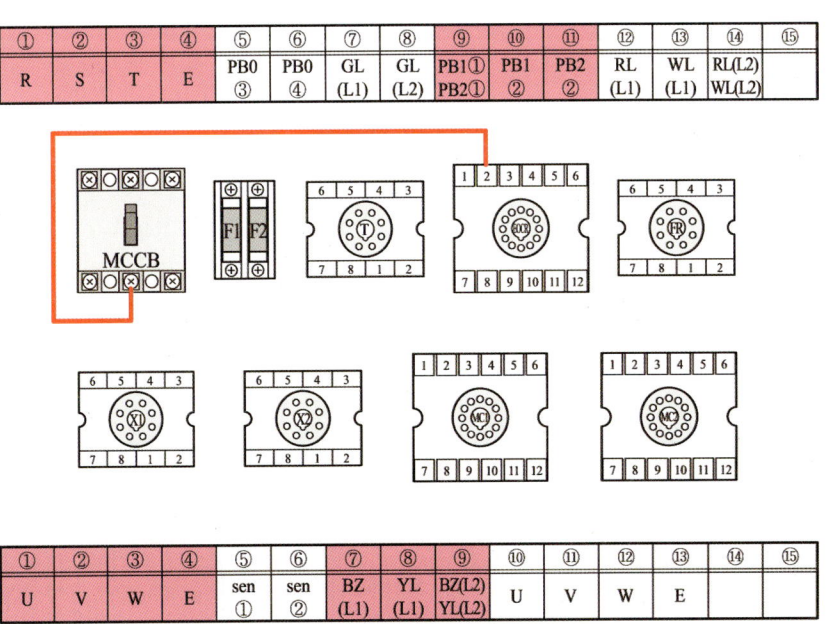

실제결선

4번 작업 : MCB_T(2차) - EOCR(③) - F′(1차)

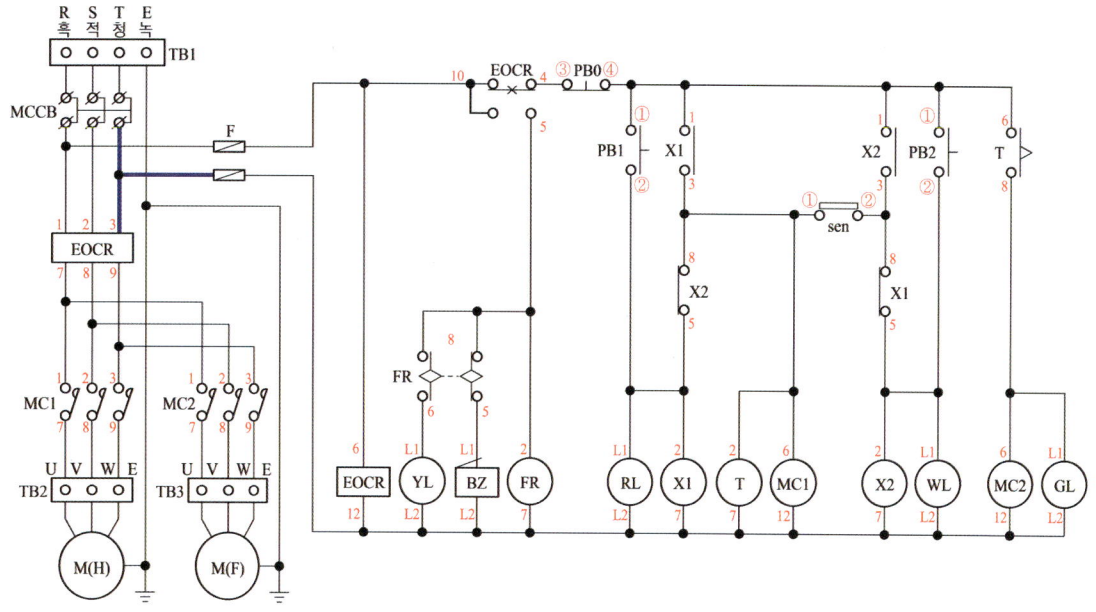

회로도

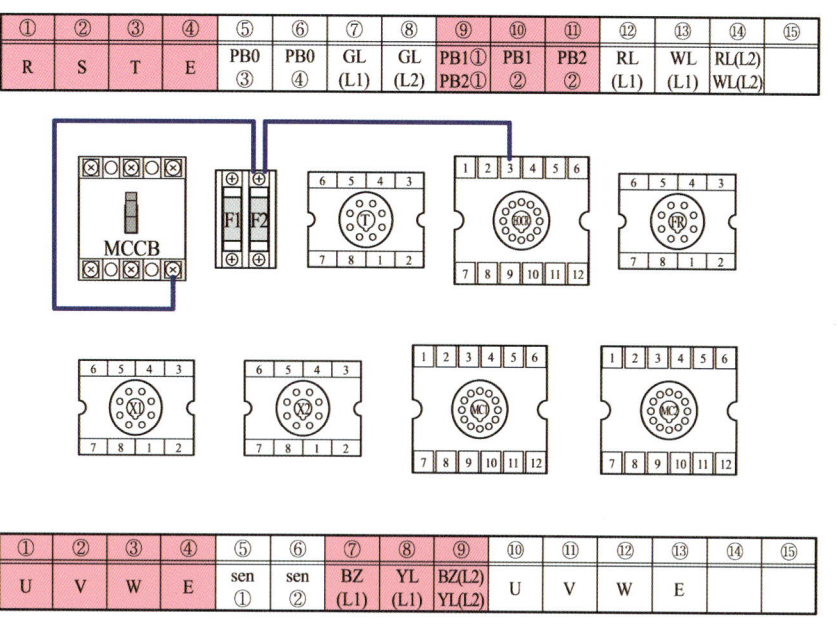

실제결선

5번 작업 : TB1(E) - TB2(E) - TB3(E)

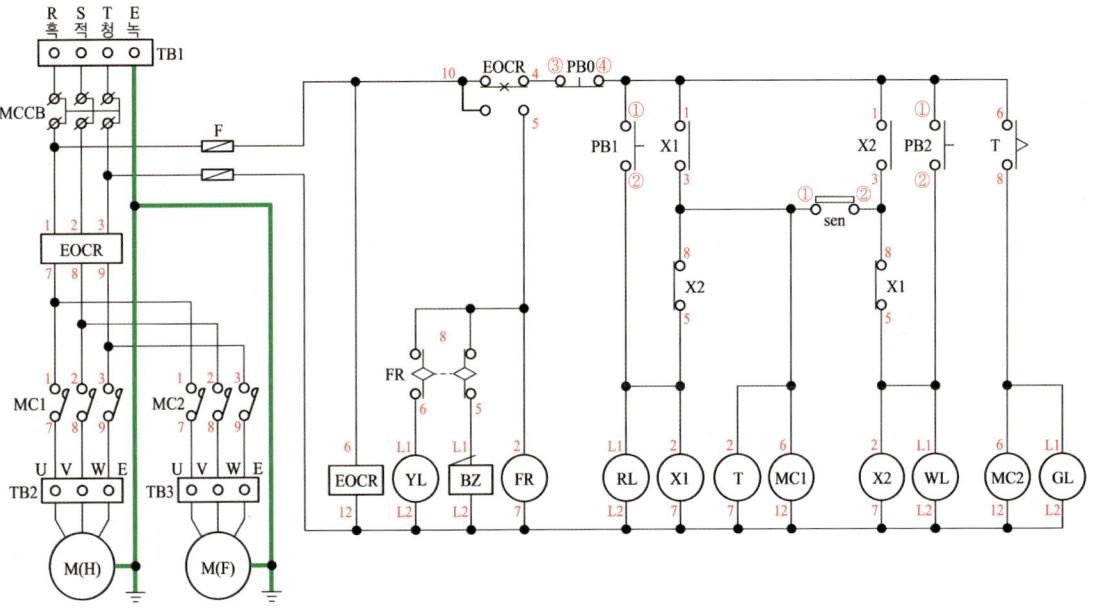

회로도

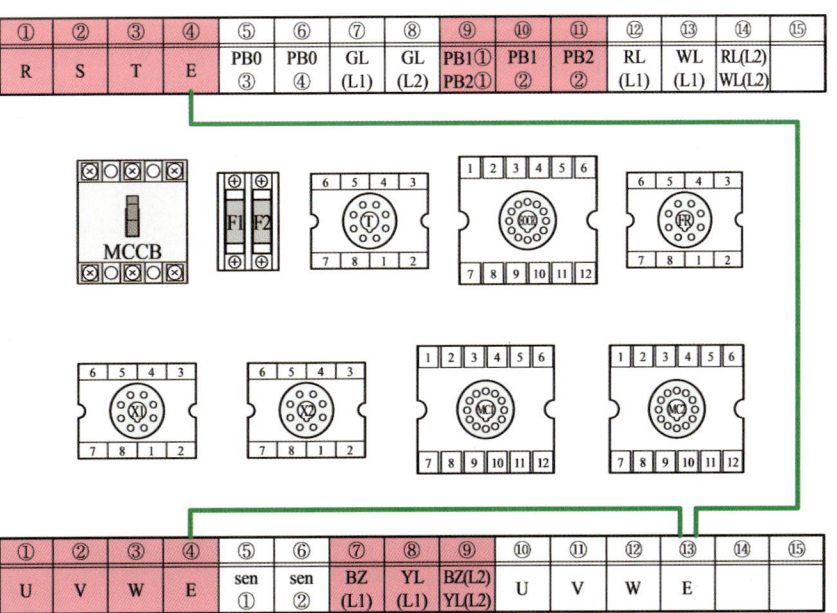

실제결선

6번 작업 : EOCR(⑦) - MC1(①) - MC2(①)

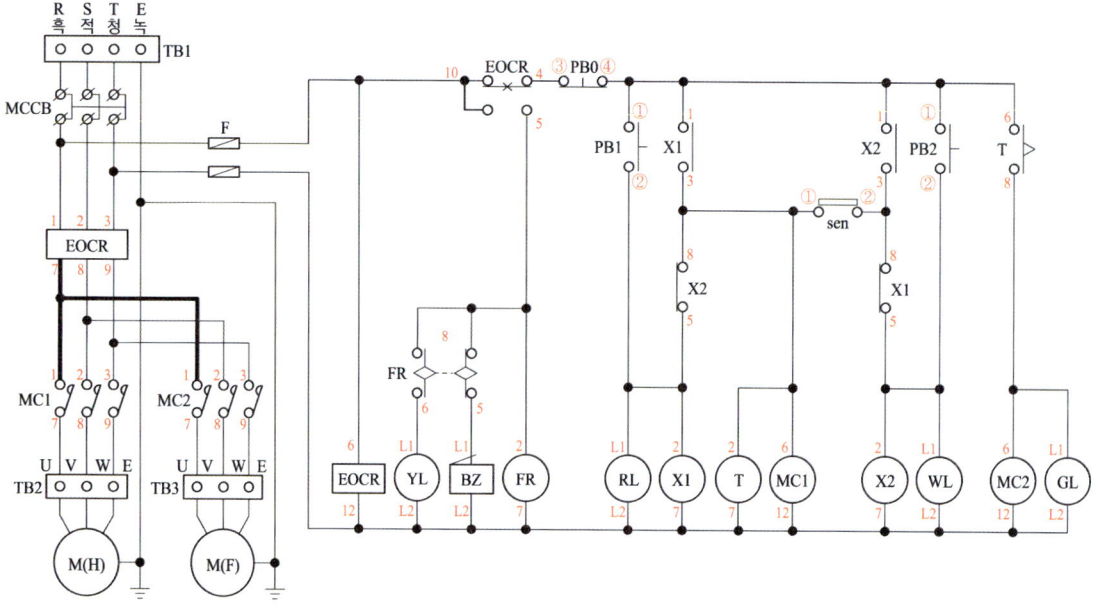

회로도

①	②	③	④	⑤	⑥	⑦	⑧	⑨	⑩	⑪	⑫	⑬	⑭	⑮
R	S	T	E	PB0 ③	PB0 ④	GL (L1)	GL (L2)	PB1① PB2①	PB1 ②	PB2 ②	RL (L1)	WL (L1)	RL(L2) WL(L2)	

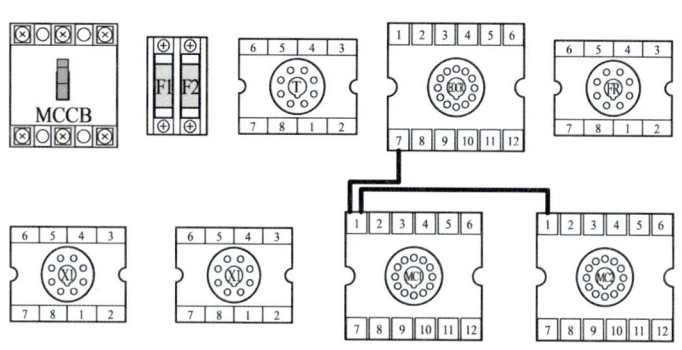

①	②	③	④	⑤	⑥	⑦	⑧	⑨	⑩	⑪	⑫	⑬	⑭	⑮
U	V	W	E	sen ①	sen ②	BZ (L1)	YL (L1)	BZ(L2) YL(L2)	U	V	W	E		

실제결선

7번 작업 : EOCR(⑧) - MC1(②) - MC2(②)

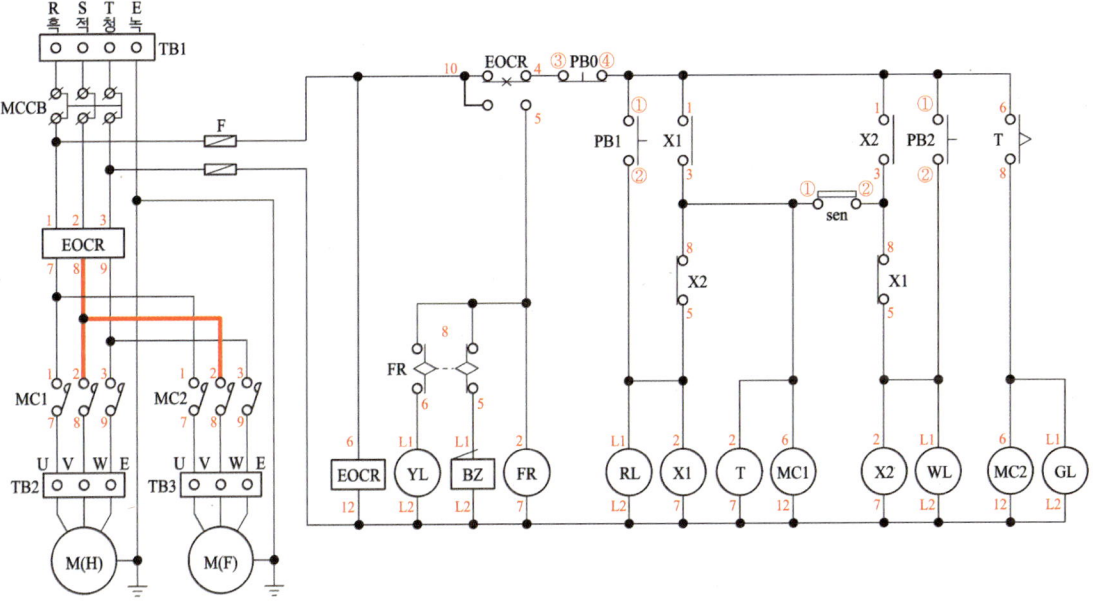

회로도

①	②	③	④	⑤	⑥	⑦	⑧	⑨	⑩	⑪	⑫	⑬	⑭	⑮
R	S	T	E	PB0 ③	PB0 ④	GL (L1)	GL (L2)	PB1① PB2①	PB1 ②	PB2 ②	RL (L1)	WL (L1)	RL(L2) WL(L2)	

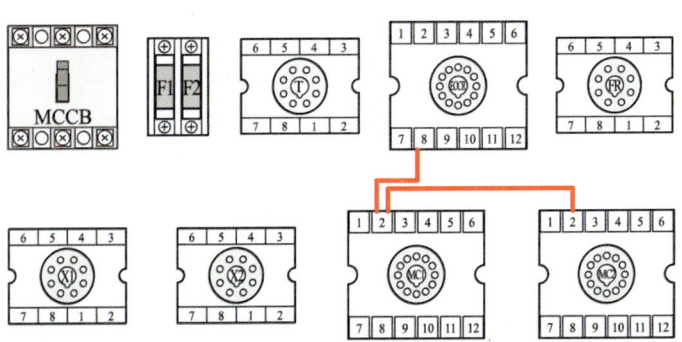

①	②	③	④	⑤	⑥	⑦	⑧	⑨	⑩	⑪	⑫	⑬	⑭	⑮
U	V	W	E	sen ①	sen ②	BZ (L1)	YL (L1)	BZ(L2) YL(L2)	U	V	W	E		

실제결선

8번 작업 : EOCR(⑨) - MC1(③) - MC2(③)

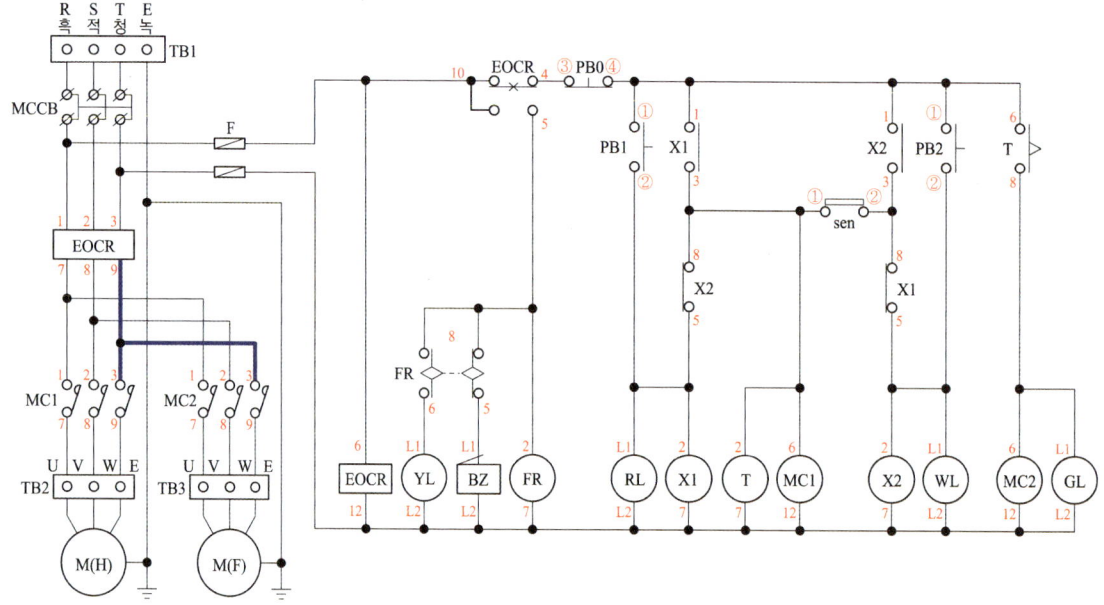

회로도

①	②	③	④	⑤	⑥	⑦	⑧	⑨	⑩	⑪	⑫	⑬	⑭	⑮
R	S	T	E	PB0 ③	PB0 ④	GL (L1)	GL (L2)	PB1① PB2①	PB1 ②	PB2 ②	RL (L1)	WL (L1)	RL(L2) WL(L2)	

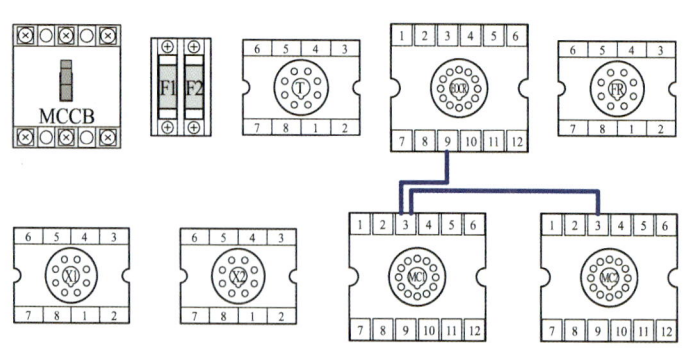

①	②	③	④	⑤	⑥	⑦	⑧	⑨	⑩	⑪	⑫	⑬	⑭	⑮
U	V	W	E	sen ①	sen ②	BZ (L1)	YL (L1)	BZ(L2) YL(L2)	U	V	W	E		

실제결선

9번 작업 : MC1(⑦) - TB2_U / MC1(⑧) - TB2_V / MC1(⑨) - TB2_W

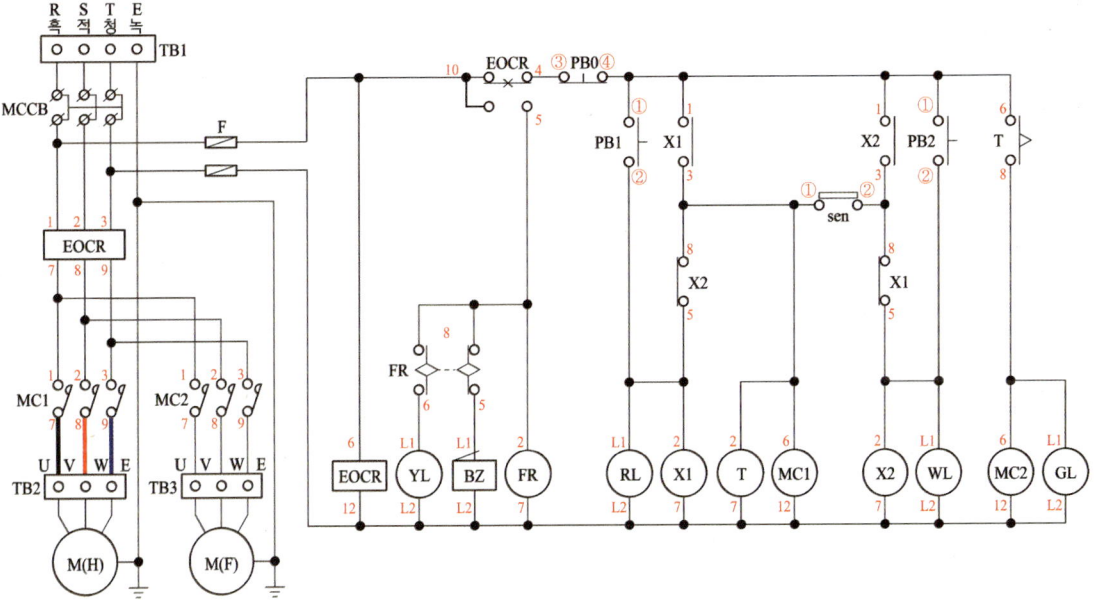

회로도

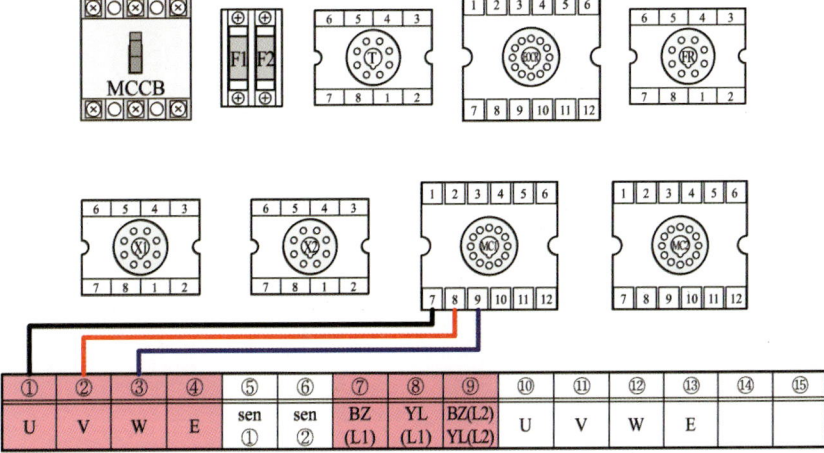

실제결선

전기기능사 실기

10번 작업 : MC2(⑦) - TB3_U / MC2(⑧) - TB3_V / MC2(⑨) - TB3_W

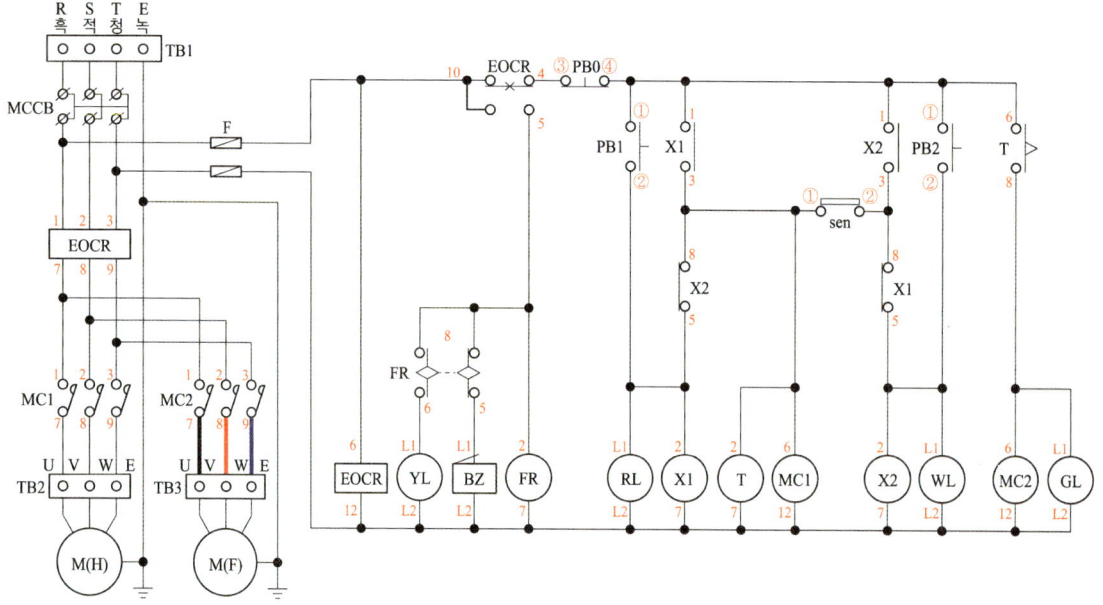

회로도

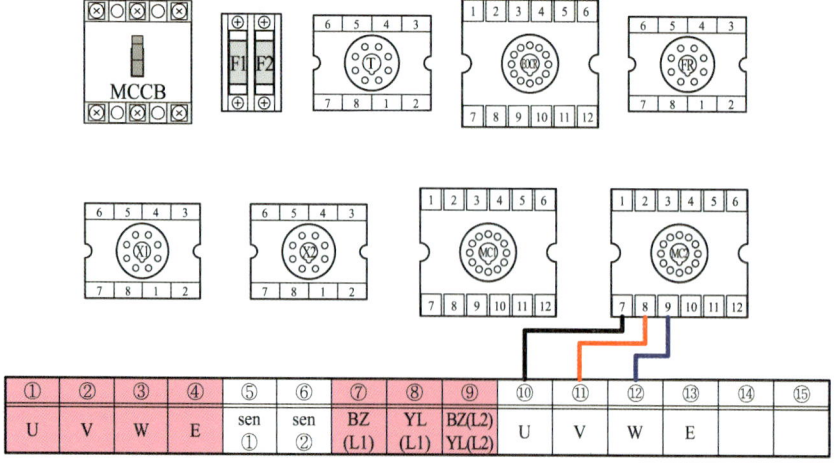

실제결선

11번 작업 : F(2차) - EOCR(⑥) - EOCR(⑩)

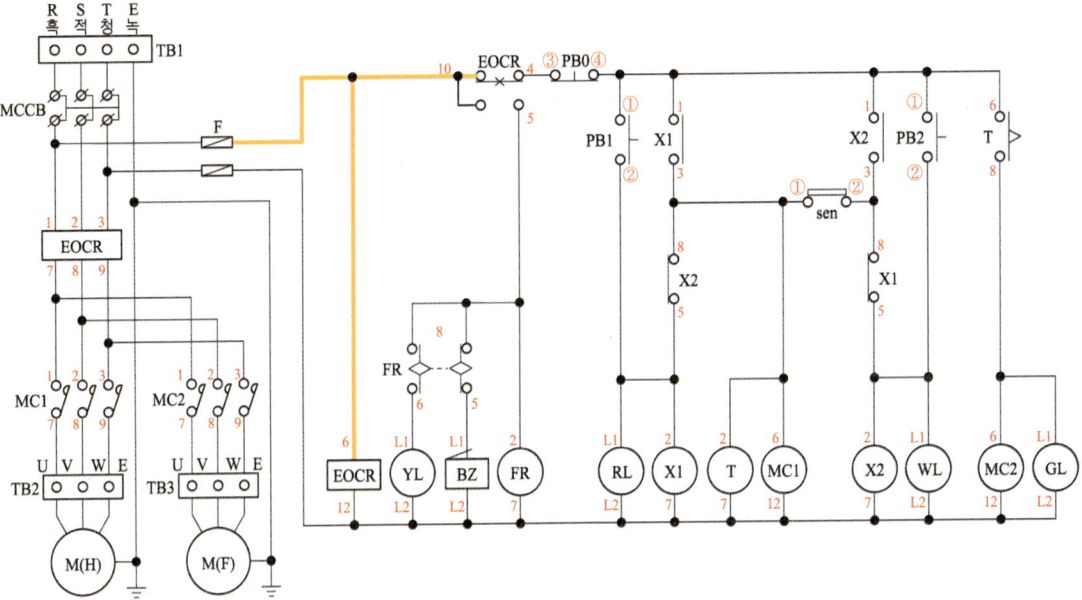

회로도

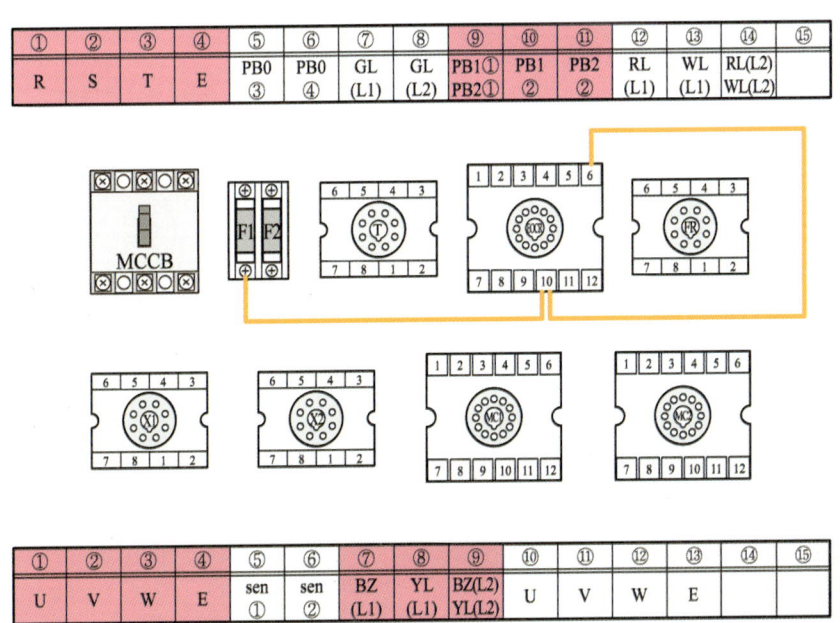

실제결선

12번 작업 : EOCR(⑤) - FR(②) - FR(⑧)

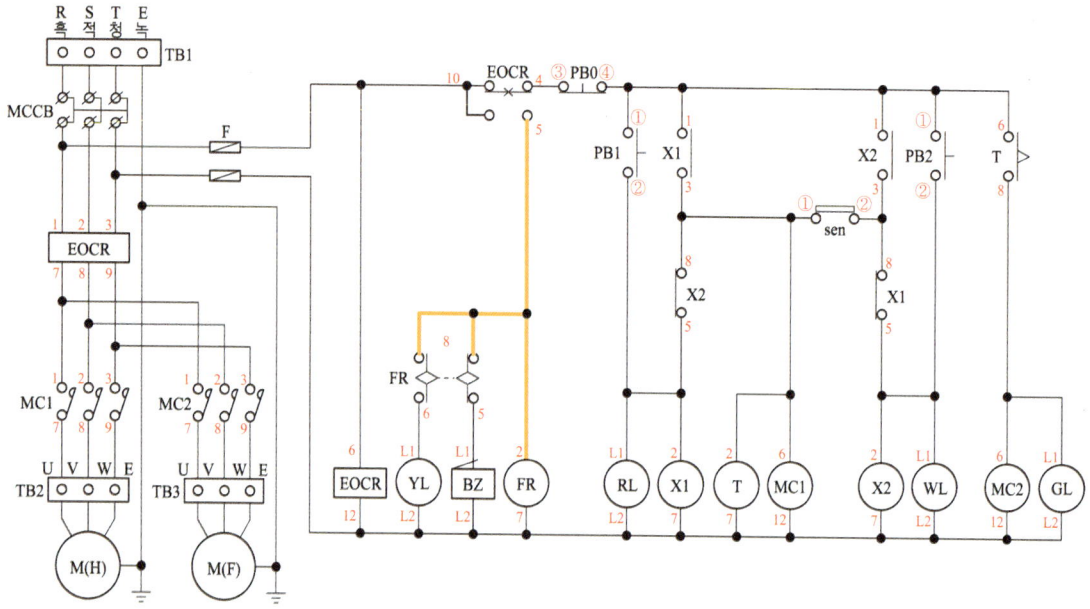

회로도

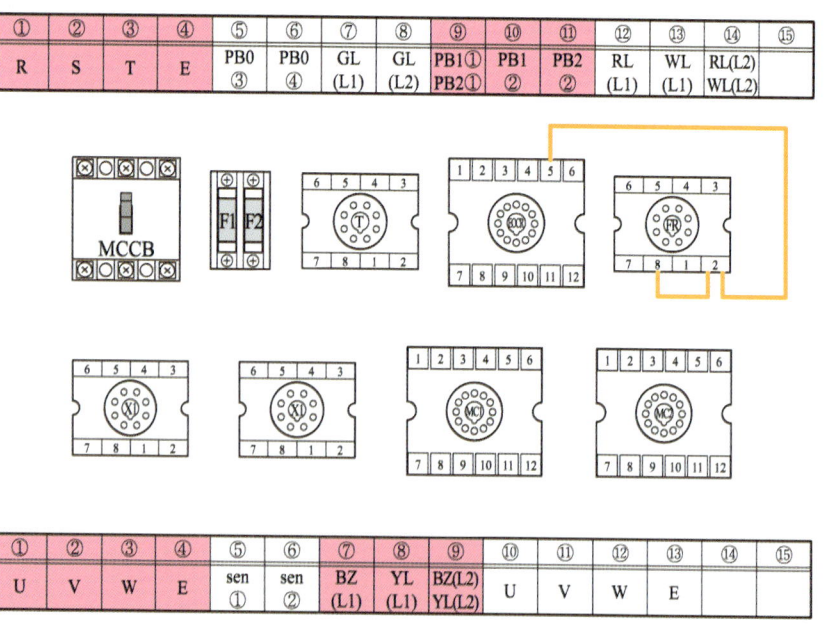

실제결선

13번 작업 : FR(⑥) - YL(L1) / FR(⑤) - BZ(L1)

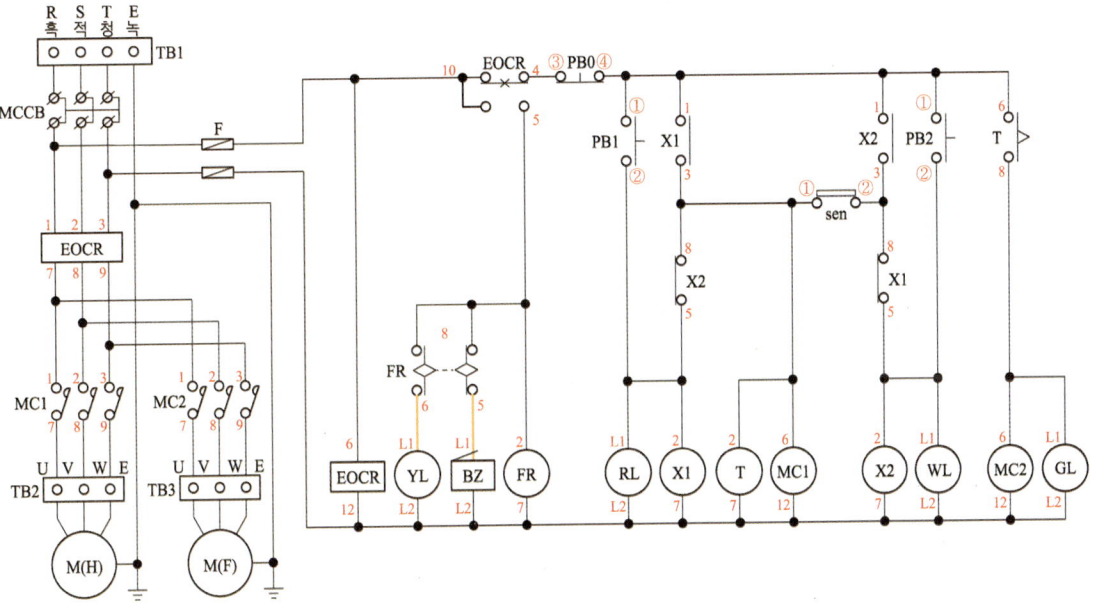

회로도

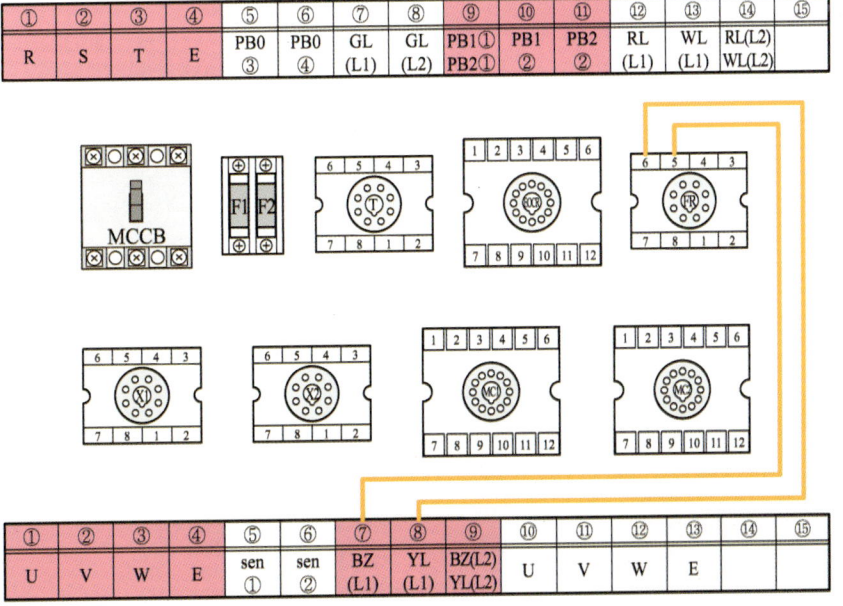

실제결선

14번 작업 : EOCR(④) - PB0(③)

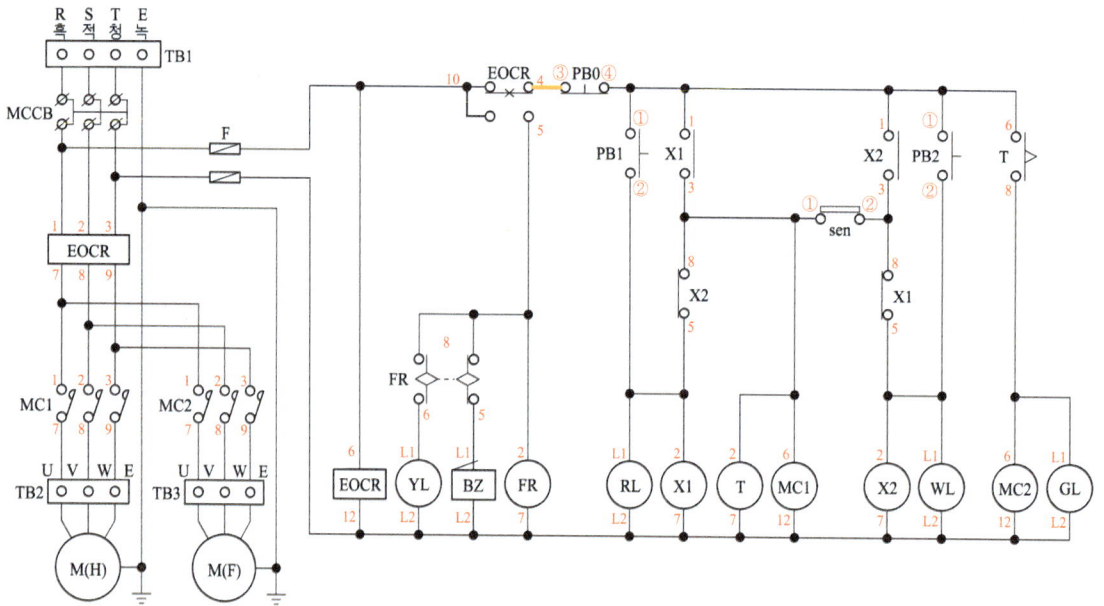

회로도

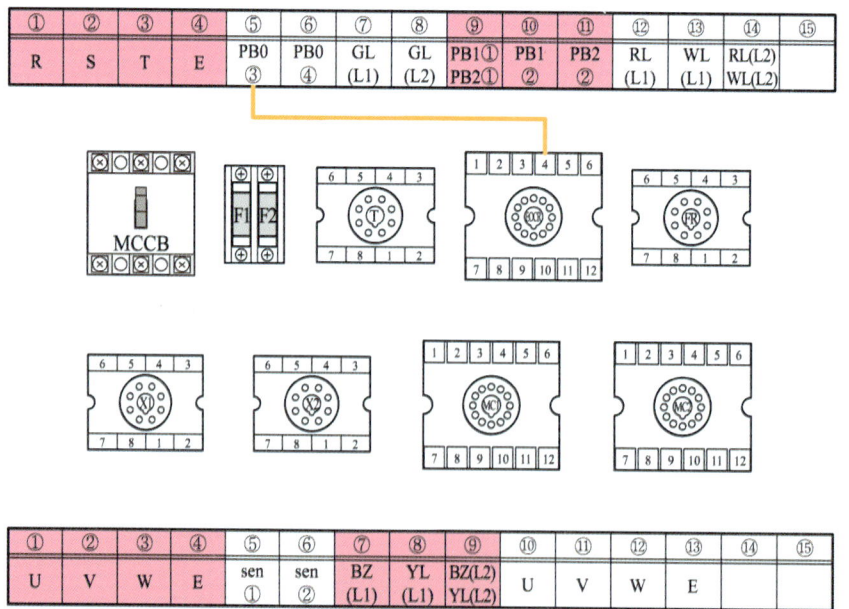

실제결선

15번 작업 : PB0(④) - PB1(①) - X1(①) - X2(①) - PB2(①) - T(⑥)

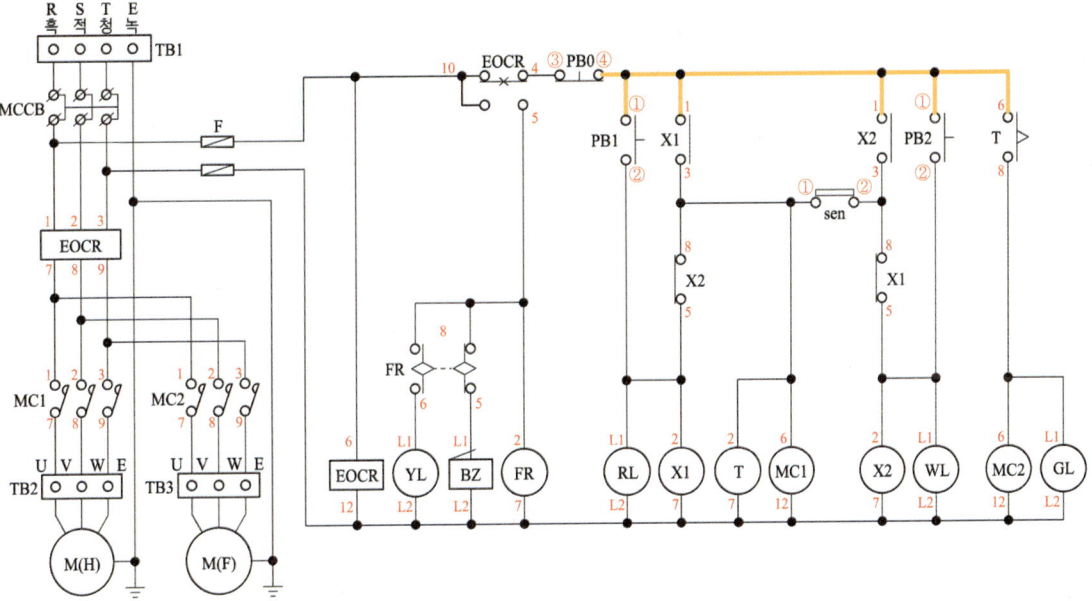

회로도

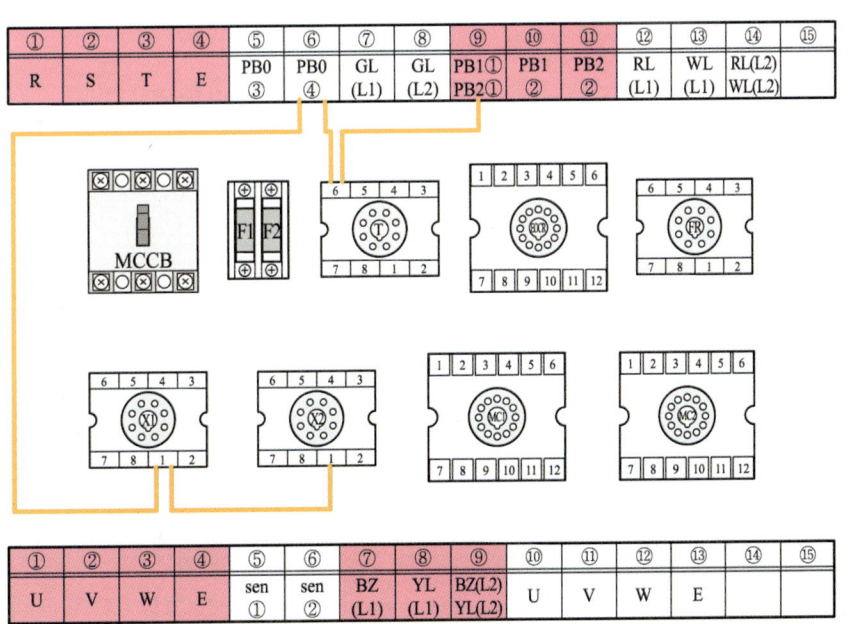

실제결선

16번 작업 : F′(2차) - EOCR(⑫) - YL(L2) - BZ(L2) - FR(⑦) - RL(L2) - X1(⑦) - T(⑦) - MC1(⑫) - X2(⑦) - WL(L2) - MC2(⑫) - GL(L2)

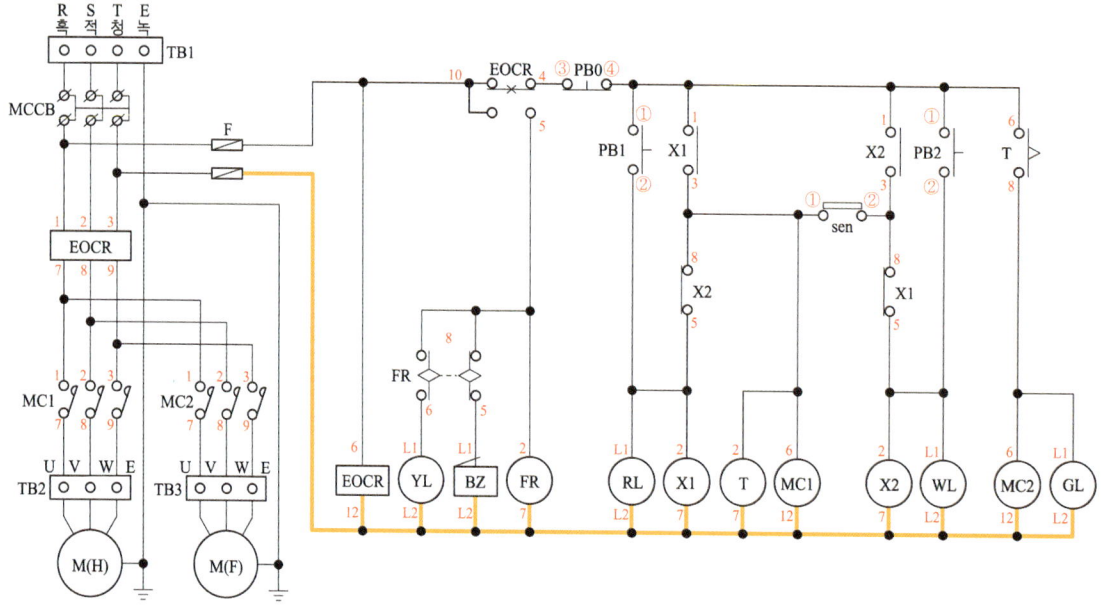

회로도

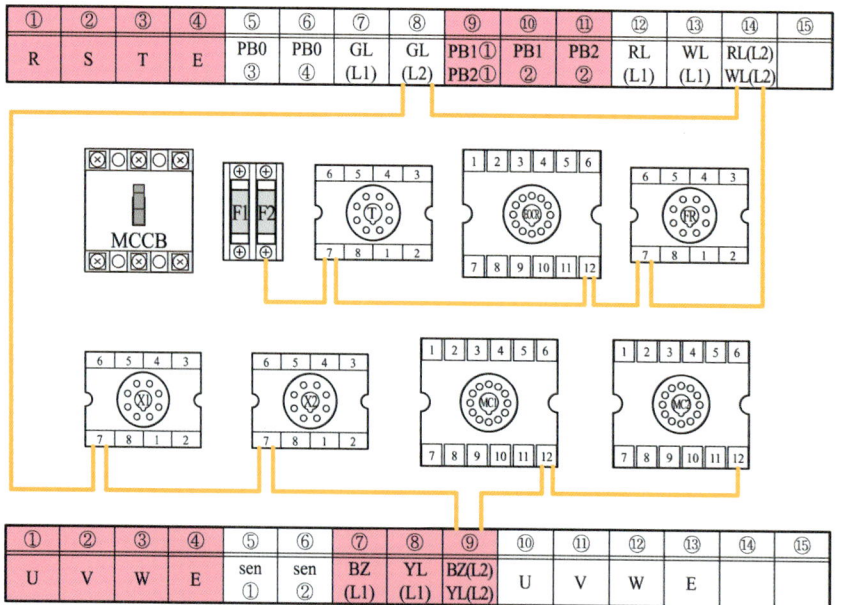

실제결선

17번 작업 : PB1(②) - RL(L1) - X1(②) - X2(⑤)

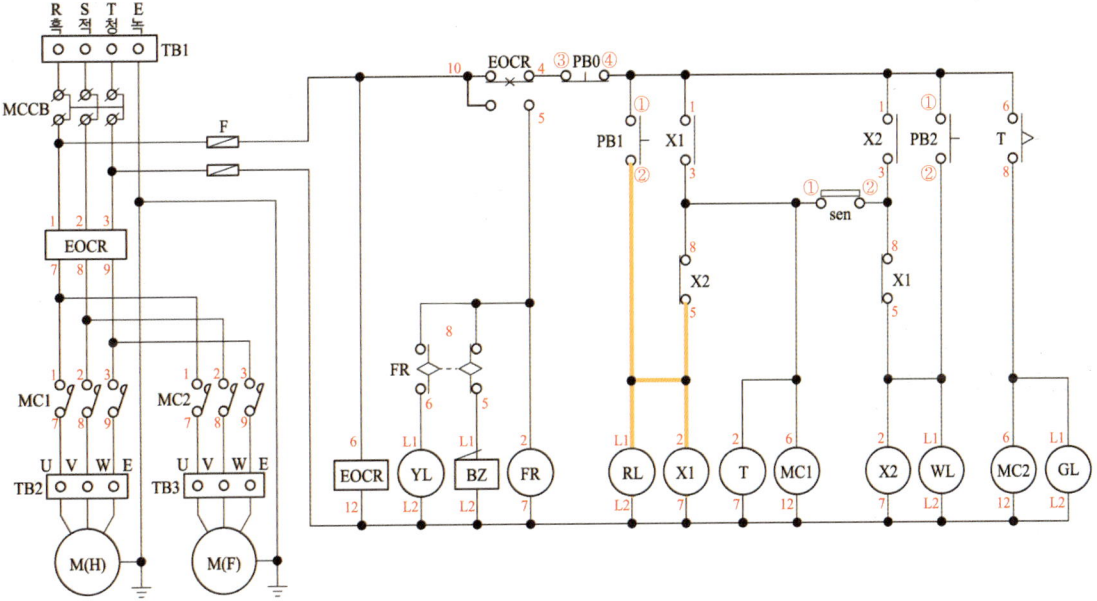

회로도

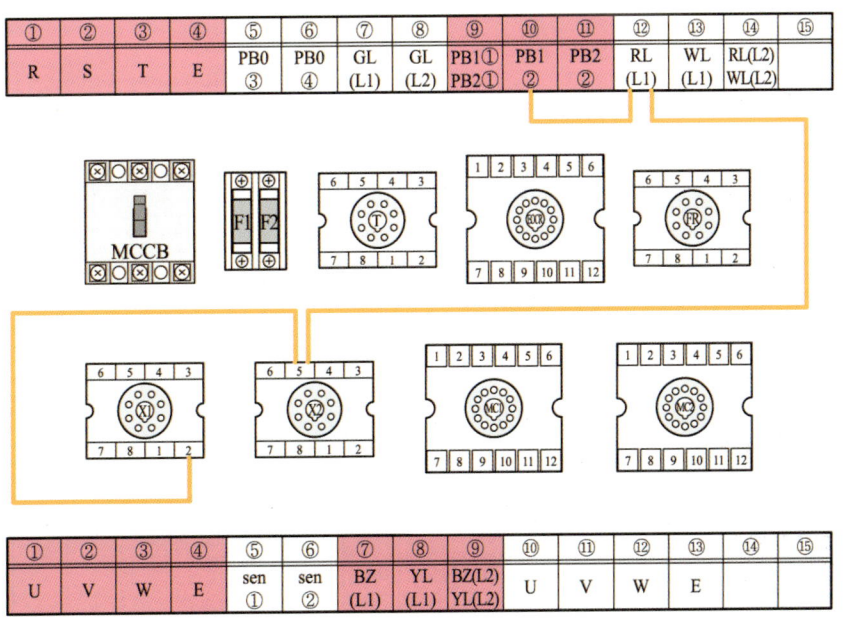

실제결선

18번 작업 : X1(③) - X2(⑧) - sen(①) - MC1(⑥) - T(②)

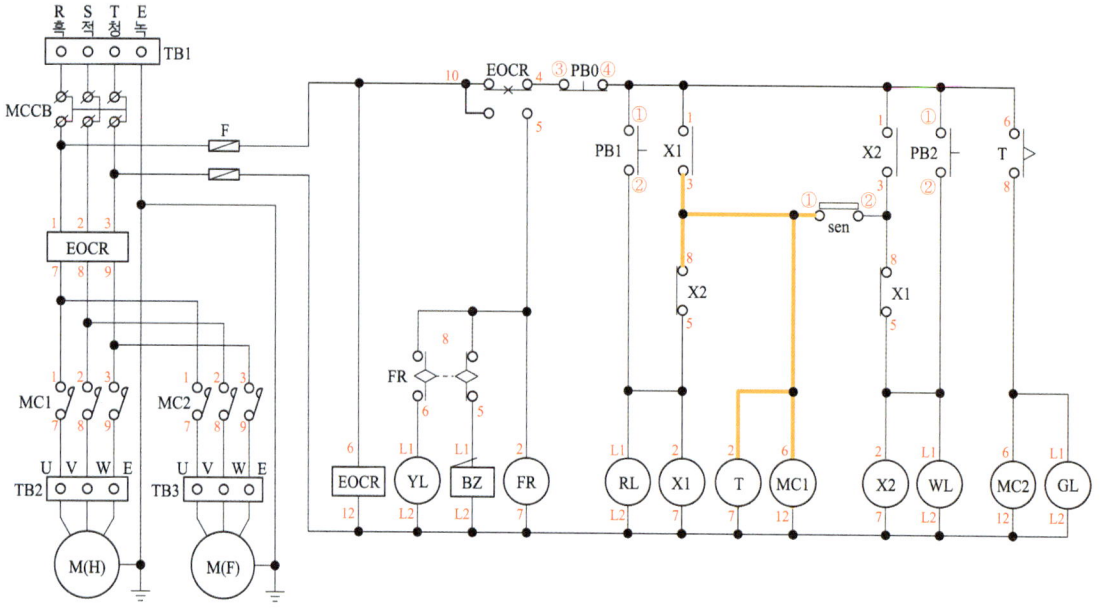

회로도

①	②	③	④	⑤	⑥	⑦	⑧	⑨	⑩	⑪	⑫	⑬	⑭	⑮
R	S	T	E	PB0 ③	PB0 ④	GL (L1)	GL (L2)	PB1① PB2①	PB1 ②	PB2 ②	RL (L1)	WL (L1)	RL(L2) WL(L2)	

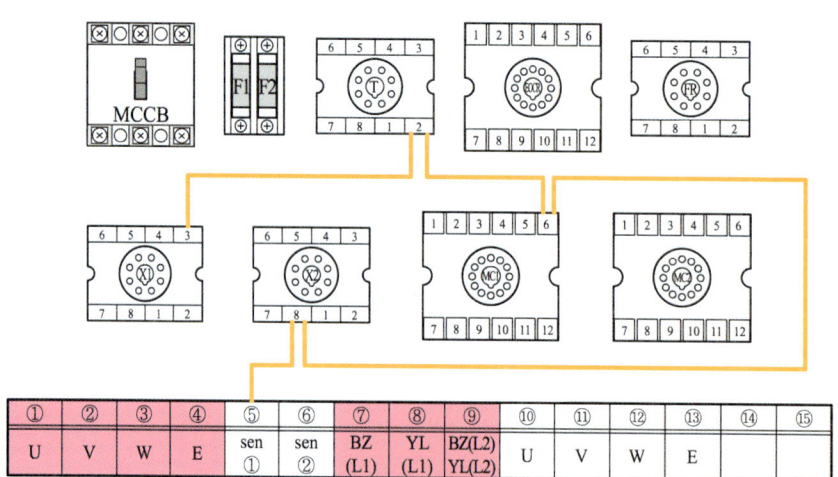

①	②	③	④	⑤	⑥	⑦	⑧	⑨	⑩	⑪	⑫	⑬	⑭	⑮
U	V	W	E	sen ①	sen ②	BZ (L1)	YL (L1)	BZ(L2) YL(L2)	U	V	W	E		

실제결선

19번 작업 : X2(③) - sen(②) - X1(⑧)

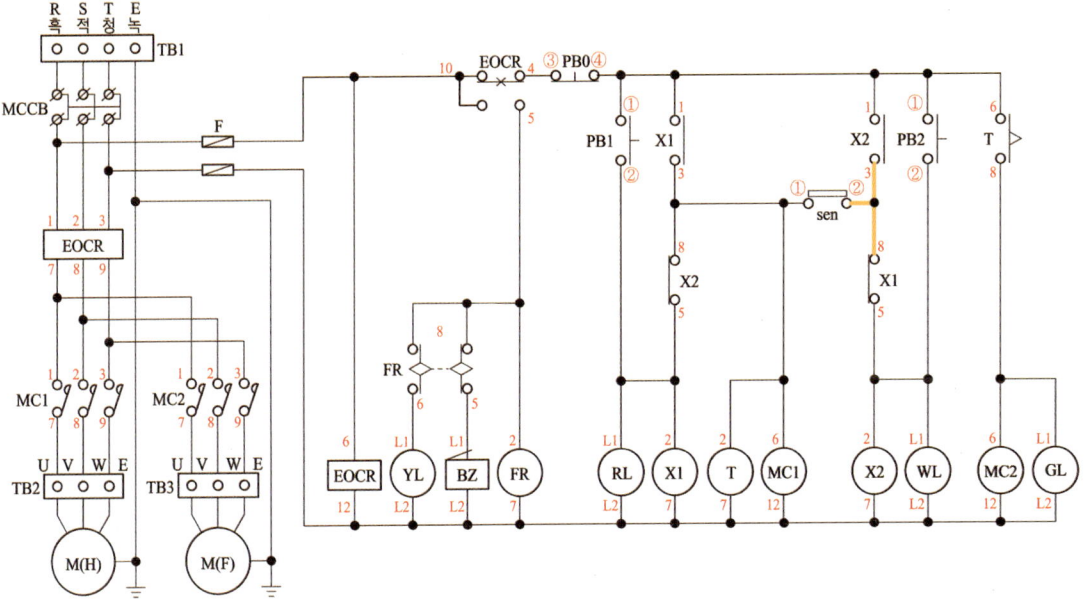

회로도

①	②	③	④	⑤	⑥	⑦	⑧	⑨	⑩	⑪	⑫	⑬	⑭	⑮
R	S	T	E	PB0 ③	PB0 ④	GL (L1)	GL (L2)	PB1① PB2①	PB1 ②	PB2 ②	RL (L1)	WL (L1)	RL(L2) WL(L2)	

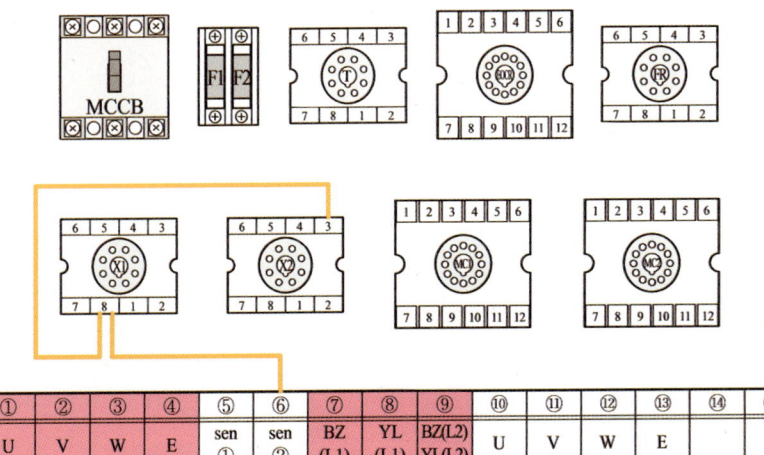

①	②	③	④	⑤	⑥	⑦	⑧	⑨	⑩	⑪	⑫	⑬	⑭	⑮
U	V	W	E	sen ①	sen ②	BZ (L1)	YL (L1)	BZ(L2) YL(L2)	U	V	W	E		

실제결선

20번 작업 : PB2(②) - WL(L1) - X2(②) - X1(⑤)

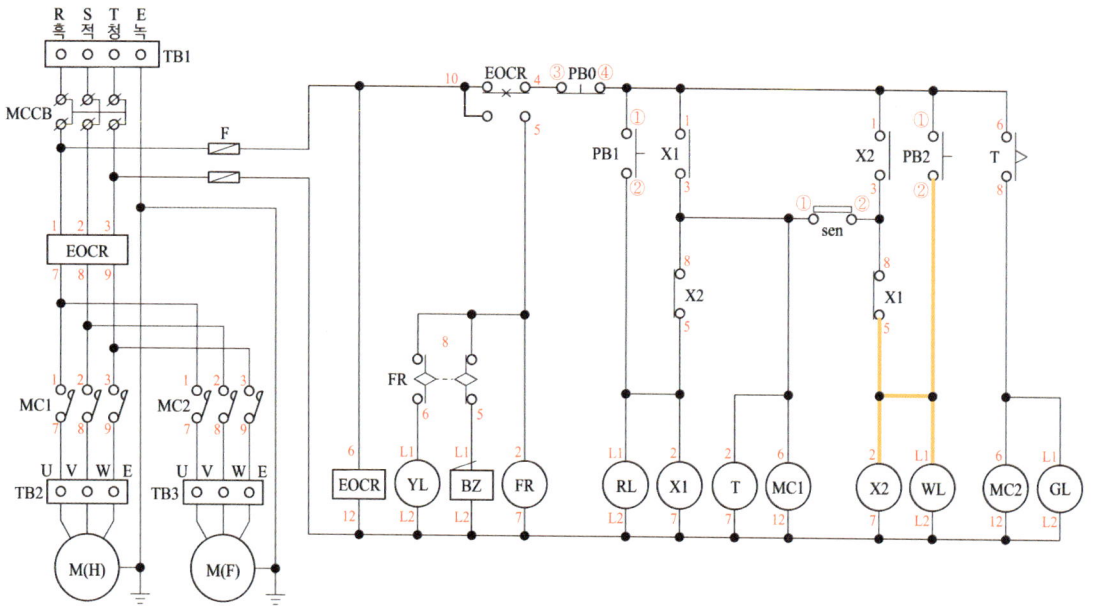

회로도

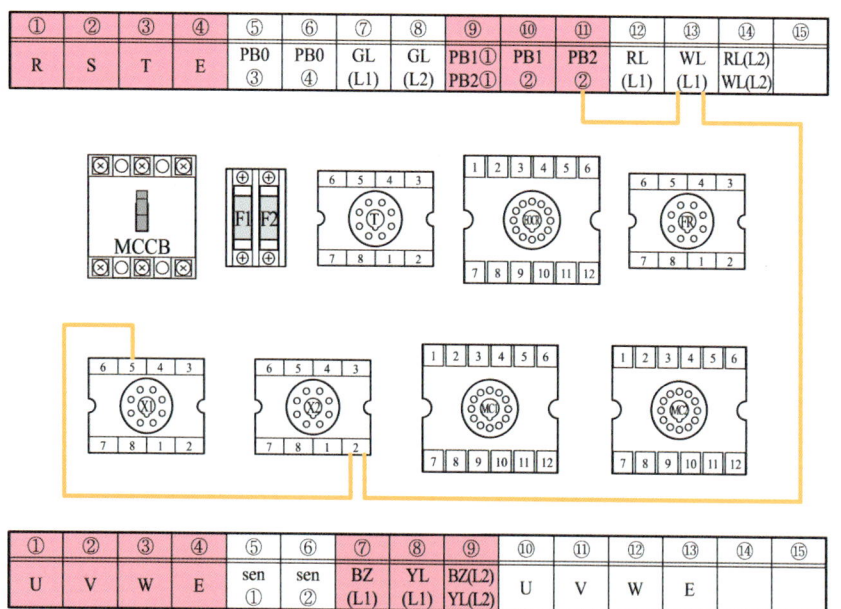

실제결선

21번 작업 : T(⑧) - MC2(⑥) - GL(L1)

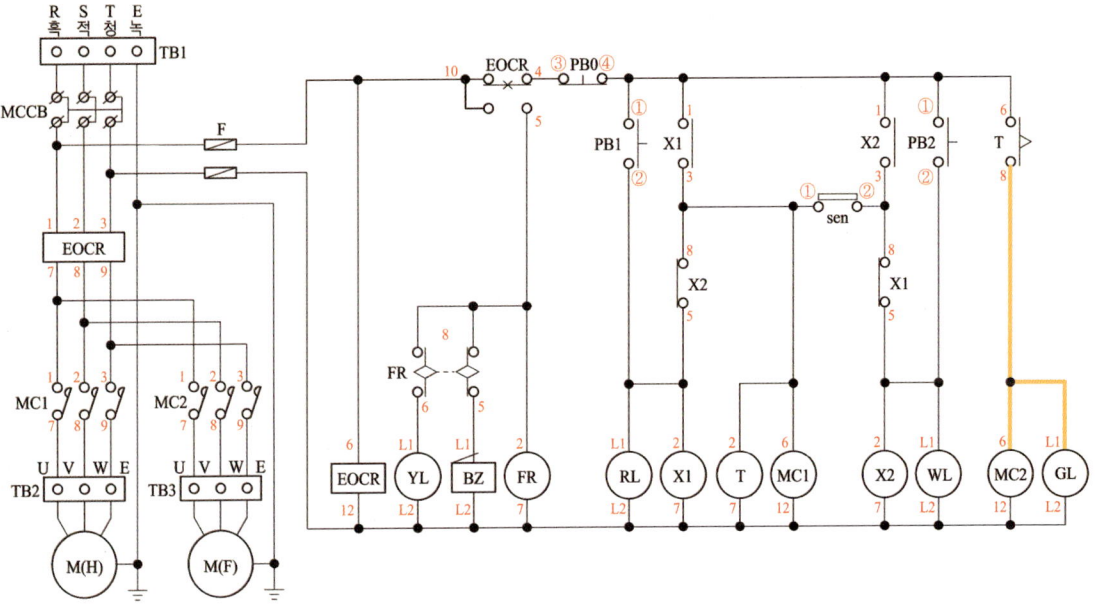

회로도

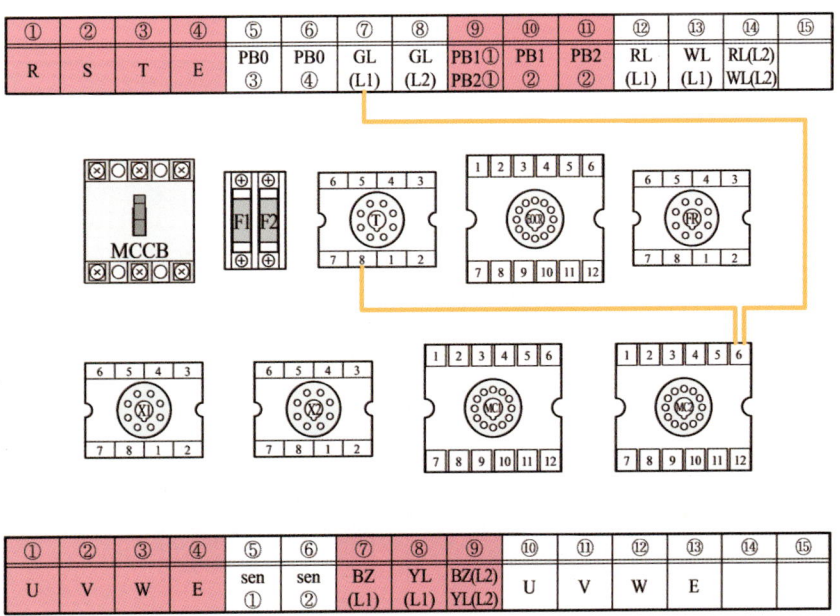

실제결선

3-6 실제결선(배관 작업)

상부단자대(왼쪽에서부터 1번, 2번, 3번 순서대로 지정한다.)

①	②	③	④	⑤	⑥	⑦	⑧	⑨	⑩	⑪	⑫	⑬	⑭	⑮
R	S	T	E	PB0 ③	PB0 ④	GL (L1)	GL (L2)	PB1① PB2①	PB1 ②	PB2 ②	RL (L1)	WL (L1)	RL(L2) WL(L2)	
(1)번 배관				(2)번 배관				(3)번 배관			(4)번 배관			

(1)번배관

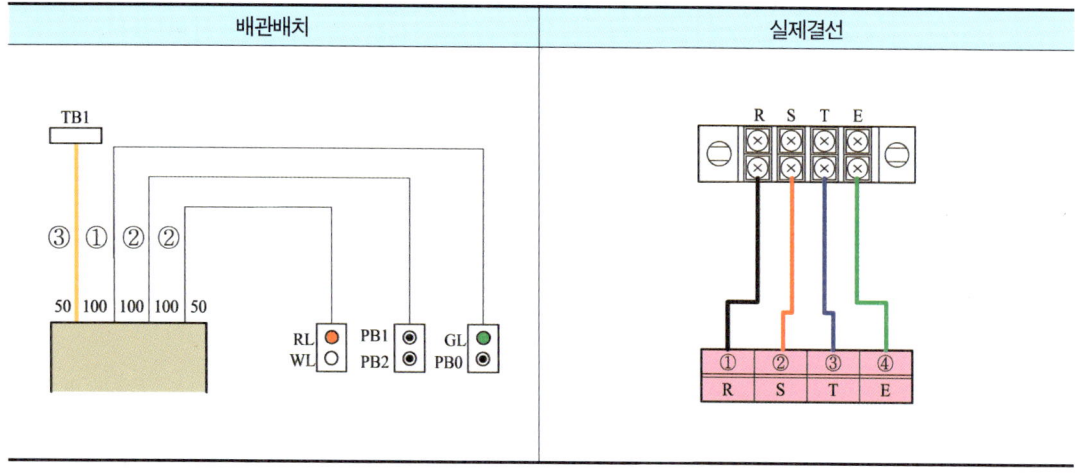

(2)번배관

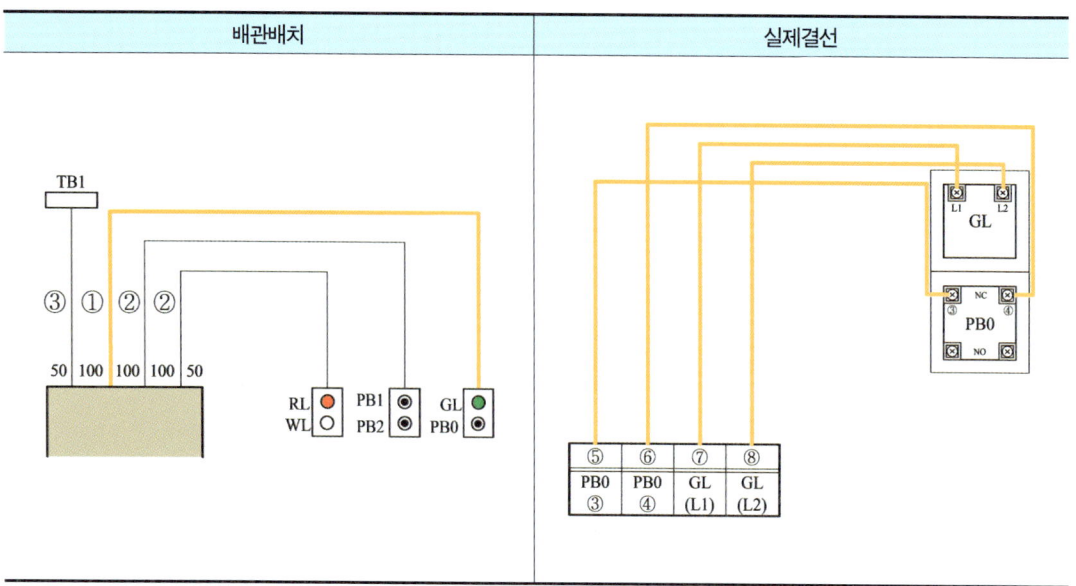

(3)번배관

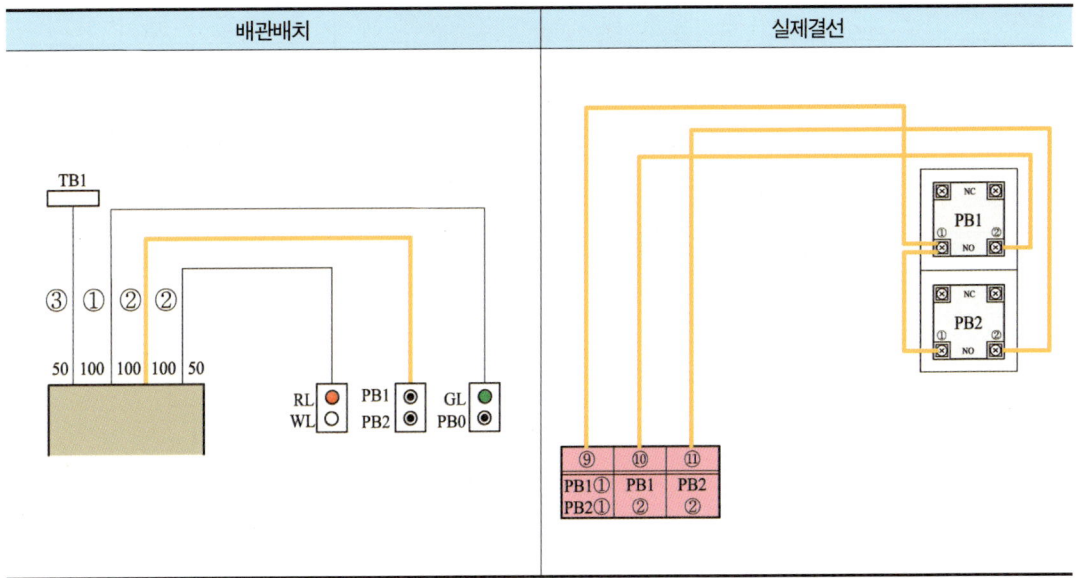

(4)번배관

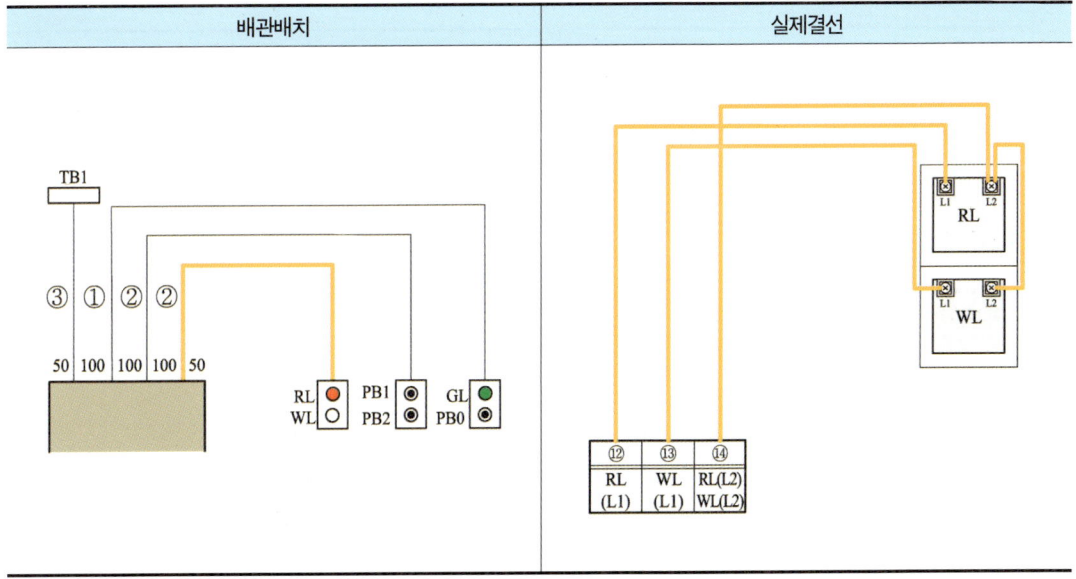

하부단자대(왼쪽에서부터 1번, 2번, 3번 순서대로 지정한다.)

①	②	③	④	⑤	⑥	⑦	⑧	⑨	⑩	⑪	⑫	⑬	⑭	⑮
U	V	W	E	sen ①	sen ②	BZ (L1)	YL (L1)	BZ(L2) YL(L2)	U	V	W	E		
(1)번 배관				(2)번 배관		(3)번 배관			(4)번 배관					

(1)번배관

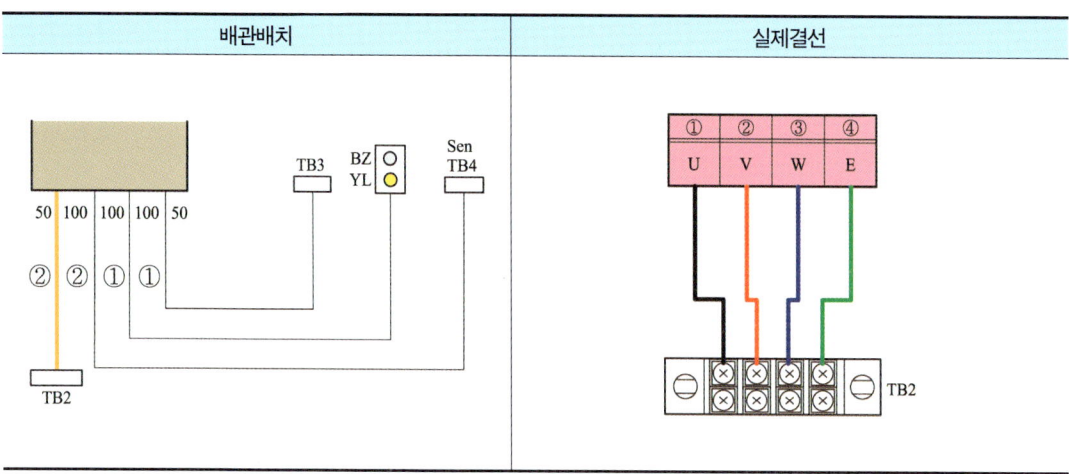

(2)번배관

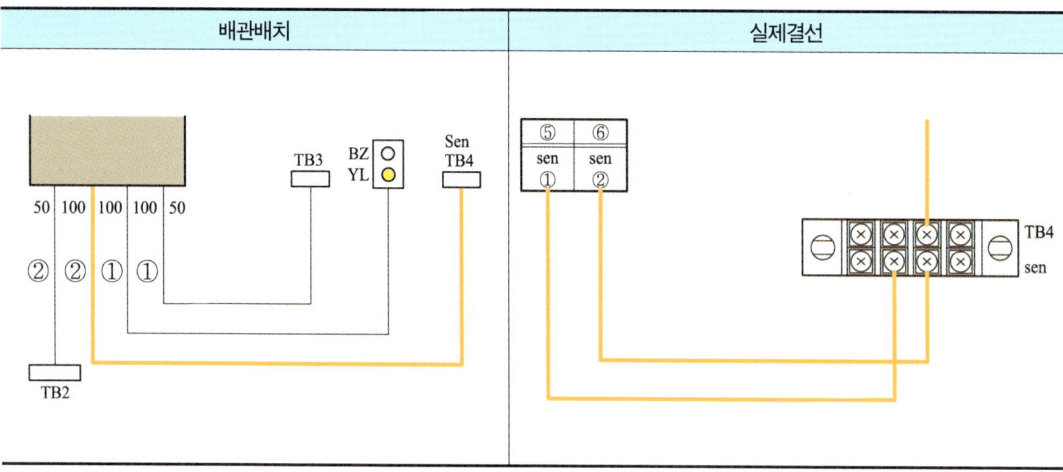

(3)번배관

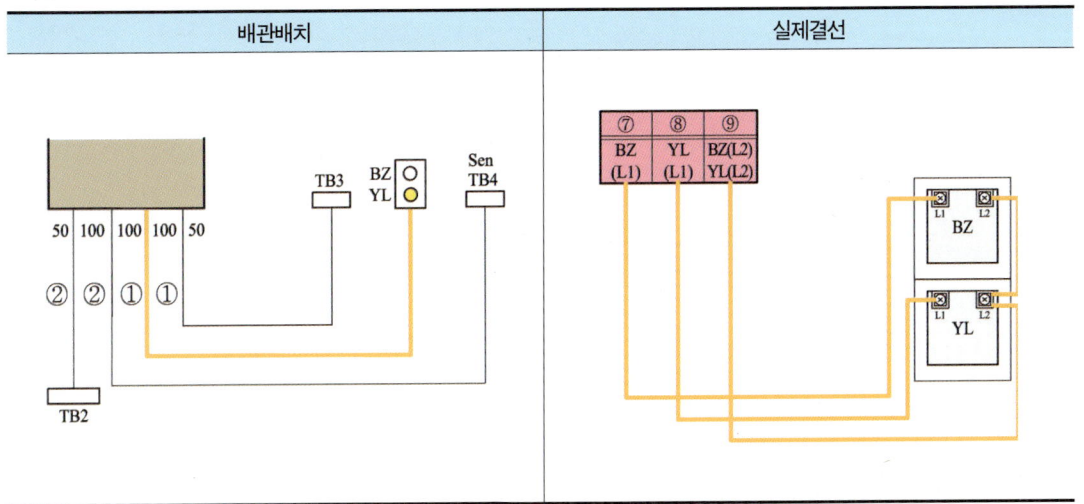

(4)번배관

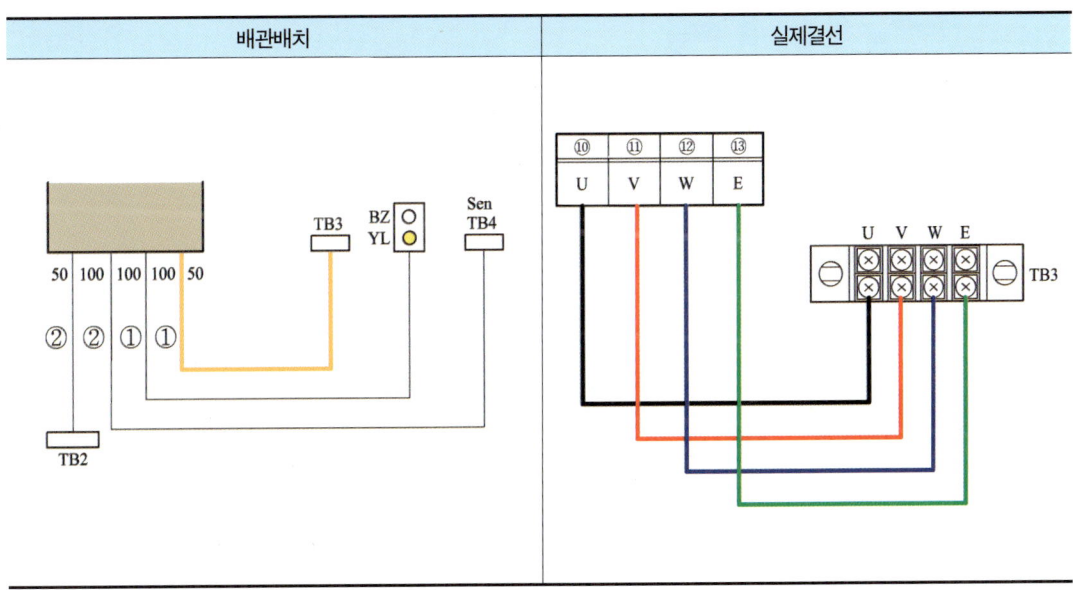

PART 03

전기기능사 실기예제

01 전기기능사 실기 수험자 유의사항
02 전기기능사 실기예제

CHAPTER 01
전기기능사 실기 수험자 유의사항

01 요구사항

1. 공통사항

- 전원방식 : 3상 3선식 220[V]
- 공사방법 : ① CD 난연 전선관, ② PE 전선관

2. 기타사항

- 제어함 부분과 CD관 및 PE관이 접속되는 부분은 박스 커넥터를 사용하기
- 모터의 접속은 생략하고 단자대까지 접속할 수 있게 배선하기

02 수험자 유의사항

* 수험자는 유의사항을 고려하여 요구사항을 완성하도록 합니다.

1) 시험 시작 전 지급된 재료의 이상 유무를 확인하고 이상이 있을 때는 시험위원의 승인을 얻어 교환 할 수 있습니다.
   (단, 시험 시작 후 파손된 재료는 수험자 부주의로 파손된 것으로 간주되어 추가로 지급받지 못합니다.)
2) 제어함(판)을 포함한 작업대(판)에서 제반치수는 [mm]이고 치수 허용오차는 외관(전선관, 박스, 전원 및 부하측 단자대 등)은 ±30[mm], 제어판 내부는 ± 5[mm]입니다.
   (단, 치수는 도면에 표시된 사항에 의하며, 표시되지 않은 경우 부품의 중심선을 기준으로 합니다.)

3) 전선관의 수직과 수평을 맞추어 작업하고, 전선관의 곡률반지름은 전선관 안지름의 6배 이상, 8배 이하로 작업해야 합니다.
4) 박스, 제어함 및 단자대와 전선관 및 케이블의 접속점에서 가까운 곳(300[mm] 이하)에 새들을 취부하고 전선관 및 케이블이 작업판에서 뜨지 않도록 새들을 적절히 배치하여 튼튼하게 고정합니다.
   (단, 굴곡부가 없는 배관에서 기구와 기구끝단 사이의 치수가 400[mm] 미만일 경우 새들 1개도 가능)
5) 제어함 및 박스와 전선관 및 케이블이 접속되는 부분에는 전선관 및 케이블용 커넥터를 사용하고 제어함에 5[mm] 정도 올리고 새들로 고정하여야 합니다.
6) 케이블의 색상이 주회로 색상과 상이한 경우 감독위원이 지정한 색상으로 대체합니다.
   • 녹색전선은 제외
7) 전원측 단자대는 동작시험을 할 수 있도록 전원선의 색상에 맞추어 100[mm] 정도 인입선을 인출하고 피복은 전선 끝에서 약 10[mm]정도 벗겨둡니다.
8) 전원 및 부하(전동기)측 단자대의 단자는 가로인 경우 왼쪽부터, 세로인 경우 위에서부터 R, S, T, E(접지) U1, V1, W1, E(접지), U2, V2, W2, E(접지)의 순으로 결선합니다.
9) 주회로는 2.5[mm^2](1/1.78)전선, 보조회로는 1.5[mm^2](1/1.38)황색전선을 사용하고 주회로의 전선 색상은 R상은 흑색, S상은 적색, T상은 청색을 사용합니다.
10) 접지회로는 2.5[mm^2](1/1.78) 녹색전선으로 배선하여야 합니다.
11) 퓨즈홀더 1차측과 2차측은 보조회로 1.5[mm^2](1/1.38) 황색선을 사용하고 퓨즈홀더에는 퓨즈를 끼워 놓아야 합니다.
12) 제어함은 미관을 고려하여 배선(수평 수직)하고 전선의 흐트러짐 등이 없도록 케이블타이를 이용하여 균형있게 배선합니다.
    • 제어함 배선시 기구와 기구사이 배선 금지
13) 배선점검은 회로 시험기 또는 벨시험기 등을 가지고 확인할 수 있으나, 전원을 투입하여 동작시험은 할 수 없습니다.
14) 단자에 전원을 접속하는 경우 나사를 견고하게 조입니다. 단자 조임 불량이란 피복제거한 전선의 도체부분이 2[mm] 이상 보이거나 피복이 단자에 물린 경우를 말합니다.
    • 한 단자에 3가닥 이상 접속 금지
15) 제어함 내의 기구배치는 도면에 따르되 소켓에 채점용 기기 등이 들어갈 수 있도록 합니다.
16) EOCR, 전자접촉기, 타이머, 릴레이, 플리커릴레이, 온도릴레이는 소켓(베이스) 번호에 유의하여 작업하도록 합니다.
    • 제어함 내부 기구 배치도와 지급된 채점용 기기 및 소켓(베이스)이 상이한 경우 감독위원의 지시에 따라 작업하도록 합니다.
17) EOCR, 전자접촉기, 타이머, 릴레이, 플리커릴레이, 온도릴레이는 소켓(베이스)은 지급된 채점용 기기와 같은 규격이어야 하며, 홈이 아래로 향하게 배치합니다.
    • 채점용 기기와 소켓(베이스)의 매칭은 감독위원의 지시에 따라 작업합니다.

[각종 계전기 소켓의 홈 방향]

18) 접지는 도면에 표시된 부분만 실시하고, 접지선은 입력(전원) 단자에서 제어함 내의 단자대를 거쳐 출력(부하) 단자대까지 결선하며, 도면에서 별도로 표시하지 않더라도 모든 접지는 입력단자대의 접지측과 연결되어야 한다.
   - 기타 외부로의 접지는 시행하지 않아도 됩니다.
19) 기타 공사방법 등은 감독위원의 지시사항을 준수하여 작업하며, 작업에 대한 문의 사항은 시험 시작 전 질의하도록 하고 시험 중에는 질의를 삼가도록 합니다.
20) 다음 사항에 대해서는 채점 대상에서 제외하니 특히 유의하시기 바랍니다.
   - 기권
     - 과제 수행 중 수험자 스스로 작업에 대한 포기의사를 표현한 경우
   - 실격
     - 지급재료 이외의 재료를 사용한 작품
     - 시험 중 시설·장비의 조작 또는 재료의 취급이 미숙하여 위해를 일으킬 것으로 감독위원 전원이 합의하여 판단한 경우
     - 시험관련 부정에 해당하는 장비(기기)·재료 등을 사용하는 것으로 감독위원 전원이 합의하여 판단한 경우(시험 전 사전 준비작업 및 범용공구가 아닌 시험에 최적화된 공구는 사용할 수 없음)
   - 오작
     - 시험기간 내에 제출된 작품이라도 다음과 같은 경우
       ① 완성된 과제가 도면 및 배치도, 제어회로도의 동작사항, 채점용 기기와 소켓(베이스)의 매칭, 부품의 방향, 결선상태 등이 상이한 경우(EOCR, 전자접촉기, 타이머, 릴레이, 플리커릴레이, 온도릴레이, 램프 색상등)
       ② 주회로(흑색, 적색, 청색) 및 보조회로(황색) 배선의 전선 굵기 및 색상이 도면 및 유의사항과 다른 경우
       ③ 제어함 밖으로 인출되는 배선이 제어함 내의 단자대를 거치지 않고 직접 접속된 경우
       ④ 제어함 내부 배선상태나 전선관 및 케이블 가공상태가 불량하여 전기공급이 불가능 한 경우
       ⑤ 제어함 내의 배선상태나 기구 간격 불량으로 동작상태의 확인이 불가능 한 경우
       ⑥ 접지공사를 하지 않은 경우 및 접지선(녹색) 색상이 도면 및 유의사항과 다른 경우
       ⑦ 콘트롤박스 커버 등이 조립되지 않아 내부가 보이는 경우
       ⑧ 배관 및 기구배치도에서 허용오차 ±50[mm]를 넘는 곳이 3개소 이상, ±100[mm]를 넘는 곳이 1개소 이상인 경우(단, 박스, 단자대, 전선관 등이 도면치수를 벗어나는 경우 개별 개소로 판정)
       ⑨ 제어함 및 박스와 전선관 및 케이블이 접속되는 부분에 전선관 및 케이블용 커넥터를 정상 접속하지 않은 경우(미접속 포함)
       ⑩ 박스, 제어함 그리고 단자대와 전선관, 케이블의 접속점에서 가까운 곳(300[mm]이하)에 새들을 취부하지 않는 경우(단, 굴곡부가 없는 배관에서 기구와 기구 끝단 사이의 치수가 400[mm]미만일 경우 새들 1개도 가능)
       ⑪ 전원과 부하(전동기)측 단자대 내의 R, S, T, E, U, V, W, E 배치순서가 유의사항과 상이한 경우
       ⑫ 한 단자에 전선 3가닥 이상 접속된 경우
       ⑬ 제어함 내의 배선 시 기구와 기구 사이로 수직 배선 한 경우
       ⑭ 내선규정 등에 따라 공사를 진행하지 않은 경우
21) 시험 종료후 완성 작품에 한해서만 작동여부를 감독위원으로부터 확인 받을 수 있습니다.

03 수험자 지참 준비물

지참 준비물 목록

※ 인쇄시 출력물이 2장 이상인 경우 반드시 화면상의 지참 공구 목록과 대조·확인하시기 바랍니다.

번호	재료명	규격	단위	수량	비고
1	면장갑	전공용	EA	1	
2	터미널 압착기	1.5~2.5mm^2용	EA	1	
3	회로시험기	멀티테스터, 벨테스터	대	1	
4	드라이버	+, -자형, 중형	SET	1	
5	니퍼	중형, 160mm 정도	EA	1	
6	롱노즈플라이어	중형, 160mm 정도	EA	1	
7	펜치	중형, 160mm 정도	EA	1	
8	와이어스트리퍼	1.5~2.5mm^2용	EA	1	
9	망치(고무, 나무)	중	EA	1	
10	볼펜 또는 싸인펜	흑색	자루	1	
11	줄자	1m용	EA	1	
12	스페너	6PC(mm용)	SET	1	
13	몽키	250mm	EA	1	

[비고] ※ 금속류 망치류는 사용할 수 없습니다.

CHAPTER 02
전기기능사 실기예제

01 화재감지회로 공사하기

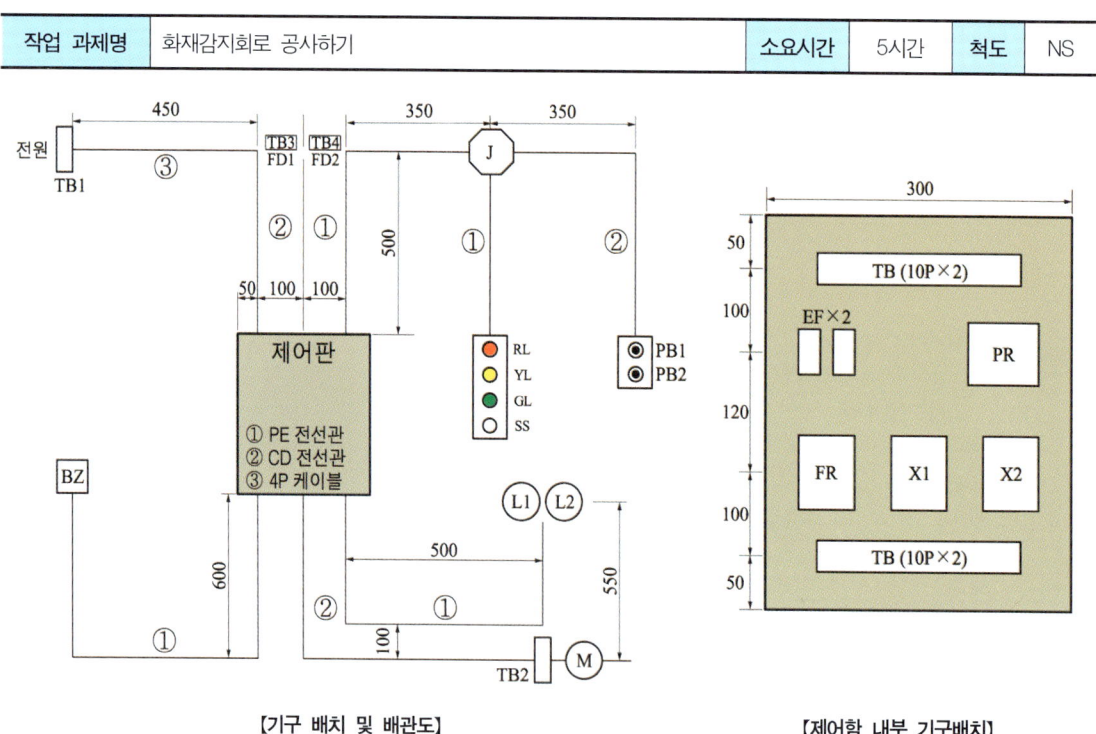

【기구 배치 및 배관도】　　【제어함 내부 기구배치】

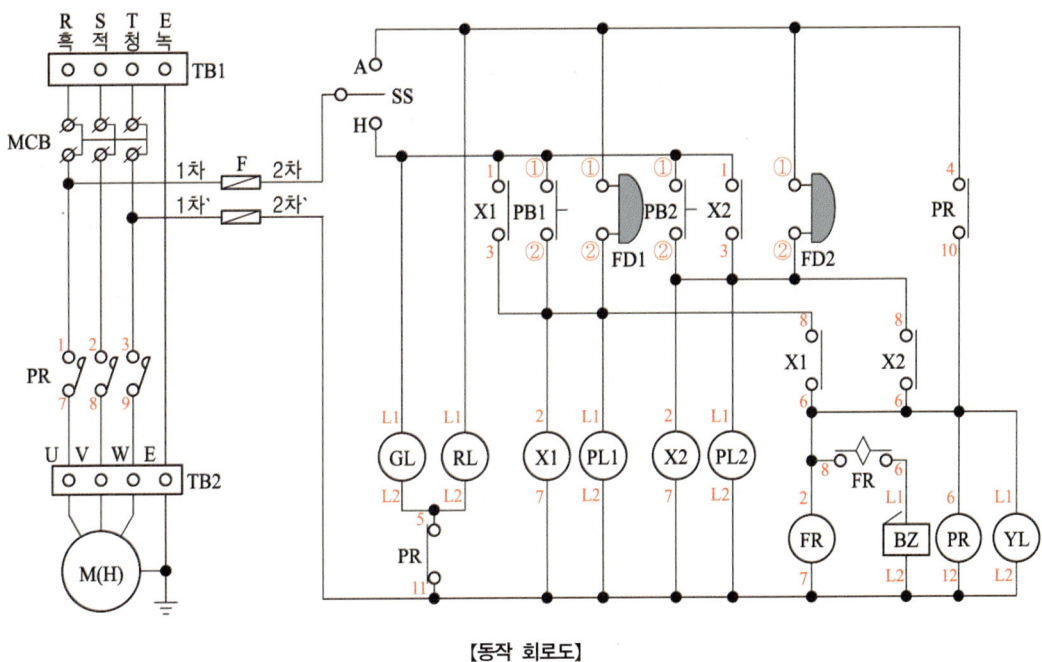

[동작 회로도]

1. 동작사항

1-1 SS - A(자동)

- FD1 동작 → X1여자, PL1점등 → FR여자, PR동작에 의해 모터기동, YL점등 → FR접점에 의해 부저가 플리커 동작을 한다.(설정시간에 따라 붙고 떨어짐을 반복)
- FD2 동작 → X2여자, PL2점등 → FR여자, PR동작에 의해 모터기동, YL점등 → FR접점에 의해 부저가 플리커 동작을 한다.(설정시간에 따라 붙고 떨어짐을 반복)

1-2 SS - H(수동)

- PB1 ON → X1여자, PL1점등 → FR여자, PR동작에 의해 모터기동, YL점등 → FR접점에 의해 부저가 플리커 동작을 한다.(설정시간에 따라 붙고 떨어짐을 반복)
- PB2 ON → X2여자, PL2점등 → FR여자, PR동작에 의해 모터기동, YL점등 → FR접점에 의해 부저가 플리커 동작을 한다.(설정시간에 따라 붙고 떨어짐을 반복)

2. 범례사항 및 계전기 접점 목록

2-1 범례사항

기호	명칭	기호	명칭
TB1	전원(단자대 4P)	BZ	부저
TB2	모터(단자대 4P)	PB1	푸쉬버턴스위치(녹)
TB3, TB4	FD1, FD2(단자대 4P)	PB2	푸쉬버턴스위치(적)
PR	전자접촉기(12P)	YL	파이롯램프(황) 220V
X1, X2	릴레이(8P)	GL	파이롯램프(녹) 220V
EOCR	EOCR(12P)	RL	파이롯램프(적) 220V
FR	플리커릴레이(8P)	EF*2	퓨즈 및 퓨즈홀더
PL1	파이롯램프(백) 220V	MCCB	배선용차단기
PL2	파이롯램프(백) 220V	SS	셀렉터스위치

2-2 계전기 접점

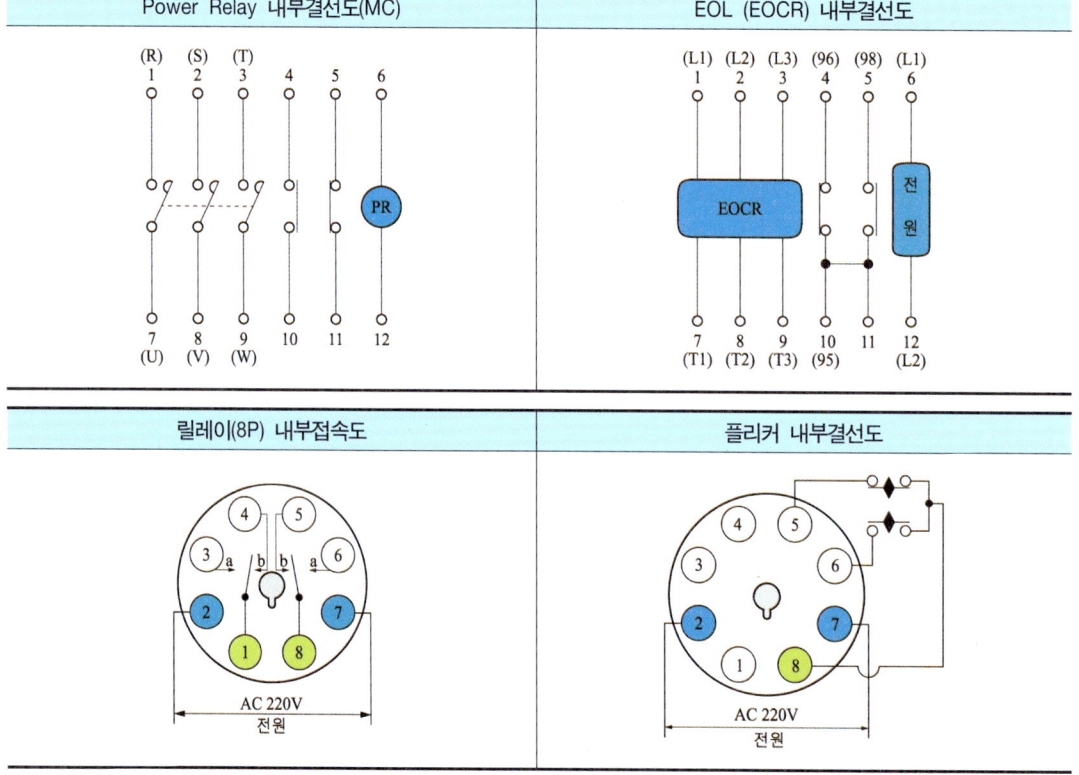

3. 단자대 설정

3-1 상부단자대(왼쪽에서부터 1번, 2번, 3번 순서대로 지정한다.)

①	②	③	④	⑤	⑥	⑦	⑧	⑨	⑩	⑪	⑫	⑬	⑭	⑮	⑯	⑰
R	S	T	E	FD1 ①	FD1 ②	FD2 ①	FD2 ②	SS 공통	SS_A RL(L1)	SS_H GL(L1)	GL(L2) RL(L2)	YL(L1)	YL(L2)	PB1① PB2①	PB1②	PB2②

1번 배관: ①~④ / 2번 배관: ⑤~⑧ / 3번 배관: ⑨~⑰

3-2 하부단자대(왼쪽에서부터 1번, 2번, 3번 순서대로 지정한다.)

①	②	③	④	⑤	⑥	⑦	⑧	⑨	⑩	⑪	⑫	⑬	⑭	⑮
BZ(L1)	BZ(L2)	U	V	W	E	PL1(L1)	PL2(L1)	PL1(L2) PL2(L2)						

1번 배관: ①~② / 2번 배관: ③~⑥ / 3번 배관: ⑦~⑨

4. 결선순서

결선순서	
1번 작업 : R, S, T - MCB(1차)	9번 작업 : EF′(2차) - PR(⑪) - X1(⑦) - PL1(L2) - X2(⑦) - PL2(L2) - FR(⑦) - BZ(L2) - PR(⑫) - YL(L2)
2번 작업 : MCR_R - PR(①) - EF(1차)	10번 작업 : SS_H - GL(L1) - X1(①) - PB1(①) - PB2(①) - X2(①)
3번 작업 : MCR_S - PR(②)	11번 작업 : GL(L2) - RL(L2) - PR(⑤)
4번 작업 : MCR_T - PR(③) - EF′(1차)	12번 작업 : X1(③) - PB1(②) - X1(②) - FD1(②) - PL1(L1) - X1(⑧)
5번 작업 : TB1(E) - TB2(E)	13번 작업 : PB2(②) - X2(②) - X2(③) - PL2(L1) - FD2(②) - X2(⑧)
6번 작업 : PR(⑦) - U / PR(⑧) - V / PR(⑨) - W	14번 작업 : X1(⑥) - X2(⑥) - FR(⑧) - FR(②) - PR(⑩) - PR(⑥) - YL(L1)
7번 작업 : EF(2차) - SS공통	15번 작업 : FR(⑥) - BZ(L1)
8번 작업 : SS_A - RL(L1) - FD1(①) - FD2(①) - PR(④)	

02 승강기제어회로 공사하기

작업 과제명	승강기제어회로 공사하기	소요시간	5시간	척도	NS

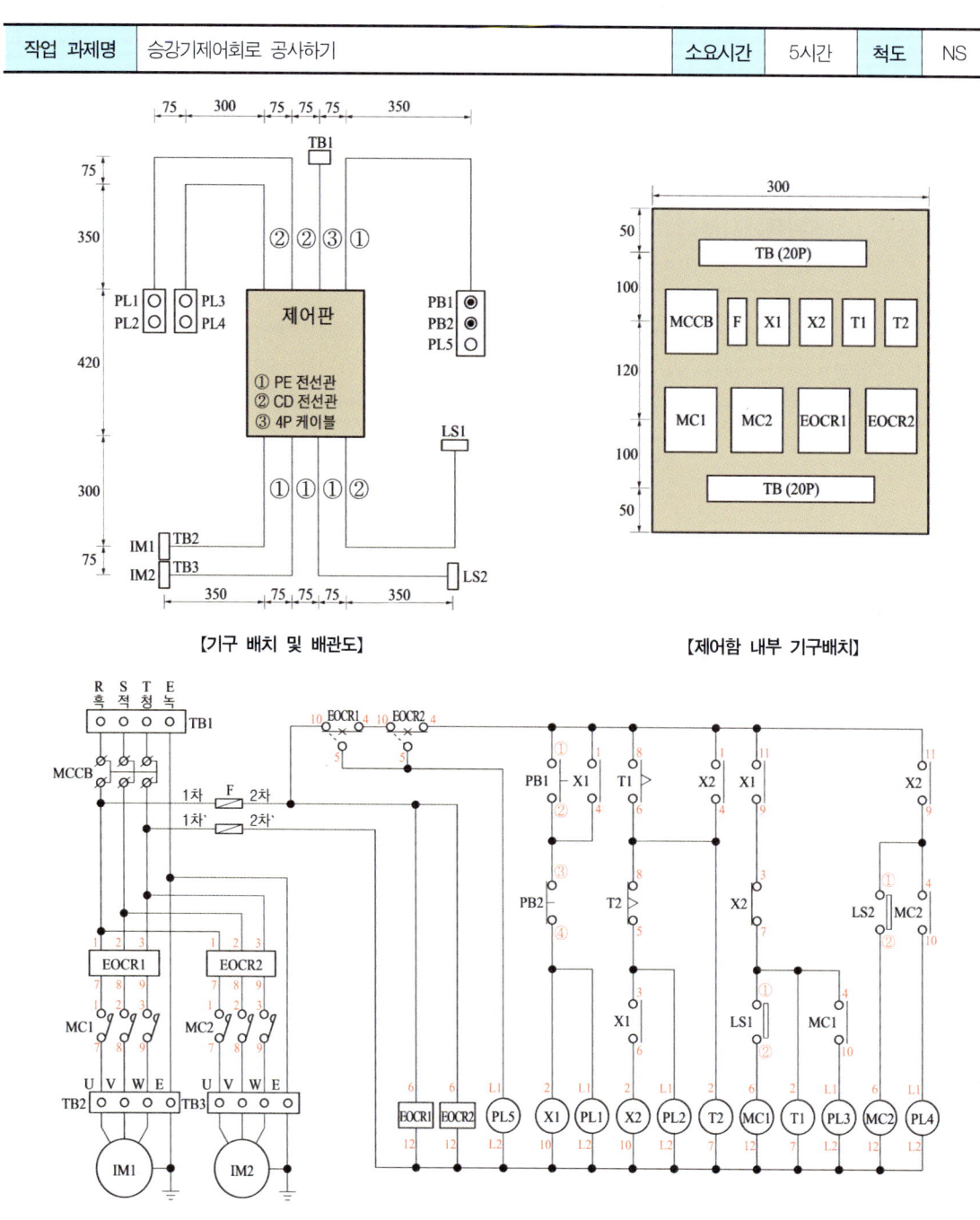

【기구 배치 및 배관도】　　【제어함 내부 기구배치】

【동작 회로도】

1. 동작사항

① PB1 ON → X1여자, PL1점등 → X1 - a접점 동작 → T1여자 → 설정시간 t1초 후 X2여자, PL2점등, T2여자 → X2 - b접점 동작 → T1소자 및 설정시간 t2초 후 X2소자, PL2 소등 → X2소자 후 X2 - b접점 복귀 → T1여자 → PL1점등(위 동작을 반복한다.)
② ①과정에서 LS1을 동작시키면 X1접점이 동작됨과 동시에 MC1여자(IM1동작), PL3점등
③ ①과정에서 LS2를 동작시키면 X2접점이 동작됨과 동시에 MC2여자(IM2동작), PL4점등
④ PB2 ON → 모든 회로동작을 멈춘다.
⑤ EOCR1, EOCR2 둘 중 하나라도 동작하였을 시 모든 회로동작을 멈춘다.

2. 범례사항 및 계전기 접점 목록

2-1 범례사항

기호	명칭	기호	명칭
TB1	전원(단자대 4P)	PL3	파이롯램프(녹) 220V
TB2	IM1(단자대 4P)	PL4	파이롯램프(녹) 220V
TB3	IM2(단자대 4P)	PL5	파이롯램프(황) 220V
TB4	LS1(단자대 4P)	MC1, MC2	전자접촉기(12P)
TB5	LS2(단자대 4P)	X1, X2	릴레이(11P)
PB1	푸쉬버튼스위치(녹)	T1, T2	타이머(8P)
PB2	푸쉬버튼스위치(적)	EOCR	EOCR(12P)
PL1	파이롯램프(적) 220V	F	퓨즈 및 퓨즈홀더
PL2	파이롯램프(적) 220V		

2-2 계전기 접점

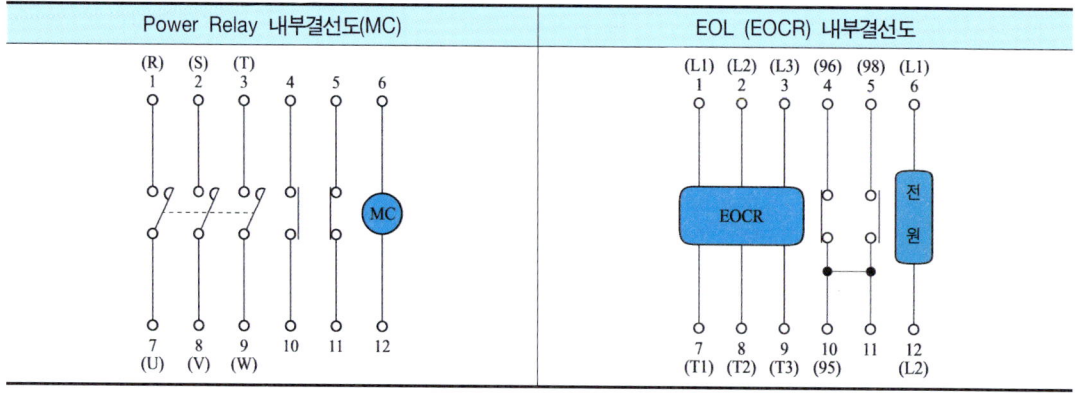

3. 단자대 설정

3-1 상부단자대(왼쪽에서부터 1번, 2번, 3번 순서대로 지정한다.)

①	②	③	④	⑤	⑥	⑦	⑧	⑨	⑩	⑪	⑫	⑬	⑭	⑮
PL3 (L1)	PL4 (L1)	PL3(L2) PL4(L2)	PL1 (L1)	PL2 (L1)	PL1(L2) PL2(L2)	R	S	T	E	PB1①	PB1② PB2③	PB2④	PL5 (L1)	PL5 (L2)
1번 배관			2번 배관			3번 배관				4번 배관				

3-2 하부단자대(왼쪽에서부터 1번, 2번, 3번 순서대로 지정한다.)

①	②	③	④	⑤	⑥	⑦	⑧	⑨	⑩	⑪	⑫	⑬	⑭	⑮
U	V	W	E	U	V	W	E	LS2①	LS2②	LS1①	LS1②			
1번 배관(TB2)				2번 배관(TB3)				3번 배관(TB5)		4번 배관(TB4)				

4. 결선순서

결선순서	
1번 작업 : TB1_R - F(1차) - EOCR1(①) - EOCR2(①)	12번 작업 : F′(2차) - EOCR1(⑫) - EOCR2(⑫) - PL5(L2) - X1(⑩) - PL1(L2) - R2(⑩) - PL2(L2) - T2(⑦) - MC1(⑫) - T1(⑦) - PL3(L2) - MC2(⑫) - PL4(L2)
2번 작업 : TB1_S - EOCR1(②) - EOCR2(②)	13번 작업 : PB1(②) - X1(④) - PB2(③)
3번 작업 : TB1_T - F′(1차) - EOCR1(③) - EOCR2(③)	14번 작업 : PB2(④) - X1(②) - PL1(L1)
4번 작업 : EOCR1(⑦) - MC1(①) / EOCR1(⑧) - MC1(②) / EOCR1(⑨) - MC1(③)	15번 작업 : T1(⑥) - T2(⑧) - X2(④) - T2(②)
5번 작업 : EOCR2(⑦) - MC2(①) / EOCR2(⑧) - MC2(②) / EOCR2(⑨) - MC2(③)	16번 작업 : T2(⑤) - X1(③) - PL2(L1) / X1(⑥) - MC1(⑥)
6번 작업 : MC1(⑦ ⑧ ⑨) - TB2(U V W)	17번 작업 : X1(⑨) - X2(③) / X2(⑦) - LS1(①) - T2(②) - MC1(④)
7번 작업 : MC2(⑦ ⑧ ⑨) - TB3(U V W)	18번 작업 : LS1(②) - MC1(⑥) / MC1(⑩) - PL3(L1)
8번 작업 : TB1(E) - TB2(E) - TB3(E)	19번 작업 : X2(⑨) - LS2(①) - MC2(④)
9번 작업 : F(2차) - EOCR1(⑩) - EOCR1(⑥) - EOCR2(⑥)	20번 작업 : LS2(②) - MC2(⑥) / MC2(⑩) - PL4(L1)
10번 작업 : EOCR1(④) - EOCR2(⑩) / EOCR1(⑤) - EOCR2(⑤) - PL5(L1)	
11번 작업 : EOCR2(④) - PB1(①) - X1(①) - T1(⑧) - X2(①) - X1(⑪) - X2(⑪)	

03 전동기 정·역 운전 제어회로 공사하기

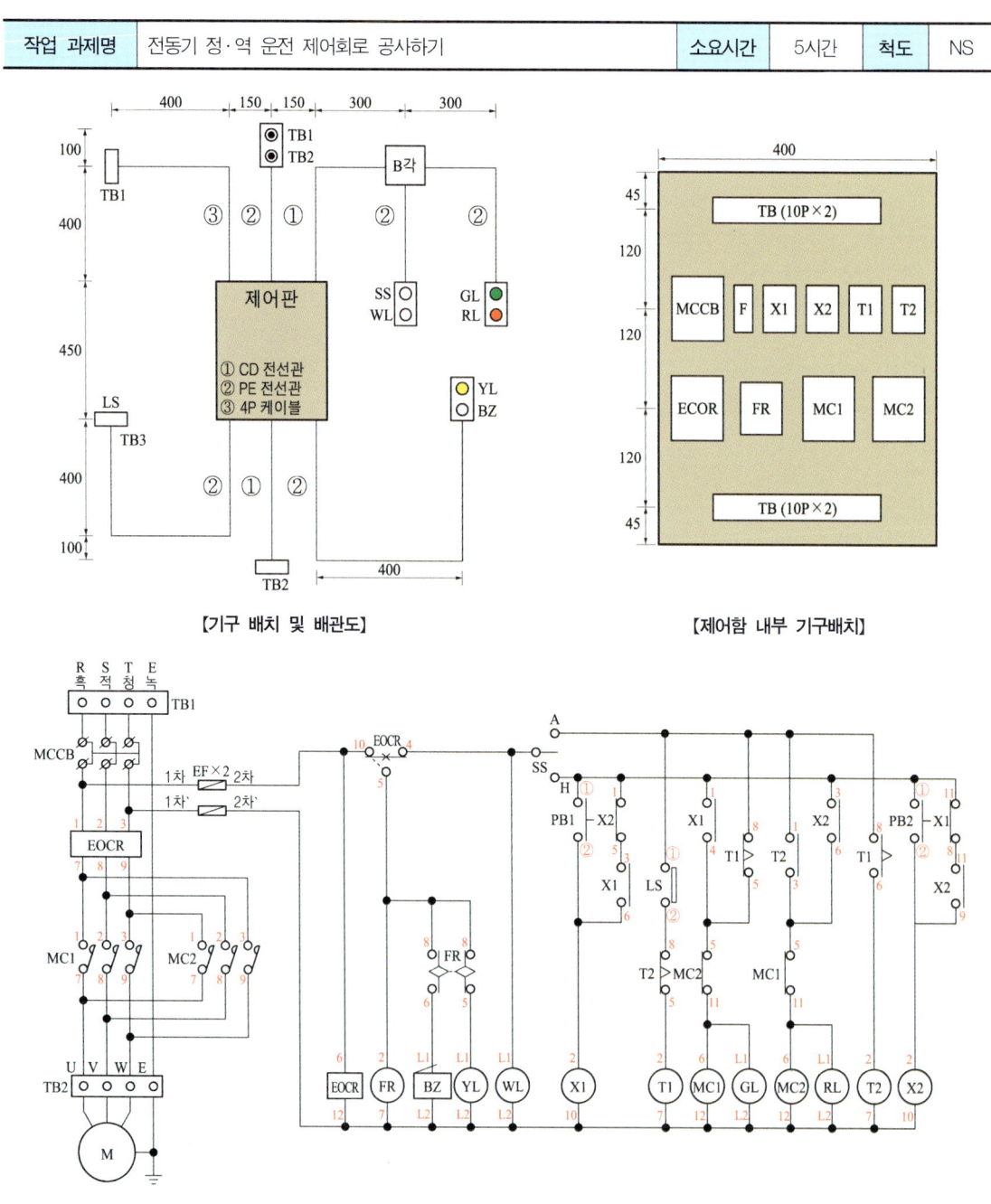

【기구 배치 및 배관도】

【제어함 내부 기구배치】

【동작 회로도】

1. 동작사항

① 전원인가 → WL점등

② SS - A
- MC1여자(모터 정회전 운전), GL점등 → LS ON → T1여자 → 설정시간 t초 후 t1-b에 의해 MC1소자(정회전 운전 정지), GL소등 → T1-a에 의해 T2여자 → T2순시접점 동작 → MC2여자(모터 역회전 운전), RL점등
- 정·역 운전간에는 MC1-b , MC1-a에 의한 인터록이 작동한다.

③ SS - H
- PB1 ON → X1여자 → MC1여자(정회전 운전), GL점등
- PB2 ON → X2여자 → MC1소자(정회전운전 정지), GL소등 → MC2여자(역회전 운전), RL점등
- PB1 ON → X1여자 → MC2소자(역회전운전 정지), RL소등 → MC1여자(정회전 운전), GL점등

④ EOCR 작동

모든 동작이 멈추며, FR이 여자되어 BZ와 YL은 플리커 작동을 한다.

2. 범례사항 및 계전기 접점 목록

2-1 범례사항

기호	명칭	기호	명칭
TB1	전원(단자대 4P)	PB1	푸쉬버튼스위치(녹)
TB2	모터(단자대 4P)	PB2	푸쉬버튼스위치(적)
TB3, TB4	FD1, FD2(단자대 4P)	YL	파이롯램프(황) 220V
PR	전자접촉기(12P)	GL	파이롯램프(녹) 220V
X1, X2	릴레이(8P)	RL	파이롯램프(적) 220V
EOCR	EOCR(12P)	EF*2	퓨즈 및 퓨즈홀더
FR	플리커릴레이(8P)	MCCB	배선용차단기
BZ	부저	SS	셀렉터스위치

2-2 계전기 접점

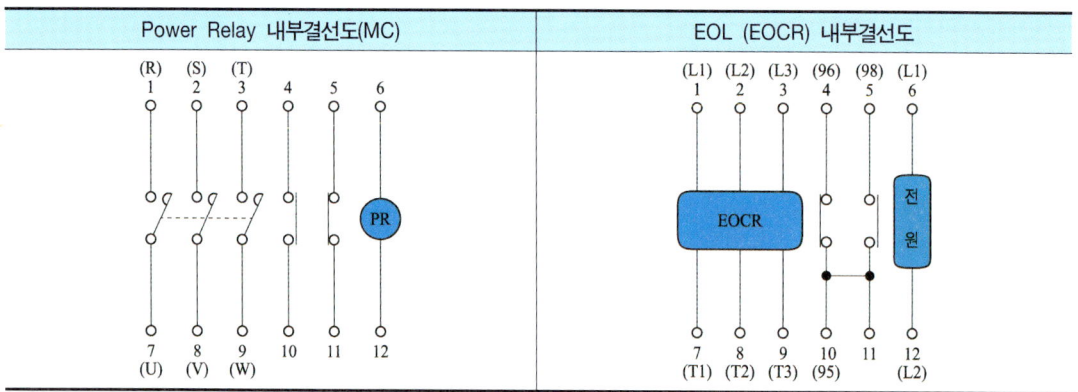

3. 단자대 설정

3-1 상부단자대(왼쪽에서부터 1번, 2번, 3번 순서대로 지정한다.)

①	②	③	④	⑤	⑥	⑦	⑧	⑨	⑩	⑪	⑫	⑬	⑭	⑮
R	S	T	E	PB1① PB2①	PB1②	PB2②	SS공통 WL(L1)	SS-A	SS-H	GL(L1)	RL(L1)	GL(L2) RL(L2)		

1번 배관 / 2번 배관 / 3번 배관

3-2 하부단자대(왼쪽에서부터 1번, 2번, 3번 순서대로 지정한다.)

①	②	③	④	⑤	⑥	⑦	⑧	⑨	⑩	⑪	⑫	⑬	⑭	⑮
LS①	LS②	U	V	W	E	YL(L1)	BZ(L1)	YL(L2) BZ(L2)						

1번 배관(TB3) / 2번 배관(TB2) / 3번 배관

4. 결선순서

결선순서	
1번 작업 : R, S, T - MCB(1차)	14번 작업 : FR(⑥) - BZ(L1) / FR(⑤) - YL(L1)
2번 작업 : MCB_R(2차) - EOCR(①) - F(1차)	15번 작업 : EOCR(④) - WL(L1) - SS(공통)
3번 작업 : MCB_S(2차) - EOCR(②)	16번 작업 : SS - A - LS(①) - T1(⑧) - T2(①) - T1(⑧)
4번 작업 : MCB_T(2차) - EOCR(③) - F´(1차)	17번 작업 : SS - H - PB1(①) - X2(①) - X1(①) - X2(③) - PB2(①) - X1(⑪)
5번 작업 : TB1(E) - TB2(E) - TB3(E)	18번 작업 : F´(2차) - EOCR(⑫) - FR(⑦) - BZ(L2) - YL(L2) - WL(L2) - X1(⑩) - T1(⑦) - MC1(⑫) - GL(L2) - MC2(⑫) - RL(L2) - T2(⑦) - X2(⑩)
6번 작업 : EOCR(⑦) - MC1(①) - MC2(③)	19번 작업 : LS(②) - T2(⑧) / T2(⑤) - T1(②)
7번 작업 : EOCR(⑧) - MC1(②) - MC2(②)	20번 작업 : X1(④) - T1(⑤) - MC2(⑤)
8번 작업 : EOCR(⑨) - MC1(③) - MC2(①)	21번 작업 : MC2(⑪) - MC1(⑥) - GL(L1)
9번 작업 : MC1(⑦) - MC2(⑦) - U	22번 작업 : T2(③) - X2(⑥) - MC1(⑤)
10번 작업 : MC1(⑧) - MC2(⑧) - V	23번 작업 : MC1(⑪) - MC2(⑥) - RL(L1)
11번 작업 : MC1(⑨) - MC2(⑨) - W	24번 작업 : T1(⑥) - T2(②)
12번 작업 : F(2차) - EOCR(⑥) - EOCR(⑩)	25번 작업 : PB1(②) - X1(⑥) - X1(②) / X2(⑤) - X1(③)
13번 작업 : EOCR(⑤) - FR(②) - FR(⑧)	26번 작업 : PB2(②) - X2(⑥) - X2(②) / X1(⑧) - X2(⑪)

04 전동기 정·역운전 제어회로 공사하기

| 작업 과제명 | 전동기 정·역운전 제어회로 공사하기 | 소요시간 | 5시간 | 척도 | NS |

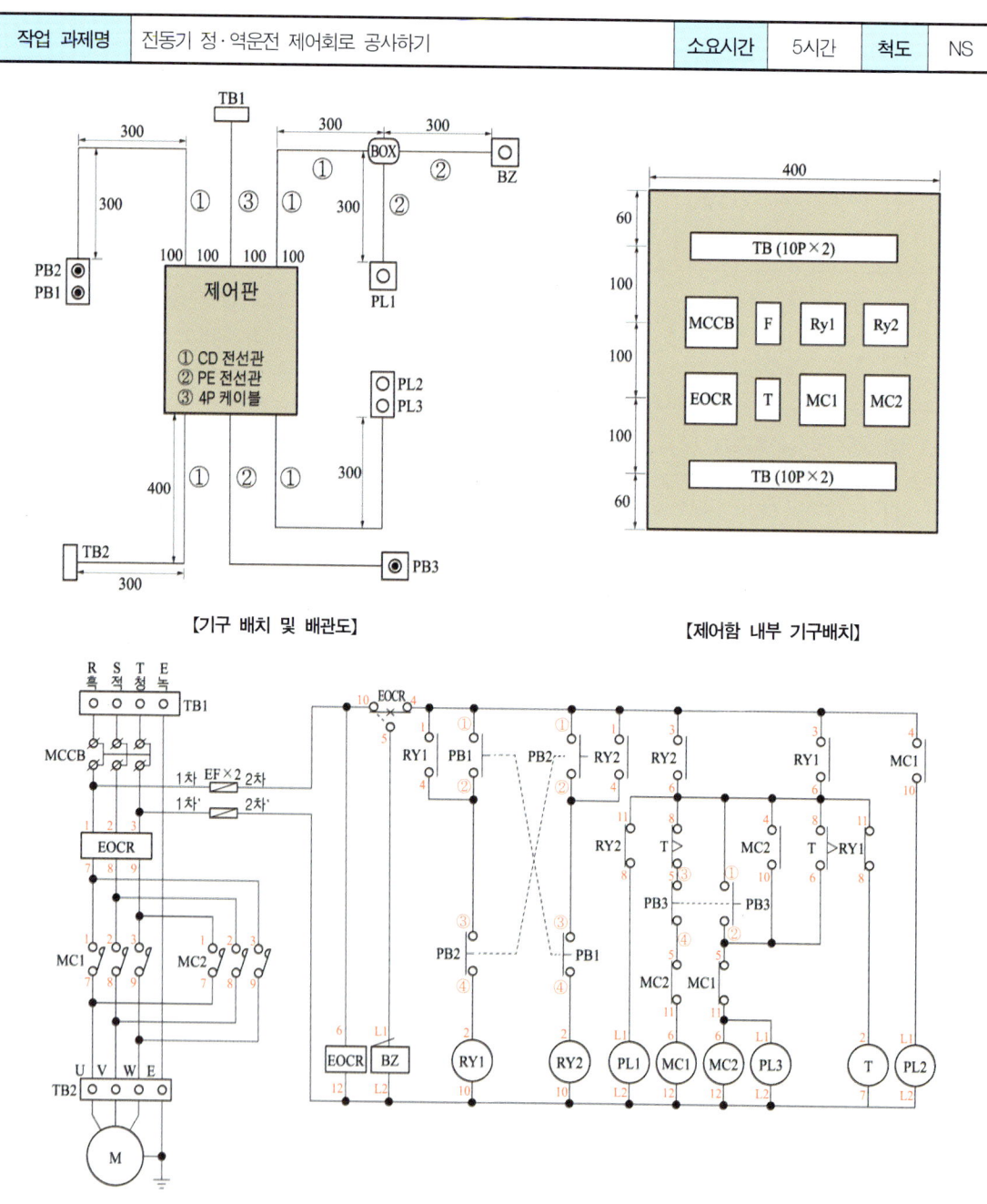

【기구 배치 및 배관도】

【제어함 내부 기구배치】

【동작 회로도】

1. 동작사항

① PB1 ON → PL1점등, RY1여자 → MC1여자(정회전 운전), PL2점등 → PB3 ON → MC1소자(정회전 운전 정지), PL2소등 → MC2여자(역회전 운전), PL3점등

② PB2 ON → RY1소자, RY2여자 → PL1소등, MC1여자(정회전 운전), T여자 → PL2점등→ 설정시간 t로 이후, 타이머 한시접점 동작 → MC1소자, PL2소등 → MC2여자, PL3점등

③ EOCR 동작
　모든 운전 정지 → BZ동작

2. 범례사항 및 계전기 접점 목록

2-1 범례사항

기호	명칭	기호	명칭
TB1	전원(단자대 4P)	PB2	푸쉬버턴스위치(녹)
TB2	모터(단자대 4P)	PB3	푸쉬버턴스위치(적)
MC1, MC2	전자접촉기(12P)	PL1	파일롯램프(적) 220V
RY1, RY2	릴레이(11P)	PL2	파일롯램프(적) 220V
EOCR	EOCR(12P)	PL3	파일롯램프(적) 220V
FR	플리커릴레이(8P)	BZ	부저
T	타이머(8P)	EF*2	퓨즈 및 퓨즈홀더
PB1	푸쉬버턴스위치(녹)	MCCB	배선용차단기

2-2 계전기 접점

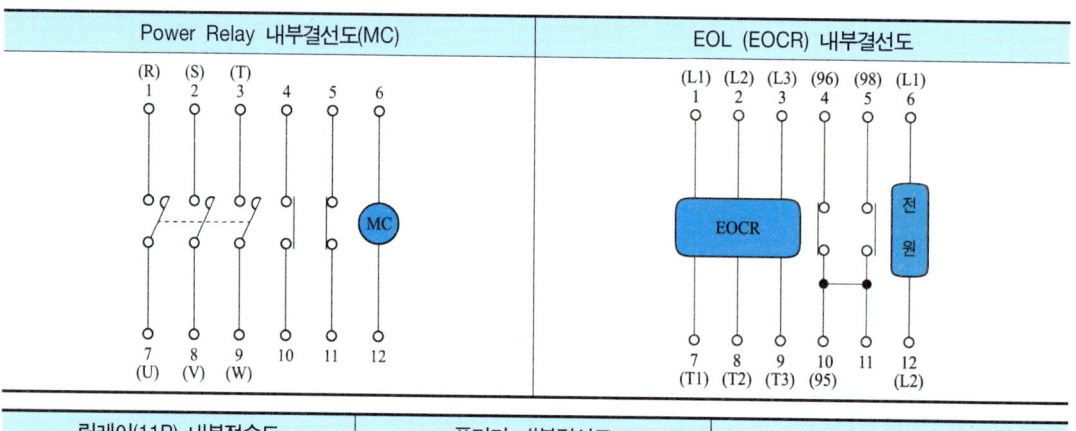

3. 단자대 설정

3-1 상부단자대(왼쪽에서부터 1번, 2번, 3번 순서대로 지정한다.)

①	②	③	④	⑤	⑥	⑦	⑧	⑨	⑩	⑪	⑫	⑬	⑭	⑮
PB1① PB2①	PB1② PB2③	PB2② PB1③	PB2④	PB1④	R	S	T	E	PL1(L1)	PL1(L2)	BZ(L1)	BZ(L2)		
1번 배관					2번 배관(TB1)				3번 배관					

3-2 하부단자대(왼쪽에서부터 1번, 2번, 3번 순서대로 지정한다.)

①	②	③	④	⑤	⑥	⑦	⑧	⑨	⑩	⑪	⑫	⑬	⑭	⑮
U	V	W	E	PB3①	PB3②	PB3③	PB3④	PL1(L1)	PL2(L1)	PL1(L2) PL2(L2)				
1번 배관(TB2)				2번 배관				3번 배관						

4. 결선순서

결선순서	
1번 작업 : R, S, T - MCB(1차)	12번 작업 : F(2차) - EOCR(⑥) - EOCR(⑩) / EOCR(⑤) - BZ(L1)
2번 작업 : MCB_R(2차) - EOCR(①) - F(1차)	13번 작업 : EOCR(④) - RY1(①) - PB1(①) - PB2(①) - RY2(①) - RY2(③) - RY1(③) - MC1(④)
3번 작업 : MCB_S(2차) - EOCR(②)	14번 작업 : F′(2차) - EOCR(⑫) - BZ(L2) - RY1(⑩) - RY2(⑩) - PL1(L2) - MC1(⑫) - MC2(⑫) - PL3(L2) - T(⑦) - PL2(L2)
4번 작업 : MCB_T(2차) - EOCR(③) - F′(1차)	15번 작업 : RY1(④) - PB1(②) - PB2(③) / PB2(④) - RY1(②)
5번 작업 : TB1(E) - TB2(E) - TB3(E)	16번 작업 : RY2(④) - PB2(②) - PB1(③) / PB1(④) - RY2(②)
6번 작업 : EOCR(⑦) - MC1(①) - MC2(③)	17번 작업 : RY2(⑪) - RY2(⑥) - T(⑧) - PB3(①) - MC2(④) - RY1(⑥) - RY1(⑪)
7번 작업 : EOCR(⑧) - MC1(②) - MC2(②)	18번 작업 : RY2(⑧) - PL1(L1) / T(⑤) - PB3(③) / PB3(④) - MC2(⑤) / MC2(⑪) - MC1(⑥)
8번 작업 : EOCR(⑨) - MC1(③) - MC2(①)	19번 작업 : PB3(②) - MC1(⑤) - MC2(⑩) - T(⑥)
9번 작업 : MC1(⑦) - MC2(⑦) - U	20번 작업 : MC1(⑪) - MC2(⑥) - PL3(L1)
10번 작업 : MC1(⑧) - MC2(⑧) - V	21번 작업 : RY1(⑧) - T(②)
11번 작업 : MC1(⑨) - MC2(⑨) - W	22번 작업 : MC1(⑩) - PL2(L1)

05 온실 간이난방 회로 공사하기(1)

| 작업 과제명 | 온실 간이난방 회로 공사하기 | 소요시간 | 5시간 | 척도 | NS |

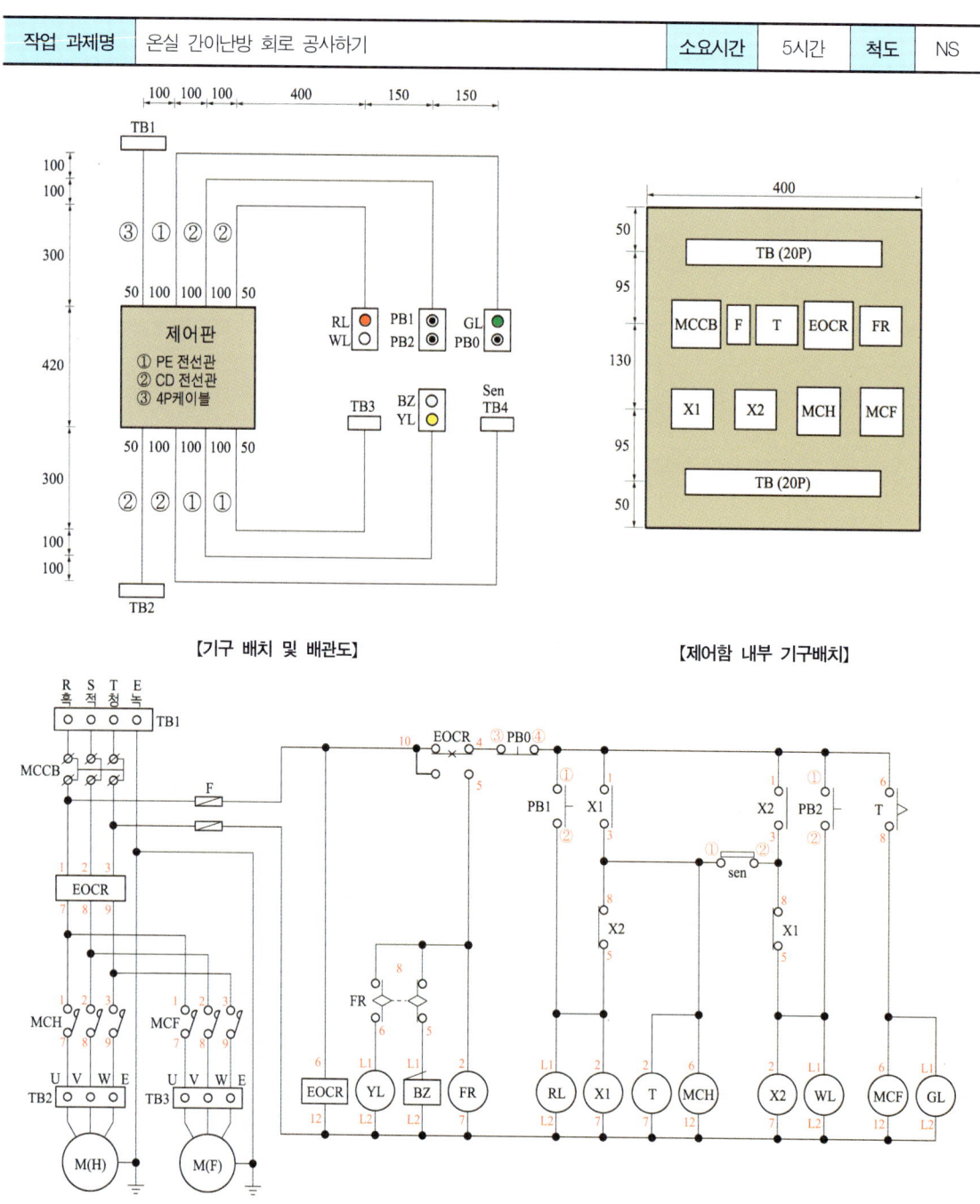

【기구 배치 및 배관도】 　　　　　【제어함 내부 기구배치】

【동작 회로도】

1. 동작사항

① PB1 ON
- X1여자, T여자, RL점등, MCH가 여자되어 히타가 동작한다. 설정시간 후 타이머 T접점이 ON되어, GL점등, MCF가 여자되어 팬이 돌아간다.

② PB2 ON
- X2여자, WL점등
- sen(센서)가 ON되면, T여자, RL점등, MCH가 여자되어 히타가 동작한다. 설정시간 후 타이머 T접점이 ON되어, GL점등, MCF가 여자되어 팬이 돌아간다.

③ PB1 및 PB2는 X1 - b접점과 X2 - b접점에 의해 서로 신입력 동작을 한다.

2. 범례사항 및 계전기 접점 목록

2-1 범례사항

기호	명칭	기호	명칭
TB1	전원(단자대 4P)	PB1	푸쉬버턴스위치(녹)
TB2	모터H(단자대 4P)	PB2	푸쉬버턴스위치(적)
TB3	모터F(단자대 4P)	YL	파이롯램프(황) 220V
TB4	sen(단자대 4P)	RL	파이롯램프(적) 220V
MCH, MCF	전자접촉기(12P)	GL	파이롯램프(녹) 220V
X1, X2	릴레이(8P)	BZ	부저
EOCR	EOCR(12P)	EF*2	퓨즈 및 퓨즈홀더
FR	플리커릴레이(8P)	MCCB	배선용차단기
T	타이머(8P)		

2-2 계전기 접점

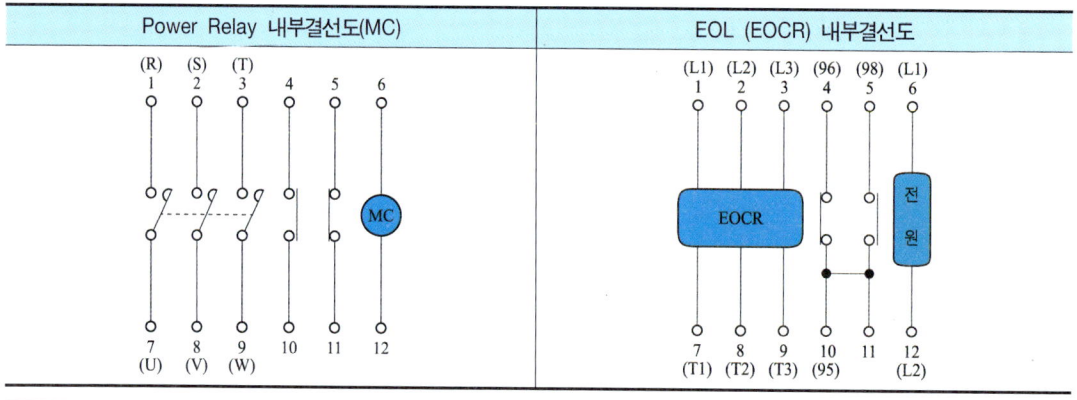

3. 단자대 설정

3-1 상부단자대(왼쪽에서부터 1번, 2번, 3번 순서대로 지정한다.)

①	②	③	④	⑤	⑥	⑦	⑧	⑨	⑩	⑪	⑫	⑬	⑭	⑮
R	S	T	E	PB0③	PB0④	GL (L1)	GL (L2)	PB1① PB2①	PB1②	PB2②	RL (L1)	WL (L1)	RL(L2) WL(L2)	
(1)번 배관				(2)번 배관				(3)번 배관			(4)번 배관			

3-2 하부단자대(왼쪽에서부터 1번, 2번, 3번 순서대로 지정한다.)

①	②	③	④	⑤	⑥	⑦	⑧	⑨	⑩	⑪	⑫	⑬	⑭	⑮
U	V	W	E	sen①	sen②	BZ (L1)	YL (L1)	BZ(L2) YL(L2)	U	V	W	E		
(1)번 배관(TB2)				(2)번 배관		(3)번 배관			(4)번 배관(TB3)					

4. 결선순서

결선순서	
1번 작업 : R, S, T - MCB(1차)	12번 작업 : EOCR(⑤) - FR(②) - FR(⑧)
2번 작업 : MCB_R(2차) - EOCR(①) - F(1차)	13번 작업 : FR(⑥) - YL(L1) / FR(⑤) - BZ(L1)
3번 작업 : MCB_S(2차) - EOCR(②)	14번 작업 : EOCR(④) - PB0(③)
4번 작업 : MCB_T(2차) - EOCR(③) - F´(1차)	15번 작업 : PB0(④) - PB1(①) - X1(①) - X2(①) - PB2(①) - T(⑥)
5번 작업 : TB1(E) - TB2(E) - TB3(E)	16번 작업 : F´(2차) - EOCR(⑫) - YL(L2) - BZ(L2) - FR(⑦) - RL(L2) - X1(⑦) - T(⑦) - MCH(⑫) - X2(⑦) - WL(L2) - MCF(⑫) - GL(L2)
6번 작업 : EOCR(⑦) - MCH(①) - MCF(①)	17번 작업 : PB1(②) - RL(L1) - X1(②) - X2(⑤)
7번 작업 : EOCR(⑧) - MCH(②) - MCF(②)	18번 작업 : X1(③) - X2(⑧) - sen(①) - MCH(⑥) - T(②)
8번 작업 : EOCR(⑨) - MCH(③) - MCF(③)	19번 작업 : X2(③) - sen(②) - X1(⑧)
9번 작업 : MCH(⑦) - TB2_U / MCH(⑧) - TB2_V / MCH(⑨) - TB2_W	20번 작업 : PB2(②) - WL(L1) - X2(②) - X1(⑤)
10번 작업 : MCF(⑦) - TB3_U / MCF(⑧) - TB3_V / MCF(⑨) - TB3_W	21번 작업 : T(⑧) - MCF(⑥) - GL(L1)
11번 작업 : F(2차) - EOCR(⑥) - EOCR(⑩)	

06 온실 간이난방 회로 공사하기(2)

| 작업 과제명 | 온실 간이난방 회로 공사하기 | 소요시간 | 5시간 | 척도 | NS |

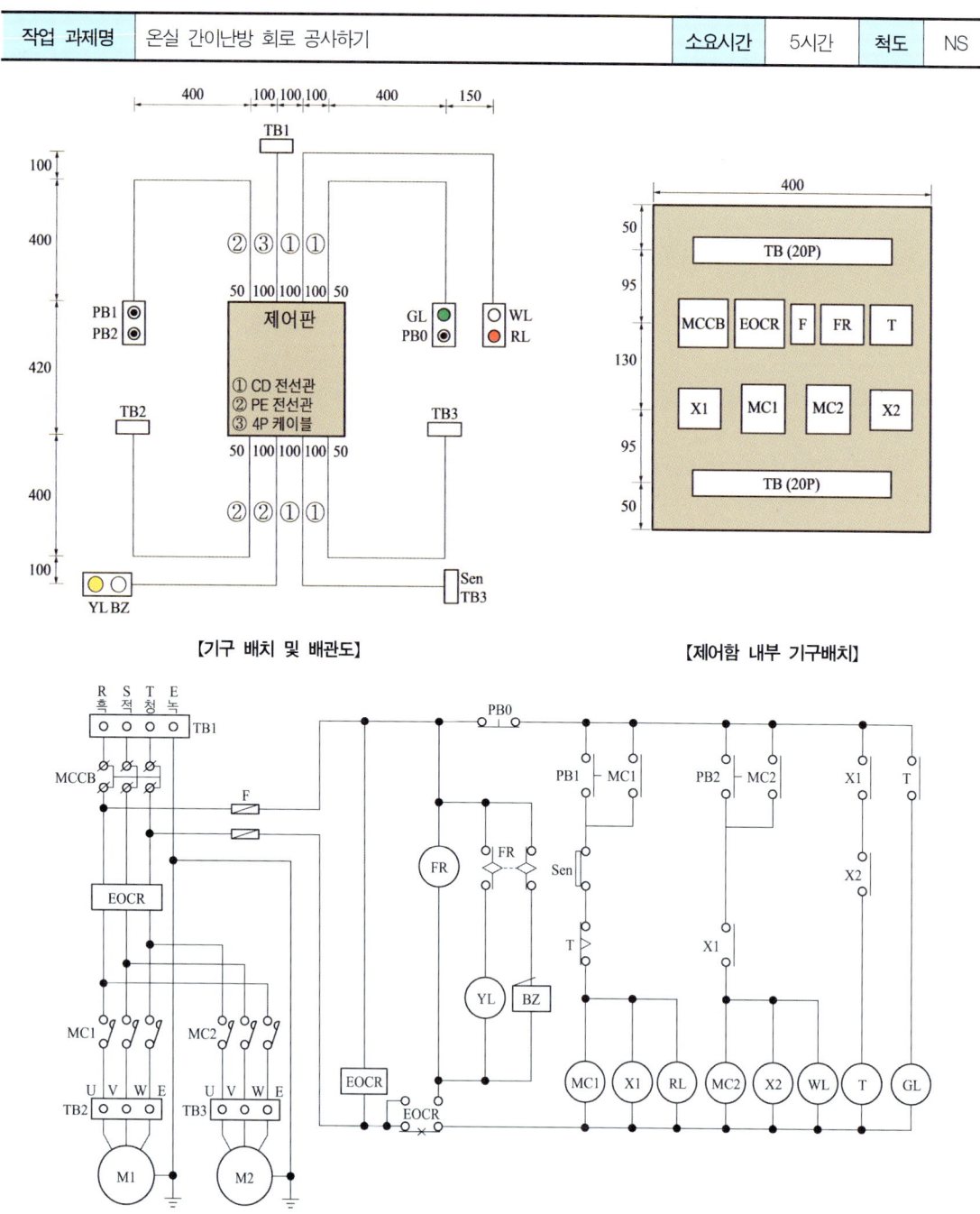

【기구 배치 및 배관도】 【제어함 내부 기구배치】

【동작 회로도】

1. 동작사항

① PB1 ON → MC1여자(M1모터 기동), X1여자, RL점등
② ①번이 동작한후 → PB2 ON → MC2여자(M2모터 기동), X2여자, WL점등 → T여자 → T순시접점에 의해 GL점등, 설정시간 t초 이후 모든 동작은 정지한다.
③ M1과 M2가 동작되고 있는 상태에서 sen이 작동되면 M1과 M2는 정지한다.
④ PB0 ON → 모든 동작은 정지한다.
⑤ EOCR 동작
　　모든 동작은 정지하며, FR이 여자되어, YL과 BZ는 플리커 동작한다.

2. 범례사항 및 계전기 접점 목록

2-1 범례사항

기호	명칭	기호	명칭
TB1	전원(단자대 4P)	PB1	푸쉬버튼스위치(녹)
TB2	M1(단자대 4P)	PB2	푸쉬버튼스위치(녹)
TB3	M2(단자대 4P)	YL	파이롯램프(황) 220V
MC1, MC2	전자접촉기(12P)	GL	파이롯램프(녹) 220V
X1, X2	릴레이(8P)	RL	파이롯램프(적) 220V
EOCR	EOCR(12P)	WL	파이롯램프(백) 220V
FR	플리커릴레이(8P)	EF*2	퓨즈 및 퓨즈홀더
BZ	부저	MCCB	배선용차단기
PB0	푸쉬버튼스위치(적)		

2-2 계전기 접점

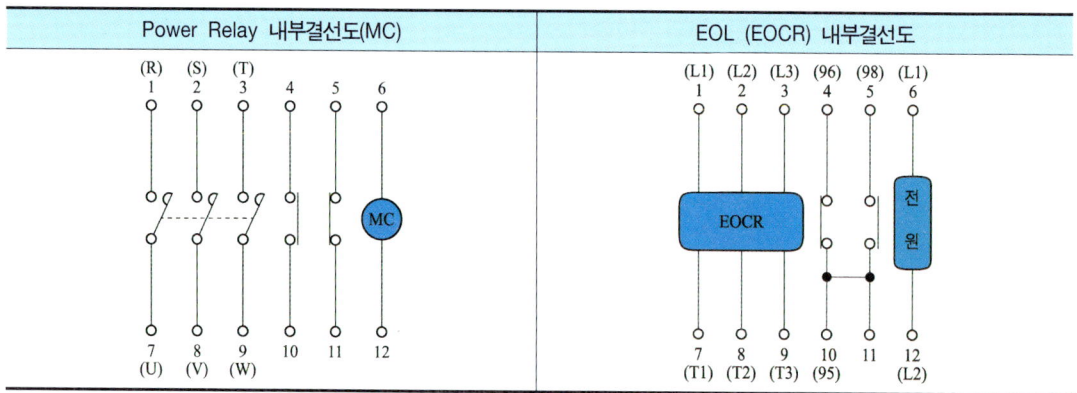

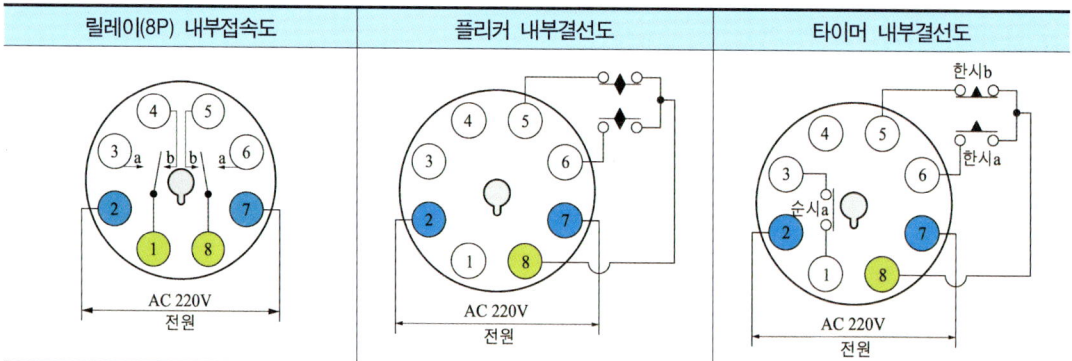

3. 단자대 설정

3-1 상부단자대(왼쪽에서부터 1번, 2번, 3번 순서대로 지정한다.)

①	②	③	④	⑤	⑥	⑦	⑧	⑨	⑩	⑪	⑫	⑬	⑭	⑮

3-2 하부단자대(왼쪽에서부터 1번, 2번, 3번 순서대로 지정한다.)

①	②	③	④	⑤	⑥	⑦	⑧	⑨	⑩	⑪	⑫	⑬	⑭	⑮

4. 결선순서

결선순서

07 전동기제어 회로

| 작업 과제명 | 전동기제어 회로 | 소요시간 | 5시간 | 척도 | NS |

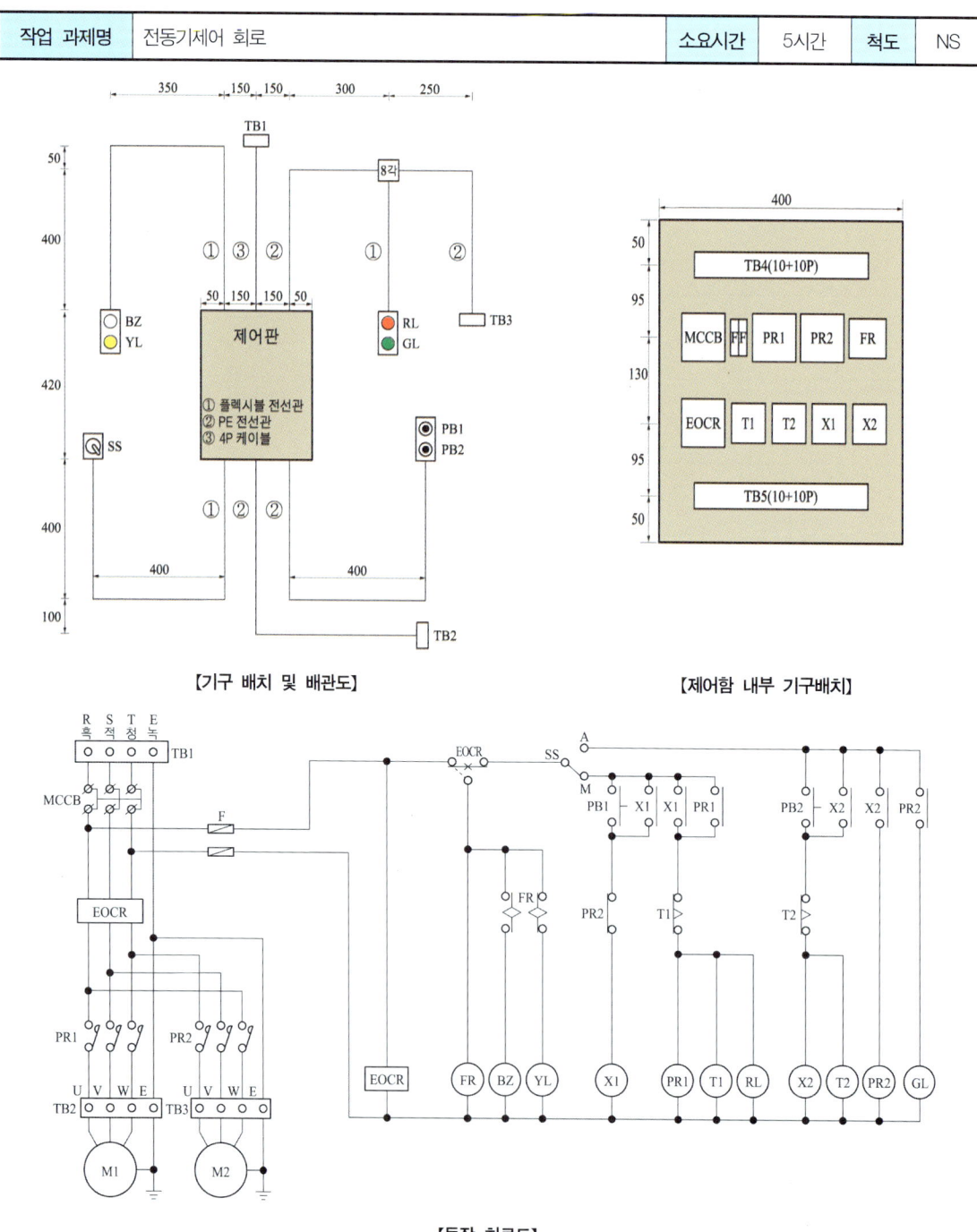

【기구 배치 및 배관도】　【제어함 내부 기구배치】

【동작 회로도】

1. 동작사항

① SS - A
- PB2 ON → X2여자, T2여자 → PR2여자(M2모터 동작), PR2 - a에 의해 GL점등 → 설정시간 t2초 이후 X2, T2소자 → PR2소자(M2모터 정지), GL소등 → t2 한시접점 동작 후 다시 복귀하여 위 동작을 반복한다.

② SS - M
- PB1 ON → X1여자 → PR1여자(M1모터 동작), T1여자, RL점등 → 설정시간 t1초 이후 PR1소자(M1모터 정지), T1소자, RL소등 → t1 한시접점 동작 후 다시 복귀하여 위 동작을 반복한다.

③ EOCR 동작

 모든 동작이 멈추며, FR이 여자되어 BZ와 YL은 플리커 작동을 한다.

2. 범례사항 및 계전기 접점 목록

2-1 범례사항

기호	명칭	기호	명칭
TB1	전원(단자대 4P)	PB1	푸쉬버튼스위치(녹)
TB2	M1(단자대 4P)	PB2	푸쉬버튼스위치(적)
TB3	M2(단자대 4P)	YL	파이롯램프(황) 220V
PR1, PR2	전자접촉기(12P)	GL	파이롯램프(녹) 220V
X1, X2	릴레이(8P)	RL	파이롯램프(적) 220V
EOCR	EOCR(12P)	F*2	퓨즈 및 퓨즈홀더
FR	플리커릴레이(8P)	MCCB	배선용차단기
T1, T2	타이머(8P)	SS	셀렉터스위치
BZ	부저		

2-2 계전기 접점

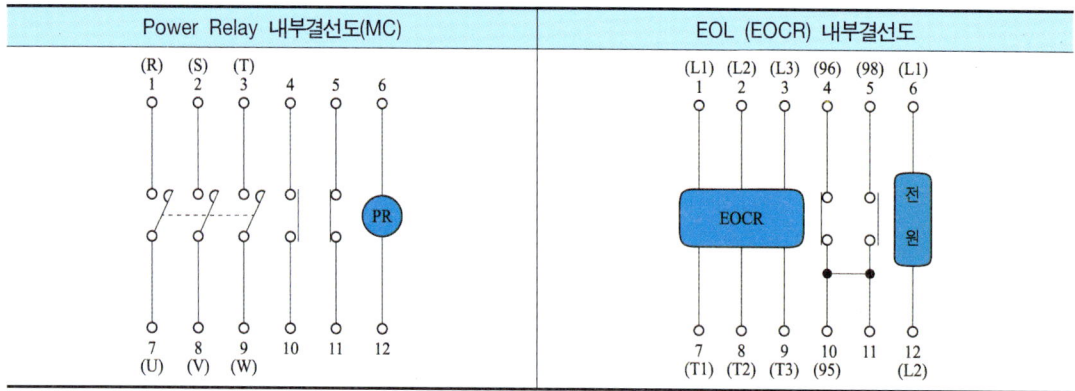

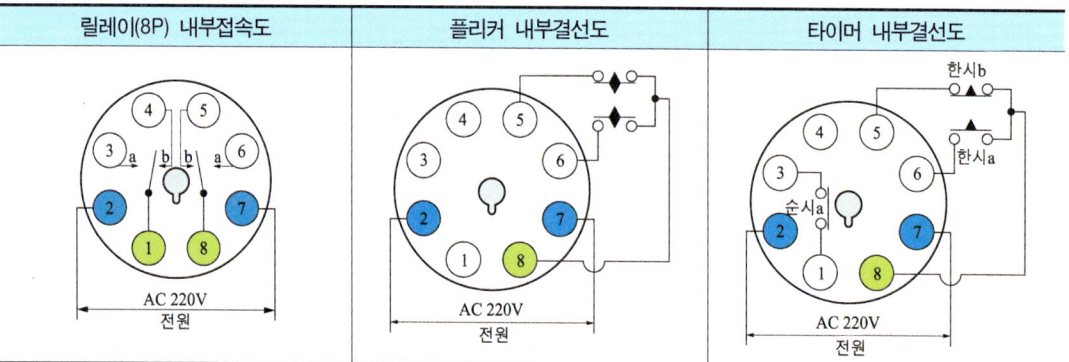

3. 단자대 설정

3-1 상부단자대(왼쪽에서부터 1번, 2번, 3번 순서대로 지정한다.)

①	②	③	④	⑤	⑥	⑦	⑧	⑨	⑩	⑪	⑫	⑬	⑭	⑮

3-2 하부단자대(왼쪽에서부터 1번, 2번, 3번 순서대로 지정한다.)

①	②	③	④	⑤	⑥	⑦	⑧	⑨	⑩	⑪	⑫	⑬	⑭	⑮

4. 결선순서

결선순서

08 급수설비 회로

작업 과제명	급수설비 회로	소요시간	5시간	척도	NS

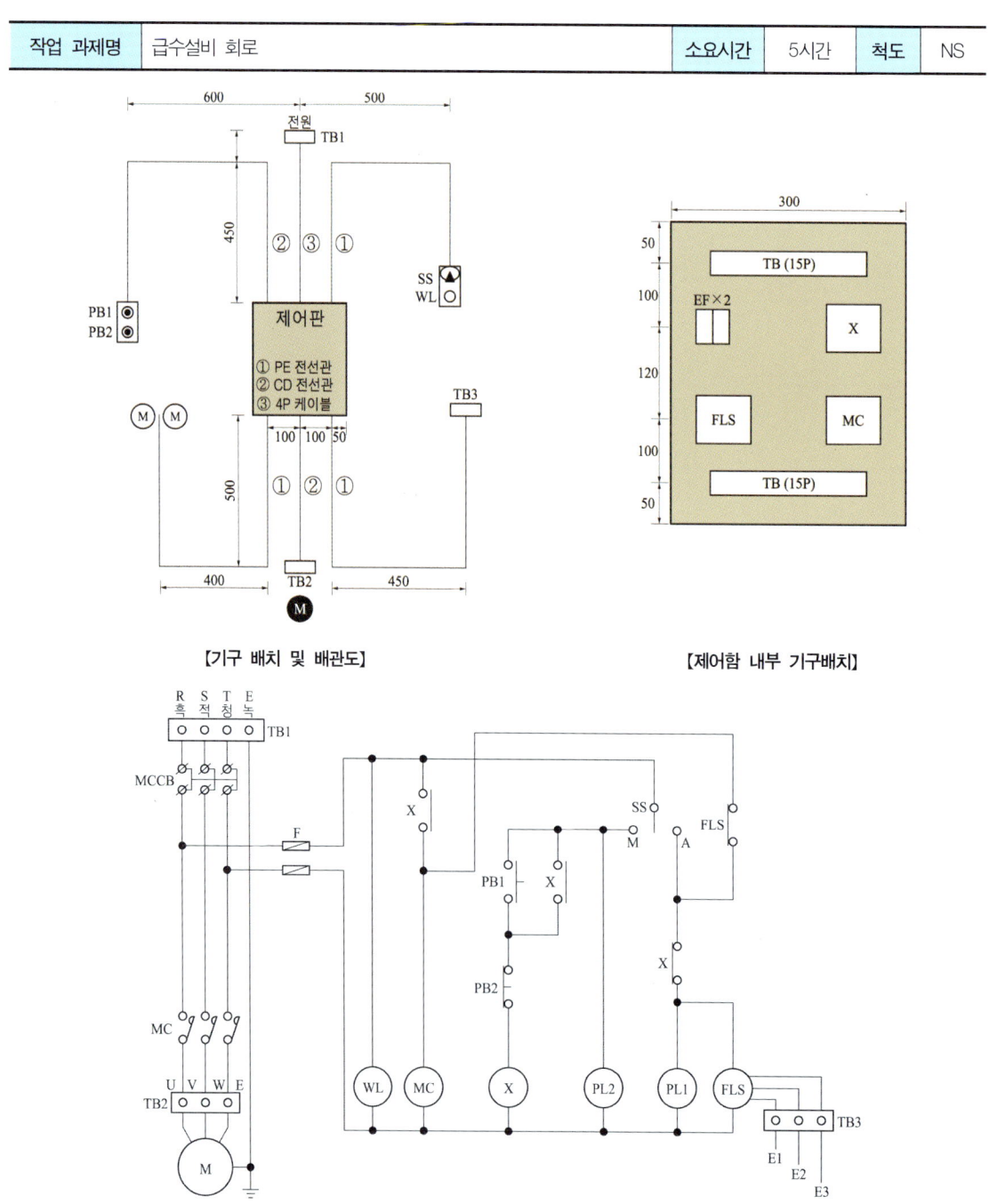

【기구 배치 및 배관도】

【제어함 내부 기구배치】

【동작 회로도】

1. 동작사항

① SS - A
- FLS여자, PL1점등, MC여자(급수모터 동작) → 전극봉 E1까지 물이 차면 FLS - b접점이 동작하여 MC소자하여 급수모터는 정지한다. → 물수위가 E2이하로 되면 FLS - b접점은 원상태로 복귀하여 다시 MC을 여자 시킨다. (급수모터 동작)

② SS - M
- PB1 ON → X여자, PL2점등, X - a접점에 의해 MC여자(급수모터 동작)
- PB2 ON → X소자, MC소자(급수모터 정지)

2. 범례사항 및 계전기 접점 목록

2-1 범례사항

기호	명칭	기호	명칭
TB1	전원(단자대 4P)	PL1(GL)	파이롯램프(녹) 220V
TB2	M(모터)(단자대 4P)	PL2(RL)	파이롯램프(적) 220V
TB3	E1, E2, E3	WL	파이롯램프(백) 220V
MC	전자접촉기(12P)	EF*2	퓨즈 및 퓨즈홀더
X	릴레이(11P)	MCCB	배선용차단기
FLS	Floatless 릴레이(8P)	SS	셀렉터스위치
PB1	푸쉬버턴스위치(녹)		
PB2	푸쉬버턴스위치(적)		

2-2 계전기 접점

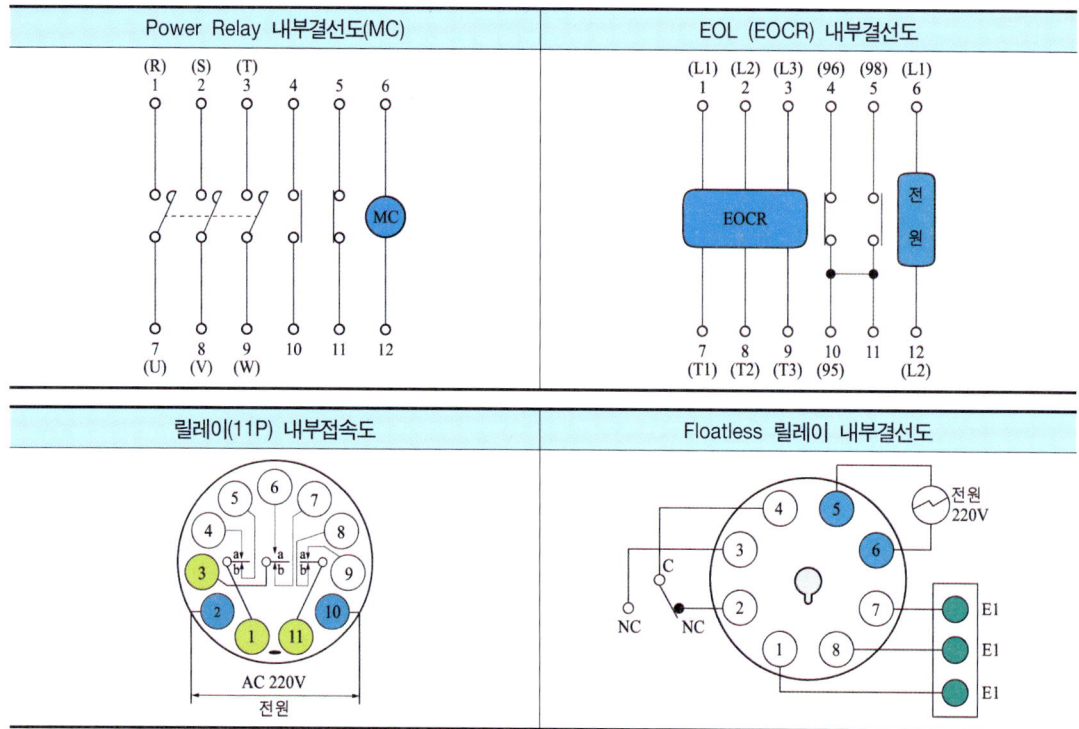

3. 단자대 설정

3-1 상부단자대(왼쪽에서부터 1번, 2번, 3번 순서대로 지정한다.)

①	②	③	④	⑤	⑥	⑦	⑧	⑨	⑩	⑪	⑫	⑬	⑭	⑮

3-2 하부단자대(왼쪽에서부터 1번, 2번, 3번 순서대로 지정한다.)

①	②	③	④	⑤	⑥	⑦	⑧	⑨	⑩	⑪	⑫	⑬	⑭	⑮

4. 결선순서

결선순서

09 급·배수 처리장치 시공하기

| 작업 과제명 | 급·배수 처리장치 시공하기 | 소요시간 | 5시간 | 척도 | NS |

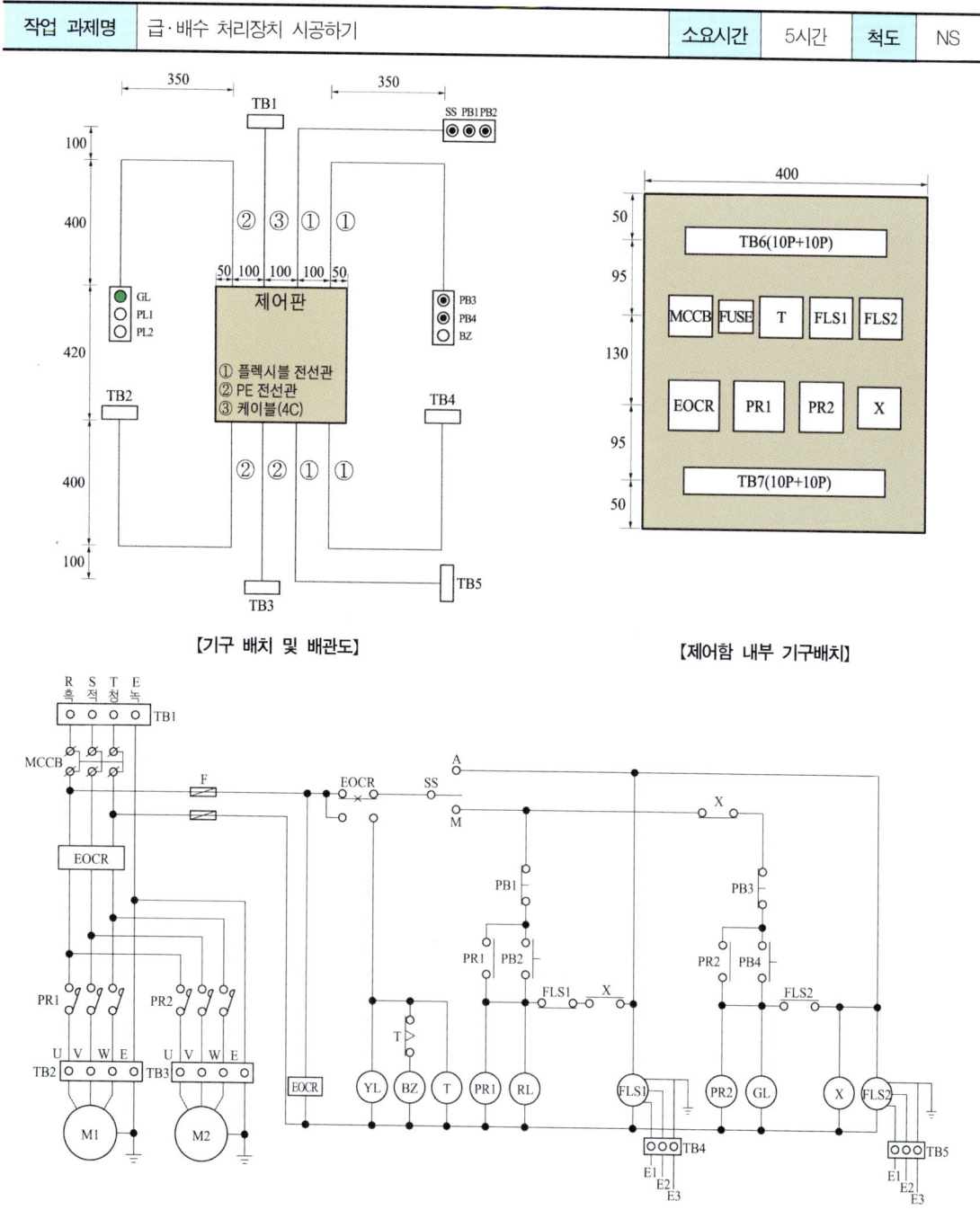

【기구 배치 및 배관도】　　【제어함 내부 기구배치】

【동작 회로도】

1. 동작사항

① SS - A
- FLS1, FLS2여자, X여자 → PR1여자(급수모터 기동), RL점등 → FLS1 전극봉 E1까지 물이 차면 FLS - b접점이 동작하여 PR1소자. 급수모터는 정지한다. RL소등 → 물을 사용하여 E2이하로 되면 다시 PR1여자, 급수모터는 기동한다.
- FLS2의 E1까지 물이 차면 FLS2 - a접점이 동작하여 PR2여자(배수모터 기동), GL점등 → 물수위가 FLS2 전극봉 E2 이하로 되면 FLS2 - a접점은 복귀하여 GL소등, PR2소자 하여 배수모터는 정지한다.

② SS - H
- PB2 ON → PR1여자(급수모터 기동), RL점등
- PB1 ON → PR1소자(급수모터 정지), RL소등
- PB4 ON → PR2여자(배수모터 기동), GL점등
- PB3 ON → PR2소자(배수모터 정지), GL소등

③ EOCR동작
- 모든 동작은 정지하며, 타이머 여자, YL점등, BZ동작 한다. 타이머 설정 시간후 BZ는 멈춘다.

2. 범례사항 및 계전기 접점 목록

2-1 범례사항

기호	명칭	기호	명칭
TB1	전원(단자대 4P)	SS	셀렉터스위치
TB2	급수모터(단자대 4P)	PB1	푸쉬버턴스위치(녹)
TB3	배수모터(단자대 4P)	PB2	푸쉬버턴스위치(적)
TB4	FLS1(E1, E2, E3)	PB3	푸쉬버턴스위치(적)
TB5	FLS2(E1, E2, E3)	PB4	푸쉬버턴스위치(녹)
PR1, PR2	전자접촉기(12P)	RL	파이롯램프(적) 220V
X	릴레이(8P)	GL	파이롯램프(녹) 220V
EOCR	EOCR(12P)	YL	파이롯램프(황) 220V
T	타이머(8P)	BZ	부저
FLS1, FLS2	Floatless 릴레이(8P)	EF*2	퓨즈 및 퓨즈홀더
MCCB	배선용차단기		

2-2 계전기 접점

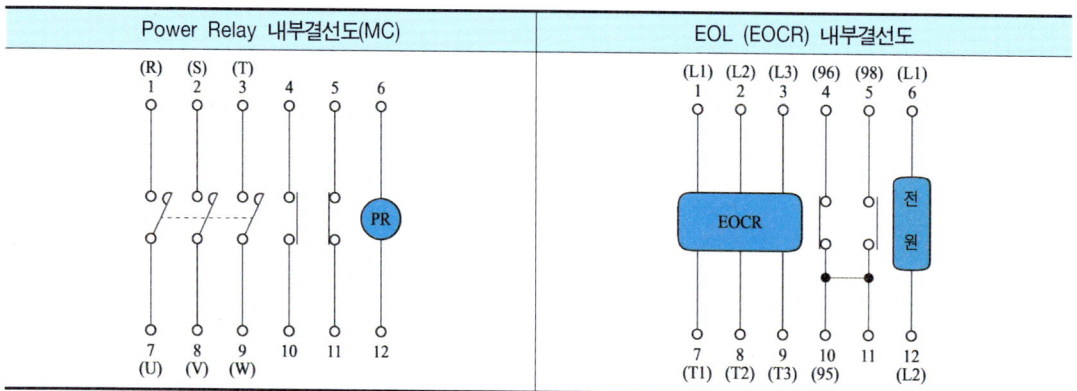

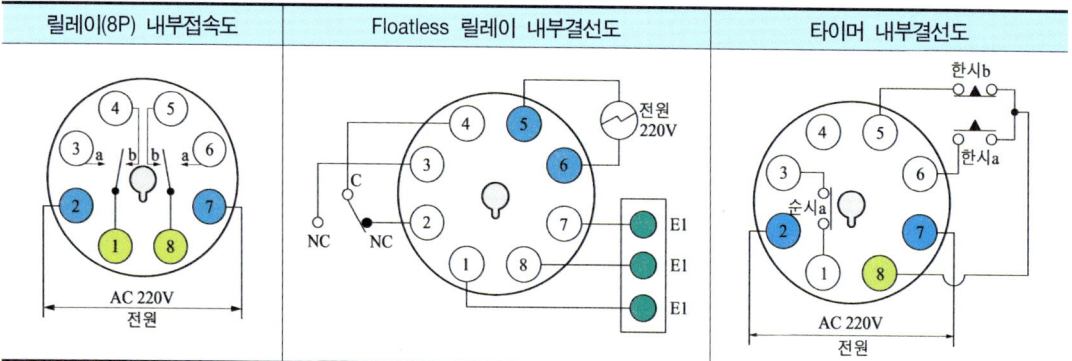

3. 단자대 설정

3-1 상부단자대(왼쪽에서부터 1번, 2번, 3번 순서대로 지정한다.)

①	②	③	④	⑤	⑥	⑦	⑧	⑨	⑩	⑪	⑫	⑬	⑭	⑮

3-2 하부단자대(왼쪽에서부터 1번, 2번, 3번 순서대로 지정한다.)

①	②	③	④	⑤	⑥	⑦	⑧	⑨	⑩	⑪	⑫	⑬	⑭	⑮

4. 결선순서

결선순서

10 컨베이어 제어회로 공사하기

| 작업 과제명 | 컨베이어 제어회로 공사하기 | 소요시간 | 5시간 | 척도 | NS |

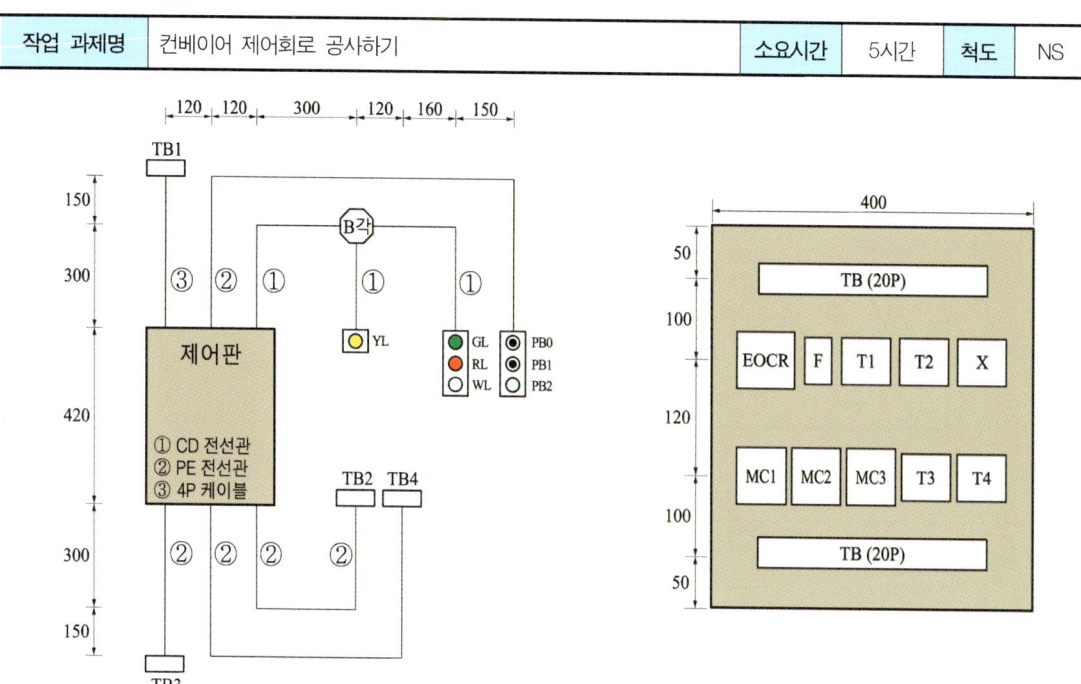

【기구 배치 및 배관도】　　　【제어함 내부 기구배치】

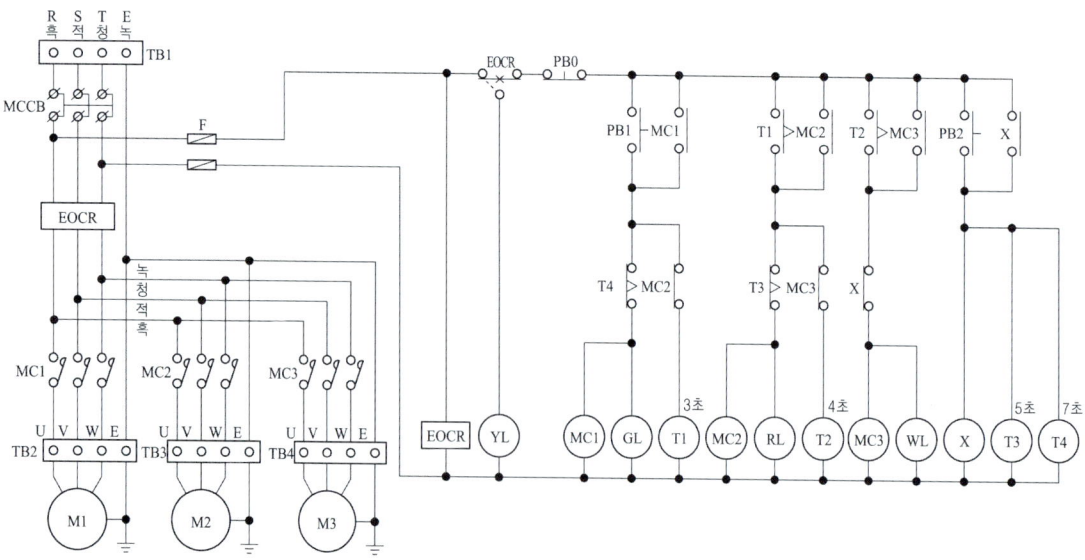

【동작 회로도】

1. 동작사항

① PB1 ON → MC1여자(M1모터 기동), GL점등, T여자 → 설정시간 t1(3초) 이후 T1 - a접점 동작 → MC2여자(M2모터 기동), RL점등, T2여자 → 설정시간 t2(4초) 이후 T2 - a접점 동작 → MC3여자(M3모터 기동), WL점등

② PB2 ON → X여자, T3, T4여자 → X - b접점 동작 → MC3소자(M3모터 정지), WL소등 → 설정시간 t3(5초)이후, T3 - b접점 동작 → MC2소자(M2모터 정지), RL소등 → 설정시간 t4(7초)이후, T4 - a점점이 동작 → MC1소자(M1모터 정지), GL소등

③ PB0 ON → 모든 동작을 멈춘다.

④ EOCR 동작
　　모든 동작을 멈추고, YL점등

2. 범례사항 및 계전기 접점 목록

2-1 범례사항

기호	명칭	기호	명칭
TB1	전원(단자대 4P)	PB1	푸쉬버턴스위치(녹)
TB2	M1((단자대 4P)	PB2	푸쉬버턴스위치(녹)
TB3	M2((단자대 4P)	GL	파이롯램프(녹) 220V
TB4	M3(단자대 4P)	RL	파이롯램프(적) 220V
MC1, MC2, MC3	전자접촉기(12P)	WL	파이롯램프(백) 220V
X	릴레이(8P)	YL	파이롯램프(황) 220V
EOCR	EOCR(12P)	EF*2	퓨즈 및 퓨즈홀더
T1, T2, T3	타이머(8P)	MCCB	배선용차단기
PB0	푸쉬버턴스위치(적)		

2-2 계전기 접점

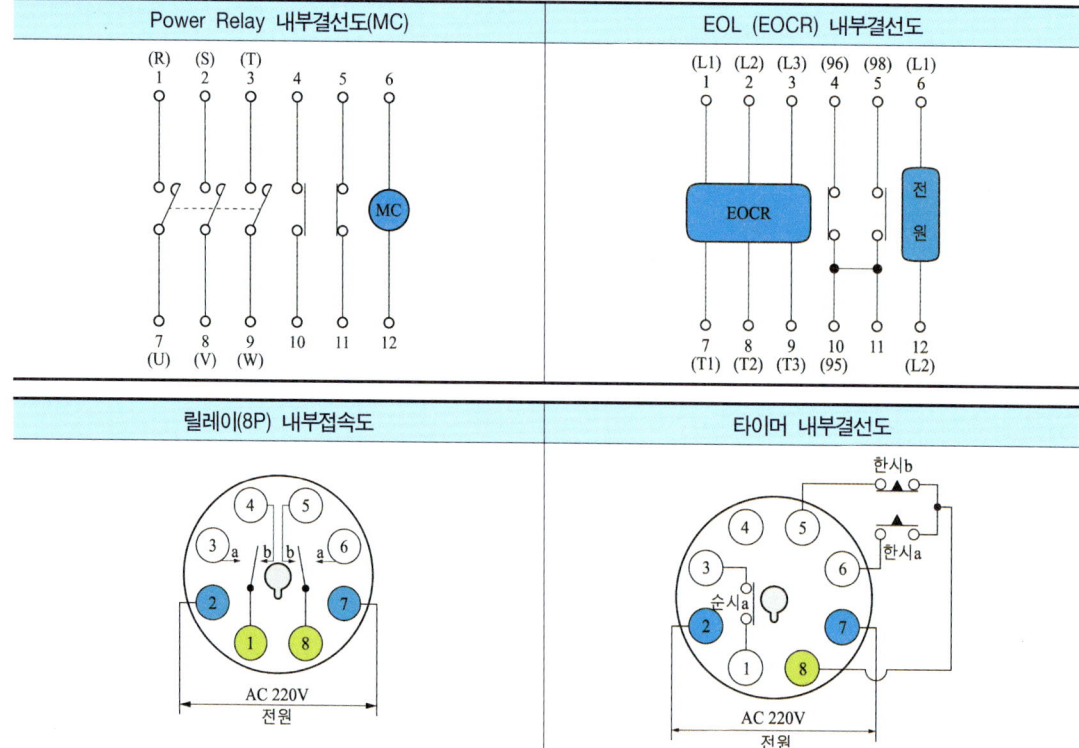

3. 단자대 설정

3-1 상부단자대(왼쪽에서부터 1번, 2번, 3번 순서대로 지정한다.)

①	②	③	④	⑤	⑥	⑦	⑧	⑨	⑩	⑪	⑫	⑬	⑭	⑮

3-2 하부단자대(왼쪽에서부터 1번, 2번, 3번 순서대로 지정한다.)

①	②	③	④	⑤	⑥	⑦	⑧	⑨	⑩	⑪	⑫	⑬	⑭	⑮

4. 결선순서

결선순서

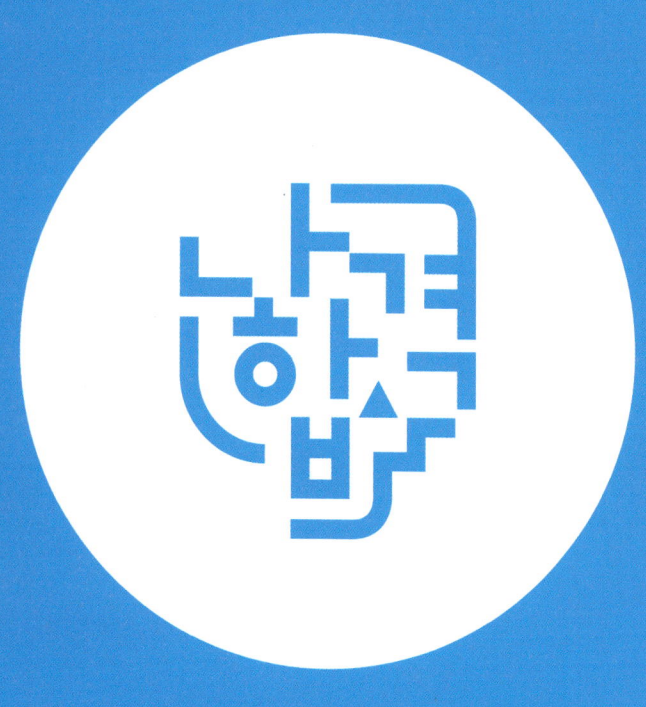

PART 04

부록

01 주요계전기 결선도 모음

부록 — 주요계전기 결선도 모음

소자명	내부 회로도	접점 번호 및 기호
8핀 릴레이		• (Ry) (R) (X) (전원) : 2 - 7 • ○─○ (a접점) : 1 - 3, 8 - 6 • ○/○ (b접점) : 1 - 4, 8 - 5
11핀 릴레이		• (Ry) (R) (X) (전원) : 2 - 10 • ○─○ (a접점) : 1 - 4, 3 - 6, 11 - 9 • ○/○ (b접점) : 1 - 5, 3 - 7, 11 - 8
14핀 릴레이		• (Ry) (R) (X) (전원) : 13 - 14 • ○─○ (a접점) : 9 - 5, 10 - 6, 11 - 7, 12 - 8 • ○/○ (b접점) : 9 - 1, 10 - 2, 11 - 3, 12 - 4
전자 접촉기 (MC, PR)		• (PR) (MC) (전원) : 6 - 12 • 주접점 : 1 - 7, 2 - 8, 3 - 9 • 보조접점 : 4 - 10, 5 - 11

소자명	내부 회로도	접점 번호 및 기호
전자식 과전류 계전기 (EOCR, EOL)	(L1)1, (L2)2, (L3)3, (96)4, (98)5, (L1)6 / EOCR, 전원 / 7(T1), 8(T2), 9(T3), 10(95), 11, 12(L2)	• EOL (전원) : 6 - 12 • (a접점) : 5 - 10(98-95) • (b접점) : 4 - 10(96-95)
플리커 릴레이	8핀 소켓도 (2, 7번 전원, 8번 공통) AC 220V 전원	• FR (전원) : 2 - 7 • (a접점) : 8 - 6 • (b접점) : 8 - 5
타이머	8핀 소켓도 순시a, 한시a, 한시b AC 220V 전원	• T (전원) : 2 - 7 • (순시 a접점) : 1 - 3 • (한시 a접점) : 8 - 6 • (한시 a접점) : 8 - 5
플로트레스 스위치(FLS)	8핀 소켓도 전원 220V, E1, E2, E1, C, NC NC	• FLS (전원) : 5 - 6 • (a접점_배수) : 4 - 3 • (b접점_급수) : 4 - 2 • 플로트레스 스위치 전극(E1, E2, E3) E1 : ⑦, E2 : ⑧, E3 : ①

온도 계전기(TC)	8핀 소켓도 COM 접점, NO(a)접점출력, NC(b)접점출력, CA(k), 220V 전원, 열전대 −+	• TC (전원) : 7 - 8
		• (a접점) : 4 - 5
		• (b접점) : 4 - 6
		• 열전쌍 접점번호
		  - (+)측 : ①(적색)
		  - (−)측 : ②(청색)

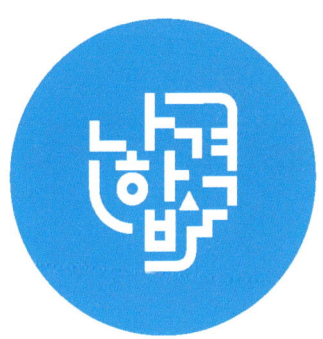

전기기능사 실기

교재인증[등업] 방법

01 나합격 수험생 지원센터(cafe.naver.com/bigeud)에 가입
02 아래 공란에 닉네임 및 이메일 주소 기입
03 사진 촬영 후 게시판 목록 중 '[전기실기:교재인증]'에 게시

카페 닉네임	
	※ 지워지지 않는 펜으로 크게 기입 ※ 중복기입 및 중고도서 등 인증불가

- 무료동영상 강의 및 시험정보 등을 보실 수 있습니다.
- 카페 내 공지사항은 필독!!
- 광고 및 욕설 등 카페 분위기를 흐리는 행위는 강퇴사유에 해당됩니다.

나합격 전기기능사 실기+무료동영상

2020년 4월 1일 초판 인쇄 | 2020년 4월 5일 초판 발행

지은이 남대성 | 발행인 오정자 | 발행처 삼원북스 | 전화 02-3662-3650, 4650 | 팩스 02-6280-2650
등록 제2017-000048호 | 홈페이지 www.samwonbooks.com | ISBN 979-11-88883-44-8 13500 | 정가 20,000원
Copyright©samwonbooks.Co.,Ltd.

- 낙장 및 파손된 책은 구입한 서점에서 바꿔드립니다.
- 이 책에 실린 모든 내용, 디자인, 이미지, 편집 형태에 대한 저작권은 삼원북스와 저자에게 있습니다. 허락없이 복제 및 게재는 법에 저촉을 받습니다.